激光原理基础与应用拓展

彭 滟　金钻明　袁 帅　杨康文　吴 旭　主 编

国防工业出版社

·北京·

内 容 简 介

本书系统阐述激光的产生原理、特性、控制技术及应用发展。全书共8章：第1章为导论，介绍激光发展简史、基本概念与特点；第2章阐述激光产生的物理基础，包括光与物质相互作用、粒子数反转条件及光谱线型；第3章解析激光器工作原理，涵盖基本结构、光学谐振腔与速率方程理论；第4章分析激光输出特性，如谐振腔衍射理论、高斯光束传播特性及关键输出参数；第5章详述激光特性控制技术，包括选模、稳频、调制、调Q与锁模；第6章介绍不同波段的激光器，涵盖紫外激光、可见光、近红外激光、中红外及太赫兹激光；第7章探讨连续激光到阿秒脉冲激光的原理与典型应用；第8章聚焦高功率强激光器的发展及其前沿应用。

本书主要面向激光相关专业的本科院校师生、科研机构工作者、光学交叉领域企业技术人员及科研管理人员。

图书在版编目（CIP）数据

激光原理基础与应用拓展 / 彭滟等主编. -- 北京 ：国防工业出版社，2025. 8. -- ISBN 978 -7 -118 -13799 -6

Ⅰ. TN241

中国国家版本馆 CIP 数据核字第 2025BW8082 号

※

国防工業出版社出版发行

（北京市海淀区紫竹院南路 23 号　邮政编码 100048）

北京富博印刷有限公司印刷

新华书店经售

*

开本 787 × 1092　1/16　**插页** 1　**印张** 16　**字数** 284 千字

2025 年 8 月第 1 版第 1 次印刷　**印数** 1—1500 册　**定价** 82.00 元

（本书如有印装错误，我社负责调换）

国防书店：(010)88540777　书店传真：(010)88540776

发行业务：(010)88540717　发行传真：(010)88540762

前　　言

激光作为20世纪最具革命性的发明之一，其高单向性、高单色性、高相干性和高亮度等独特光学性质，不仅突破了传统光学的理论框架，更重塑了人类对光与物质相互作用的基本认知。自1960年梅曼成功研制第一台红宝石激光器以来，激光技术经历了从实验室探索到产业化应用的跨越式发展，其发展轨迹完美诠释了“科学发现—技术创新—产业变革”的现代科技发展范式。在当代科技体系中，激光技术已成为支撑多学科突破的关键共性技术：在基础科学领域，实现了原子分子层面的精密操控与测量；在分析检测方面，推动了太赫兹光谱与成像等新技术的创新发展；在医疗健康领域，催生了光学相干断层扫描等革命性诊疗手段；在信息通信领域，构建了以光纤网络为载体的全球数字基础设施；在先进制造领域，开创了飞秒激光微纳加工等颠覆性工艺。尤其值得关注的是，随着量子纠缠光源、拓扑光源等前沿突破的涌现，激光技术正在量子计算、新型传感器件等战略新兴领域开辟全新的应用边界，持续彰显其作为现代科技引擎的核心价值。

本书基于编者在高校十余年的激光原理课程教学经验和科研的实践经验，在参阅大量资料的基础上，系统整合了近期在超快激光、太赫兹科学等领域的最新研究成果，力求结构合理、内容准确，知识更新、理论和实践结合。全书采用“基础理论—器件物理—前沿应用”的三维架构：第一部分（第1~3章）详细解析激光产生的原理与条件、激光器的工作原理与基本构成；第二部分（第4~5章）重点讨论了激光器的输出特性及其控制技术；第三部分（第6~8章）结合科研进展（波段拓展、脉冲压缩和强激光应用）演示激光技术的前沿发展与应用拓展。本书可作为高校相关专业的教学用书，也可作为科研院所从事相关科学研究的技术参考书。

本书由彭滟、金钻明、袁帅、杨康文、吴旭5位编者共同编写完成，其中，彭滟编写第1章、第2章的内容；金钻明编写第4章、第8章的内容；袁帅编写第3章、第7章的内容；杨康文和吴旭编写第5章、第6章的内容。本书可作为高校相关专业的教学用书，也可作为相关科学研究的技术参考书。

本书在撰写过程中广泛参考了国内外学者的前沿研究成果与经典理论著作，在此向所有为相关领域发展做出贡献的研究者致以诚挚谢意。限于学科发展速度与编者认知局限，书中技术细节难免存在疏漏，恳请广大读者通过py@ usst. ed. cn 提交宝贵意见，编审团队将每季度汇总专业意见，持续更新内容。

作者

2025 年 2 月

目　　录

第 1 章

激光原理导论

1960 年，世界上第一台激光器成功“出世”，激光技术这门新兴学科由此问世，给当时的光学技术带来了巨大变革，对人类的社会生活和生产的许多方面产生了巨大而深远的影响。

激光（laser）是“light amplification through stimulated emission of radiation”，即“通过受激辐射光放大”的缩写，普通光源是光的自发辐射，而激光则是光的受激辐射。光的自发辐射的特点：光是多波长、任意方向、不相干的，所以普通光源向四面八方辐射；光的受激辐射的特点：光的单色性、方向性、相干性好，亮度高，所以激光基本沿某一条直线传播，发散角很小，其亮度比普通光源要高上百万倍，甚至几亿倍，其相干长度可以达到几十千米，是普通光源完全不及的。半个世纪以来，激光科学技术以其强大的生命力谱写了一部典型的学科交叉的创造发明史。激光的应用已经遍布科技、经济、军事和社会等诸多前沿领域，远远超出了人们的预想，激光原理及其各种应用技术已成为各行各业科学技术人员都必须掌握的一门高新技术。在此，我们来回顾一下激光的发展简史并了解一下其应用前景。

1.1 激光的发展简史

1917 年，著名物理学家爱因斯坦在研究光辐射与原子相互作用时发现，除受激吸收跃迁和自发辐射跃迁这两种过程外，还存在第三种过程——受激辐射跃迁，即在能量相当于两个能级差的外来光子作用下，会诱导出在高能态的原子向低能态跃迁，并同时辐射出能量相同的光子。这就隐含了：如果能使组成物质的原子（或分子）数目按能级的热平衡分布出现反转，就有可能利用受激辐射实现光放大。随后，理论物理学家又证明了受激辐射跃迁所产生的光子具有的特性：它的频率、相位、传播方向、偏振方向都与诱导产生这种跃迁的光子相同。也就是说，受激辐射具有很好的相干性和方向性。

这些都为激光的出现奠定了理论基础。但是，因为当时的科学技术和生产发展还没有提出这种实际的需求，所以激光也并未被发明出来。

在爱因斯坦从理论上阐明了受激辐射的存在后，直到20世纪50年代初，电子学、微波技术的应用才提出将无线电技术从微波推向光波的需求，当时的光学技术迫切需要一种能像微波振荡器一样产生可以被控制的光波振荡器，即强相干光源。虽然光波振荡器本质上也是由光波放大和谐振腔两部分组成的，但是如果沿袭发展微波振荡器的思想，即在一个尺度和波长可比拟的封闭式谐振腔中利用自由电子与电磁场的相互作用实现电磁波的放大和振荡，则很难实现光波振荡。这时，少数目光敏锐又勇于创新的科学家，如美国的汤斯（Charles H. Townes）、苏联的巴索夫（Nikolai G. Basov）和普洛霍洛夫（Aleksander M. Prokhorov），创造性地继承和发展了爱因斯坦的理论，提出了利用原子、分子的受激辐射来放大电磁波的新概念，并于1954年第一次实现了氨分子微波量子振荡器（maser）。它抛弃了利用自由电子与电磁场的相互作用来放大和振荡的传统概念，开创了利用原子（或分子）中的束缚电子与电磁场的相互作用来放大电磁波的思路。思路一经打开，人们便立即向光波振荡器（激光器）“进军”。1958年，汤斯和他的合作者肖洛（Arthur L. Schawlow）又抛弃了尺度必须和波长可比拟的封闭式谐振腔的老思路，提出了利用尺度远大于波长的开放式光谐振腔，巧妙地借用传统光学中早已存在的F－P干涉概念实现激光器的新思想。荷兰物理学家布隆伯根（Nicolaas Bloembergen）又提出了利用光泵浦三能级原子系统实现原子数反转分布的新构思。此后，全世界的许多研究小组参与了研制第一台激光器的竞赛。

1960年7月，世界上第一台红宝石固态激光器问世。当时，美国休斯公司实验室的一位从事红宝石荧光研究的年轻人梅曼敏锐地抓住机遇，勇于实践，使用红宝石（$CrAlO_3$）和摄影闪光灯作为激光泵源，研制了世界上第一台红宝石固态激光器，获得了波长为694.3nm的激光。继而，全世界的许多研究小组很快地重复了他的实验。我国第一台红宝石激光器于1961年8月由中国科学院长春光学精密机械研究所研制成功。与梅曼所设计的红宝石激光器相比，这台激光器在结构上有了新的改进，而且是在当时我国研制条件有限的情况下，靠研究人员自己设计、动手制造的。此后，我国的激光技术得到了迅速发展，并在各个领域得到了广泛应用。1987年6月，10^{12}W的大功率脉冲激光系统——神光装置在中国科学院上海光学精密机械研究所研制成功，为我国的激光聚变研究做出了巨大的贡献。

1.2　激光的基本概念

物质受激辐射所发出的光放大简称激光，激光具有光的一切特性。物质在外界光子的作用下，原子从激发态向低能级跃迁而发出光的过程，称为受激辐射。激光是在物质的原子或分子体系内，因受激辐射而产生并得到放大的一种光辐射，是一种人造的、特殊的非电离辐射，其特点是亮度大、发散角度小、单色性好及具有相干特性，可使光能高度集中，有比普通光大得多的能量和破坏性。

1.2.1　激光器的类型

激光器由产生激光的工作物质、光学谐振腔及激励能源三部分组成。激光器按其工作物质的物理状态，分为固体激光器、气体激光器、染料激光器、半导体激光器和化学激光器等。同一类型的激光器又包含许多不同材料的激光器，如固体型激光器有红宝石激光器、掺钕钇铝石榴石（Nd：YAG）激光器，气体型激光器主要有氦－氖（He－Ne）激光器、CO_2 激光器及氩离子激光器等。工作物质不同，产生的光波波长不同，因而应用范围也不相同。激光器根据发射的波谱，分为红外线、可见光、紫外线激光器、X 射线激光器及 γ 射线激光器。根据激光输出方式，激光器可分为连续波激光器和脉冲波激光器（包括长脉冲、巨脉冲及短脉冲激光器）。

激光器输出的激光按波长可分为短紫外线（100～315nm）、近紫外线（315～400nm）、可见光（400～700nm）和近红外线（700～1400nm）、中红外线（1.4～3μm）、远红外线（3～1000μm）。

1.2.2　激光器的分级

激光器一般分为 4 级：一级激光器不辐射出有危害的激光，对人体健康无影响；二级至四级激光器则对眼睛和皮肤有危害，级数越高危险性越大。

1. 一级激光器

一级激光器是指辐射出的激光对人体没有任何危害的激光器，也称无害免控激光器。一般连续激光器的输出在微瓦水平，脉冲激光器的输出在微焦水平，低于激光的最大容许辐照量。大部分封闭式的激光装置（激光影碟播放机）都属于该等级。无论是三级还是四级激光器，只要设计成封闭的工作方式，就都属于一级激光器。

2. 二级激光器

二级激光器有可见的激光束，但能量很低，又称低功率激光器或低水平激光器。瞬间入射至视网膜的低能激光不会引起损伤。二级激光器在0.25s（眨眼反应的时间）内输出能量在1mW以下的激光束。激光教鞭及激光瞄准器、超级市场用的价格读码器和仓储扫描读码器等均属于二级激光器。

3. 三级激光器

三级激光器直射入眼时会损伤眼睛，眨眼反应也不足以防护，甚至能损伤视网膜及角膜、晶体等。三级激光器是中功率激光器，但其漫反射的激光一般无危险。许多研究用的激光设备及军用的激光测距仪等属于三级激光器。

三级激光器又可分为3A激光器和3B激光器两种。3A激光器是具有低危险性的激光器，辐射出的激光在400～700nm，连续波输出功率不超过5mW，重复脉冲输出功率不超过二级激光器最大输出极限值的5倍，其辐射不超过$2.5W/cm^2$；3B激光器为输出中等功率、具有中等危险的激光器，连续波输出功率大于一级激光器，但不超过0.5W，单脉冲激光辐照量大于一级激光器，但不超过$10J/cm^2$。

4. 四级激光器

四级激光器是指能灼伤皮肤和能弥散反射的激光器，也称大功率激光器，是最危险的激光器。不但其直射光束和镜式反射光束对眼和皮肤有危害，其漫反射光也可能造成人眼的永久性损伤。所有不是密封设计的外科激光装置及焊接、切割用工业激光装置均属于四级激光器。此外，输出功率超过0.5W的激光器也都属于四级激光器。

1.3 激光的特点

激光与普通光相比具有显著的不同，它有如下几个特点。

1）方向性好

普通光源（太阳、白炽灯或荧光灯）向四面八方发射光波，其能量分布在4π立体角内；而激光束的发散角很小，其发散角可小到0.1mrad左右。这就使得激光在照射方向上的照度提高千万倍，每200km扩散直径小于1m，射到距地球3.8×10^5km的月球，光束扩散不到2km；而普通探照灯几千米外就扩散到几十米。激光方向性好的特点使其可用于准直测量、导向等。

2）亮度高

由于激光的发散角小，因此激光器发出的能量高度集中于很细的激光束中，一般激光的亮度远比太阳亮度大，太阳光亮度大约是 $1.865\times10^{9}\mathrm{cd/m^{2}}$，而一台大功率激光器的输出光亮度可以高出太阳光亮度 7～14 个数量级。尽管激光的总能量并不一定很大，但由于能量高度集中，很容易在某一微小点处产生高压和几万摄氏度甚至几百万摄氏度的高温。激光这一特点可以作为热源用于打孔、切割和焊接等，在医学领域可用激光做手术刀用于治疗。

3）单色性好

光谱上每条谱线都有一定的宽度，激光的谱线宽度很小。普通光源发出的光通常包含各种波长，是各种颜色光的混合。太阳光包含红、橙、黄、绿、青、蓝、紫 7 种颜色的可见光及红外光、紫外光等不可见光，而某种激光的波长只集中在十分狭窄的光谱波段或频率范围内，如氦－氖激光器发出的波长为 632.8nm 的红光的谱线宽度 $\Delta\nu=9\times10^{-2}\mathrm{Hz}$，而普通的氦－氖混合气体放电放出相同波长的光的谱线宽度 $\Delta\nu=1.52\times10^{9}\mathrm{Hz}$。激光单色性好的特点可用于精密测量。

4）相干性好

普通光源发出的光波都是非相干光，而激光的产生机制是受激辐射，受激辐射产生的光子与初始光子的传播方向、波长、偏振、相位等状态完全一致，容易产生干涉现象。激光相干性好的特点使其可用作全息照相的光源。

本章重点总结与复习

（1）激光的发展简史。

（2）激光的特点。

（3）激光器的类型与分级。

习　题

1. 自行选择一类激光器，介绍它的原理、特点与应用场景。

第 2 章

激光产生的原理与条件

2.1 黑体辐射的普朗克公式

从经典物理学中可知，在任何温度下，固体或液体都能够发射和吸收各种波长的电磁波。如果某一物体能完全吸收任何波长的电磁辐射而不发生反射、折射和透射，则称该物体为绝对黑体，简称黑体。绝对黑体在自然界中是不存在的，因为没有物体能在任一温度下完全吸收投射来的各种波长的电磁波。

比较理想的绝对黑体如图 2-1 所示，因为从外界射入小孔的任何光线在腔内多次反射后都很难逸出腔外。物体除吸收电磁辐射外还能发出电磁辐射，这种电磁辐射称为热辐射或温度辐射，太阳、电灯等普通光源均为这一类热辐射光源。一定温度下的空腔内表面上来回反射的热辐射会形成一个稳定的辐射场，腔内的辐射能量通过小孔向外辐射，如炼钢炉上的小洞向外的辐射就属于黑体热辐射。

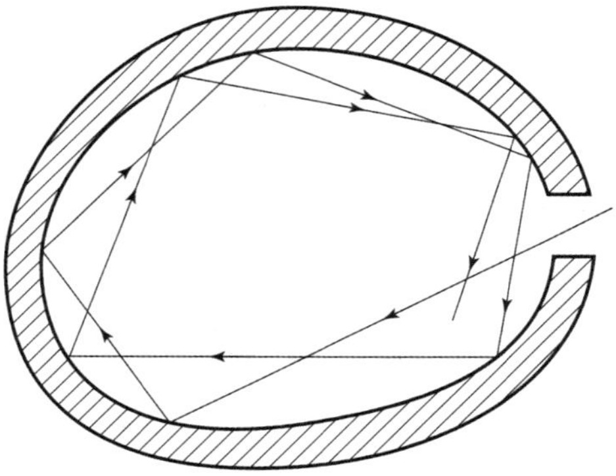

图 2-1　比较理想的绝对黑体

在一定温度下，当黑体内部的辐射和吸收达到热平衡，即空腔内辐射能量等于黑体吸收能量时，空腔内就存在完全确定的辐射场，这种辐射场称为黑体辐射或空腔辐射。黑体辐射是黑体温度 T 和辐射频率 ν 的函数，可用单色能量密度 ρ_ν 来描述。ρ_ν 定义为单位体积内处于 v 附近的单位频率间隔中的电磁辐射能量，其单位为 $\mathrm{J \cdot s/m^3}$。应当指出，黑体辐射与构成腔体的材料及腔体结构无关。

在实际测得黑体辐射后，人们试图从理论上得出其函数表达式来解释黑体辐射的规律。然而，一些基于经典物理学的种种努力因不能完全解释黑体辐射现象的实验而归于失败。1900 年，普朗克开创性地提出了光量子的概念，把黑体辐射视为由带电谐振子组成，并假定这些谐振子的能量取值只能为谐振子最小能量 $\varepsilon_0 = h\nu$（h 为普朗克常数，ν 为谐振子振荡频率）的整数倍，并在此基础上成功得到了与黑体辐射实验相符的普朗克公式。如果设想黑体辐射由无数个谐振子组成，那么这些谐振子各自发射一种单色平面电磁波，全部振子就形成了频率连续分布的黑体辐射。振子的每一种振动状态对应于辐射场内一种场分布，即一个模式。普朗克公式可描述为：在温度 T 的热平衡条件下，黑体辐射分配到空腔内每个模式上的平均能量为

$$E = \frac{h\nu}{\mathrm{e}^{\frac{h\nu}{kT}} - 1} \tag{2-1}$$

可以证明，黑体空腔内单位体积、频率在 $\nu \sim \nu + \Delta\nu$ 间隔的光波模式数 n_ν 为

$$n_\nu = \frac{P}{V\mathrm{d}\nu} = \frac{8\pi\nu^2}{c^3} \tag{2-2}$$

于是，普朗克黑体辐射的单色能量密度为

$$\rho_\nu = n_\nu E = \frac{8\pi h\nu^3}{c^3} \cdot \frac{1}{\mathrm{e}^{\frac{h\nu}{kT}} - 1} \tag{2-3}$$

式中：k 为玻尔兹曼常数；h 为普朗克常数；ν 为谐振子振荡频率；T 为热平衡时的绝对温度；c 为光速。

2.2　原子结构与能级

2.2.1　原子的结构

原子由带正电的原子核及绕核运动的电子组成，核外电子的负电量与原子核所带正电量相等。电子一边绕核做轨道运动，一边做自旋运动如

图 2－2 所示。由原子物理学可知，原子中电子的运动状态由下列 4 个量子数确定。

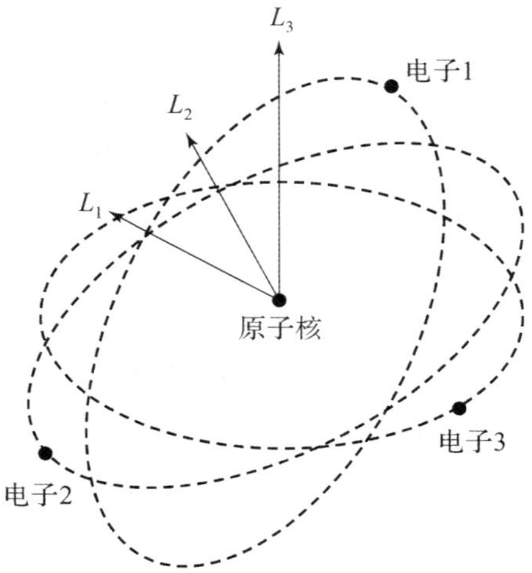

图 2－2　与主量子数和辅量子数有关的电子运动状态

1）主量子数 n

$n=1$，2，3，…。主量子数大体上决定原子中电子的能量值，不同的主量子数表示电子在不同的壳层上运动。

2）辅量子数 l

$l=0$，1，2，…，$n-1$。辅量子数表示电子的轨道角动量，这也与电子的能量有关。对于辅量子数 l 的电子顺次用 s、p、d、f 字母表示，习惯上称为 s 电子、p 电子等。

3）磁量子数 m_l

$m_l=0$，± 1，± 2，…，$\pm l$。磁量子数可以决定轨道角动量在外磁场方向上的分量。

4）自旋磁量子数 m_s

$m_s=\pm 1/2$。自旋磁量子数代表电子自旋方向的取向，也决定电子自旋角动量在外磁场方向上的分量。

2.2.2　原子的能级

电子具有的量子数不同，表示电子的运动状态不同。电子在原子系统中运动时，可以处在一系列不同的壳层状态或不同的轨道状态，电子在一系列确定的分立状态运动时，相应地，有一系列分立的不连续的能量值，这些能量通常称为电子（或原子系统）的能级，依次用 E_0，E_1，E_2，…，E_n，表示，如图 2－3 所示。

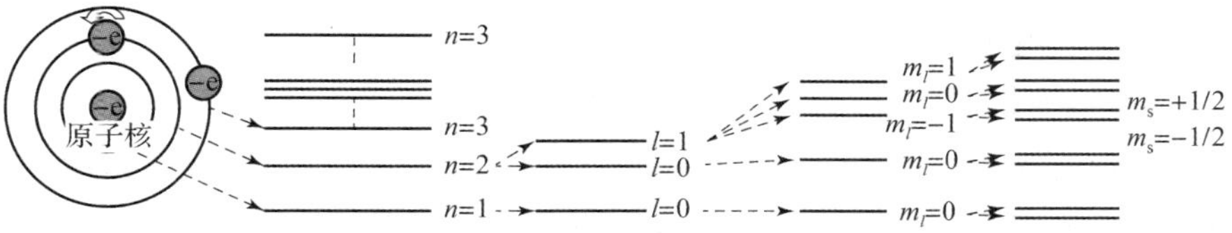

图 2－3　原子能级示意

原子处于最低的能级状态称为基态，能量高于基态的其他能级状态称为激发态。一般来说，处于一定电子态的原子对应某个确定的能级。反过来，某一能级并不一定只对应一个电子态，而是往往有若干个不同的电子运动状态具有同一能级。也就是说，两个或两个以上的不同运动状态的电子可以具有相同的能级，这样的能级称为简并能级。同一能级对应的不同电子运动状态的数目称为简并度，用字母 g 表示。

例如，对于氢原子来说，它只有一个核外电子，所以该电子状态就可以代表原子的状态。因此，氢原子的 1s 态（$n=1$，$l=0$，$m_l=0$）有两个不同的电子自旋状态（$m_s=\pm 1/2$），它们具有相同的能级 E_2，所以氢 1s 态的简并度 $g_1=2$。又如，氢原子的 2p 态（$n=2$；$l=1$；$m_l=0$，± 1；$m_s=\pm 1/2$）共有 6 个不同的电子状态，它们具有相同能级 E_2，所以氢原子的 2p 态的简并度 $g_2=6$，见表 2－1。原子的简并能级可由外场或原子中其他电子的场的相互作用来解除。

表 2－1　氢原子的 1s、2p 态的简并度

原子状态	n	l	m_l	m_s	g
1s	1	0	0	±1/2	2
2p	2	1	1 0 −1	±1/2 ±1/2 ±1/2	6

2.3　原子核外电子排布规律

前面讨论的氢原子只有一个外层电子，所以氢的电子态就可以代表氢的原子态。那么对于有 n 个电子的原子如何表示其状态呢？这里先介绍原子核外电子排布规律。

2.3.1 电子排布基本规律

原子核外电子排布规律遵循以下三个原理和定则。

1）最小能量原理

在正常（无外界激发）情况下，电子填充原子壳层时，从最低的能级开始填充，再依次填充能量较高的能级。但电子数较多的原子不一定严格按上述规则填充（电子间的相互作用导致量子数 n 和 l 竞争）。

2）泡利不相容原理（Pauli exclusion principle）

多电子原子中，不可能有两个或两个以上的电子具有完全相同的量子数，即在原子中完全确定一个电子的状态需要四个量子数。

3）洪特定则（Hund's rule）

原子核外电子的排布必先尽可能分占在同一电子亚层的各个轨道上，且自旋方向相同。此外，只有原子或离子的电子能级中未充满子壳层的电子（价电子）才与能级间的辐射跃迁有关。

2.3.2 玻尔兹曼分布

前面讨论的是单个原子的能级情况，在激光器中实际上要处理大量原子。现考虑由 n_0 个相同原子（分子或离子）组成的系统，由于原子的热运动，原子间相互碰撞或原子与器壁碰撞，因此不可能所有原子都处在基态，有一定数量的原子激发到不同的激发态（不同的能级）。在热平衡条件下，原子数按能级分布服从玻尔兹曼定律：

$$n_i \propto g_i \mathrm{e}^{-E_i/kT} \tag{2-4}$$

式中：g_i 为 E_i 的简并度；k 为玻尔兹曼常数，$k = 1.38 \times 10^{-23}$ J/K；T 为热平衡时的绝对温度；n_i 为处在 E_i 能级的原子数。

由玻尔兹曼定律可知，处在基态的原子数最多，激发能级越高原子数越少。显然，分别处于 E_m 和 E_n 能级上的原子数 n_m 和 n_n，必然满足如下关系式：

$$\frac{n_m/g_m}{n_n/g_n} = \mathrm{e}^{-\frac{(E_m-E_n)}{kT}} \tag{2-5}$$

下面对式（2-5）进行一些讨论，简单起见，设 $g_m = g_n$。

（1）如果 E_m 和 E_n 之间的能量差很小，满足 $\Delta E = E_m - E_n \ll kT$，则由式（2-5）可得 $\frac{n_m}{n_n} = \mathrm{e}^{-\frac{E_m-E_n}{kT}} \approx 1$，说明处在 E_m 和 E_n 两能级的粒子数基本相

同，其比值趋于 1。

(2) 如果 $\Delta E = E_m - E_n \gg kT$，$\frac{n_m}{n_n} \to 0$，则表示在热平衡情况下，只有很少量的原子处于较高的能级，而绝大多数的原子处在较低的能级。由式（2－5）可知，因 $T>0$，若 $E_m > E_n$，则总有$\frac{n_m}{g_m} < \frac{n_n}{g_n}$。

由上述关系可知，在热平衡条件下，处于高能态的粒子数总是小于处在低能态的粒子数。后面讨论的激光器中会存在相反的情况，常把这种情况称为粒子数反转。粒子数反转时，处在高能态的粒子数大于处在低能态的粒子数，这是在非热平衡的情况下才可能得到的结果。

2.4　光与物质相互作用的过程

在一个原子体系中，有些原子处于高能级，有些处于低能级，原子、分子或离子辐射光和吸收光的过程是与原子的能级之间的跃迁联系在一起的。而自发辐射产生的光子既可以去刺激高能级的原子使之产生受激辐射，又可以被低能级的原子吸收而造成受激吸收。因此，在光和原子体系的相互作用中，有三种不同的基本过程：自发辐射、受激辐射和受激吸收。它们总是同时存在且紧密联系的。

2.4.1　自发辐射

被激发到高能级 E_2 上的粒子是不稳定的。若存在可以接纳粒子的较低能级 E_1，即使没有外界作用，粒子也有一定的概率自发地从高能级 E_2 向低能级 E_1 跃迁，同时辐射出一个能量为 $h\nu = E_2 - E_1$ 的光子，光子频率 $\nu = \frac{E_2 - E_1}{h}$。这个过程是在没有外界作用的情况下完全自发进行的，所以称为自发辐射跃迁，如图 2－4 所示。

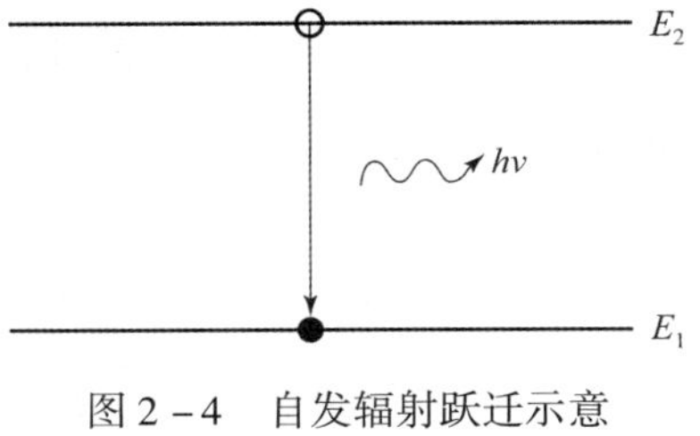

图 2－4　自发辐射跃迁示意

粒子自发辐射跃迁的随机过程用概率 A_{21} 描述，表示每一个处于 E_2 能级的粒子在单位时间内向 E_1 能级跃迁的概率，物理描述为

$$A_{21}=\left(\frac{\mathrm{d}n_{21}}{\mathrm{d}t}\right)_{\mathrm{sp}}\frac{1}{n_2} \tag{2-6}$$

式中：n_2 为 t 时刻处于能级 E_2 上的粒子数；$\left(\frac{\mathrm{d}n_{21}}{\mathrm{d}t}\right)_{\mathrm{sp}}$ 为单位时间内从高能级自发跃迁到低能级的粒子数。

A_{21} 又称自发辐射跃迁爱因斯坦系数。因此，单位时间内能级 E_2 所减少的粒子数为

$$\frac{\mathrm{d}n_2}{\mathrm{d}t}=-\left(\frac{\mathrm{d}n_{21}}{\mathrm{d}t}\right)_{\mathrm{sp}}=-A_{21}n_2 \tag{2-7}$$

粒子在某一能级的平均寿命 τ_{s} 表示该粒子停留在能级的平均时间，等于粒子数密度由起始值降到其 $\frac{1}{\mathrm{e}}$ 所用的时间：

$$n_2(t)=n_{20}\mathrm{e}^{-A_{21}t}=n_{20}\mathrm{e}^{-\frac{t}{\tau_{\mathrm{s}}}} \tag{2-8}$$

即

$$A_{21}=\frac{1}{\tau_{\mathrm{s}}} \tag{2-9}$$

式中：n_{20} 为起始时刻 $t=0$ 时 E_2 能级的粒子数密度。

由式（2-9）可知，A_{21} 只与粒子本身性质有关，是粒子在 E_2 上的平均寿命 τ_{s} 的倒数。自发辐射中，各个粒子在自发跃迁过程中是彼此无关的，不同粒子产生的自发辐射光在频率、相位、偏振方向及传播方向都有一定的任意性，是非相干光。除激光器外，普通光源的发光都属于自发辐射。

2.4.2 受激辐射

粒子从高能级向低能级跃迁，并非只能以自发方式进行，处于高能态的粒子也可以在外界因素的诱发和刺激下向低能级跃迁，而且在跃迁中同样也向外辐射光子。由于这一过程是被激发处理的，因此称为受激辐射，如图 2-5 所示，在频率为 $\nu=\frac{E_2-E_1}{h}$ 的光子入射时，处于高能级 E_2 上的粒子以一定的概率跃迁到低能级 E_1，同时辐射出一个与外来光子状态完全相同的光子。

受激辐射过程的特点：必须有外来光子的刺激，而且只有当外来光子的能量刚好符合 $h\nu=E_2-E_1$ 时，处于高能级的粒子才会在外来光子的刺激下向

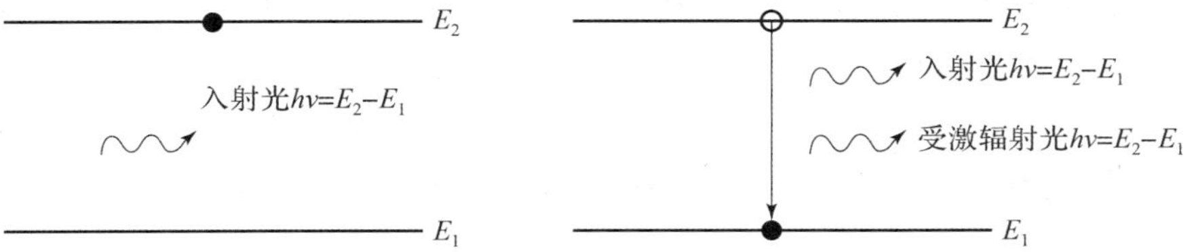

图 2-5　受激辐射示意图

低能级跃迁，并同时辐射出一个频率、传播方向、偏振、相位等性质均与外来光子完全相同的光子，即受激辐射光是相干光。

受激辐射跃迁过程用受激辐射的跃迁概率 W_{21} 描述，与自发辐射跃迁概率类似，即

$$W_{21}=\left(\frac{\mathrm{d}n_{21}}{\mathrm{d}t}\right)_{\text{ste}}\frac{1}{n_2} \tag{2-10}$$

式中：n_2 为 t 时刻处于能级 E_2 上的粒子数；$\left(\frac{\mathrm{d}n_{21}}{\mathrm{d}t}\right)_{\text{ste}}$ 为单位时间内从高能级受激跃迁到低能级的粒子数。

受激辐射与自发辐射是本质不同的物理过程，即 W_{21} 与 A_{21} 不同，W_{21} 不但与粒子性质有关，还与辐射场的单色能量密度 ρ_ν 成正比，即

$$W_{21}=B_{21}\rho_\nu \tag{2-11}$$

式中：B_{21} 为受激辐射跃迁爱因斯坦系数，只与粒子本身性质有关。在 B_{21} 一定的条件下，外来光场的单色能量密度越大，受激辐射跃迁概率就越大。

2.4.3　受激吸收

当物质受到外来能量如光能、热能、电能等的作用时，原子中的电子就会吸收外来能量，从低能级跃迁到高能级；或者说处于低能态的粒子会吸收外来能量，跃迁至高能态。由于吸收过程是在外来光子的激发下产生的，因此称为受激吸收，如图 2-6 所示，处于低能级 E_1 的粒子，在频率为 ν 的光场照射下，吸收入射光子后跃迁到高能级 E_2。

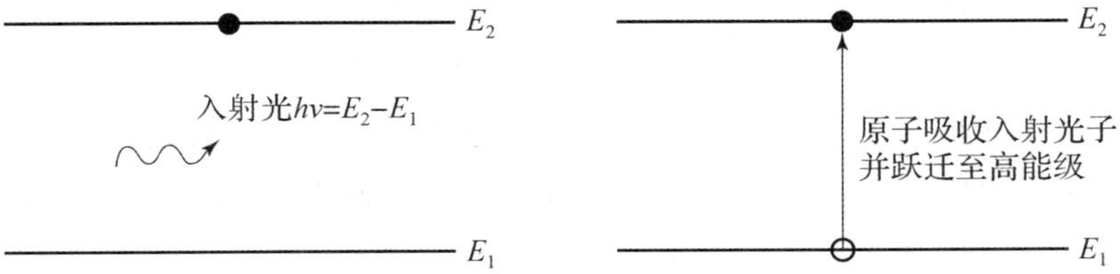

图 2-6　受激吸收示意图

受激吸收的特点：必须有外来光子（或其他能量）刺激，而且这个外来电子的能量必须满足

$$h\nu = E_N - E_0 \quad (N = 1,2,3,\cdots) \tag{2-12}$$

式中：E_0 为粒子吸收外界能量前所处的能级；E_N 为吸收外界能量后所处的能级。

受激吸收是受激辐射的反过程，受激吸收概率 W_{12} 可描述为

$$W_{12} = \left(\frac{\mathrm{d}n_{12}}{\mathrm{d}t}\right)_{\mathrm{sta}} \frac{1}{n_1} \tag{2-13}$$

式中：n_1 为 t 时刻处于能级 E_1 上的粒子数；$\left(\frac{\mathrm{d}n_{12}}{\mathrm{d}t}\right)_{\mathrm{sta}}$ 为单位时间内由于吸收光子从低能级跃迁到高能级的粒子数。

B_{12} 为受激吸收跃迁爱因斯坦系数，与 W_{12} 的关系为

$$W_{12} = B_{12}\rho_\nu \tag{2-14}$$

2.4.4 爱因斯坦系数关系

自发辐射、受激辐射和受激吸收这三个过程的跃迁本领强弱，分别用爱因斯坦系数 A_{21}、B_{21}、B_{12} 表示。这三个系数都是原子本身的属性，与原子系统中原子数密度按能级的分布状况无关。下面根据空腔黑体的热平衡过程，推导三个系数之间的关系。

当黑体处于某一温度 T 时，同时存在上述三个相互作用过程。在热平衡状态下，黑体吸收的辐射能量应等于发出的辐射能量，才能保持辐射的能量密度不变，即此时空腔内存在稳定的辐射场。因此，在热平衡条件下，E_2（或 E_1）能级上的粒子数密度保持不变，故有

$$\left(\frac{\mathrm{d}n_{21}}{\mathrm{d}t}\right)_{\mathrm{sp}} + \left(\frac{\mathrm{d}n_{21}}{\mathrm{d}t}\right)_{\mathrm{ste}} = \left(\frac{\mathrm{d}n_{12}}{\mathrm{d}t}\right)_{\mathrm{sta}} \tag{2-15}$$

或

$$n_2 A_{21} + n_2 B_{21}\rho_\nu = n_1 B_{12}\rho_\nu \tag{2-16}$$

$$\rho_\nu = \frac{A_{21}n_2}{B_{12}n_1 - B_{21}n_2} = \frac{A_{21}}{B_{12}\frac{n_1}{n_2} - B_{21}} \tag{2-17}$$

已知当物体处于热平衡状态时，每个能级上都具有明确的粒子数，能级 E_i 上所具有的粒子数 n_i 称为集居数，其分布规律服从玻尔兹曼定律，即

$$\frac{n_2}{n_1} = \frac{g_2}{g_1}\mathrm{e}^{\left(-\frac{E_2 - E_1}{kT}\right)} \tag{2-18}$$

式中：g_i 为 E_i 能级的统计权重（为常数）；k 为玻尔兹曼常数，$k=1.38\times10^{-23}\mathrm{J/K}$。

将式（2-3）和式（2-18）代入式（2-17）后，可解得

$$\frac{c^3}{8\pi h\nu^3}\left(e^{\frac{h\nu}{kT}}-1\right)=\frac{B_{21}}{A_{21}}\left(\frac{B_{12}g_1}{B_{21}g_2}e^{\frac{h\nu}{kT}}-1\right) \tag{2-19}$$

要使式（2-19）两边对任何$\frac{h\nu}{kT}$的值均成立，系数必须相等。当 T 趋向于无穷大时，即可得到

$$B_{12}g_1=B_{21}g_2 \tag{2-20}$$

$$\frac{A_{21}}{B_{21}}=\frac{8\pi h\nu^3}{c^3} \tag{2-21}$$

式（2-20）和式（2-21）均为三种相互作用的爱因斯坦关系式，当统计权重 $g_1=g_2$ 时，有 $B_{12}=B_{21}$ 即

$$W_{12}=W_{21} \tag{2-22}$$

2.5　激光产生的条件

2.5.1　受激辐射光放大

在受激辐射跃迁的过程中，一个诱发光子可以使处于上能级的发光粒子产生一个与该光子状态完全相同的光子，这个光子又可以诱发其他光粒子，产生更多状态相同的光子。这样，在一个入射光子的作用下，可以引发大量发光粒子产生受激辐射，并产生大量运动状态相同的光子。这种现象称为受激辐射光放大，如图 2-7 所示。由于受激辐射产生的光子都属于同一个光子态，因此它们是相干的，在受激辐射中产生并被放大的光即是激光。

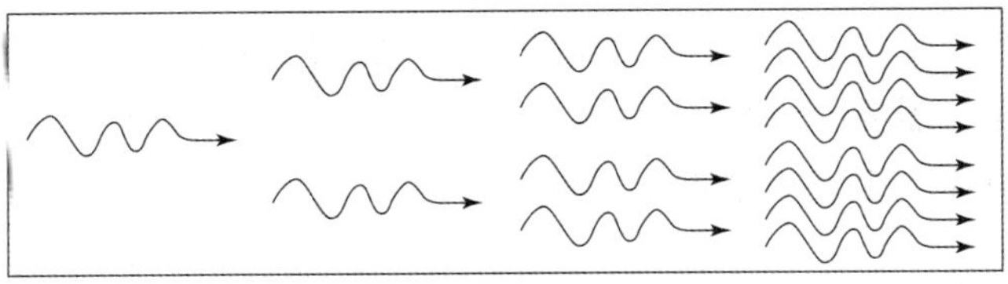

图 2-7　受激辐射光放大

但是，在光与原子体系相互作用的情况下，受激辐射与受激吸收两种跃迁是同时存在的，前者使光子数增加，后者使光子数减少。一束光通过发光

物质后光强究竟是增强还是减弱，要看这两种跃迁过程哪个占优势。

通常，自发辐射、受激辐射和受激吸收这三个过程同时存在于介质中，只是在不同情况下有强弱的差别。自发辐射光强和受激辐射光强可分别表示为$I_{sp}=n_2A_{21}h\nu$和$I_{ste}=n_2B_{21}\rho_\nu h\nu$，在热平衡状态下，比较自发辐射、受激辐射的两种辐射过程，有

$$\frac{I_{sp}}{I_{ste}}=\frac{n_2A_{21}h\nu}{n_2B_{21}\rho_\nu h\nu}=\frac{A_{21}}{B_{21}\rho_\nu}=e^{\frac{h\nu}{kT}}-1 \qquad (2-23)$$

例如，当在绝对温度为3000K时，在黑体空腔内，对500nm波长的光辐射，$\frac{I_{ste}}{I_{sp}}\approx\frac{1}{20000}$。由此可见，自发辐射强度远大于受激辐射，占绝对优势。热平衡条件下，将粒子分布规律式（2－18）改写成

$$\frac{n_2/g_2}{n_1/g_1}=e^{-\frac{E_2-E_1}{kT}} \qquad (2-24)$$

式中：$\frac{n_2}{g_2}$为处于高能级的一个能态上的粒子数密度；$\frac{n_1}{g_1}$为处于低能级的一个能态上的粒子数密度。这里的“一个能态”是指在某一能级上的粒子有不同的运动状态，虽然具有相同的内部能量值，但由于运动状态不同而具有不同的能态。显然$E_2>E_1$，且$T>0$，因此在热平衡状态下，有

$$\frac{n_2}{g_2}<\frac{n_1}{g_1} \qquad (2-25)$$

即在正常的情况下，发光粒子处于下能级的粒子数密度大于处于上能级的粒子数密度。同时，爱因斯坦理论指出原子受激辐射的概率和受激吸收的概率是相同的，即$B_{21}=B_{12}$。因此，在热平衡状态下，单位时间内受激吸收增加的光子数密度大于受激辐射减少的光子数密度，即在热平衡状态下，受激吸收占主导，物质只能吸收光子，光强减弱。

激光的形成是光与物质相互作用的结果，伴随三个跃迁过程，即光的自发辐射、受激吸收和受激辐射跃迁过程（特别是受激辐射），是激光产生的物理基础。但在正常情况下，受激辐射并不占优势。要想通过受激辐射光放大过程产生激光，需要克服受激辐射与受激吸收、自发辐射之间的矛盾，从而确保受激辐射在三个过程中占主导地位。

2.5.2 粒子数反转

激光是在受激辐射中产生的，而在无外界激励的常温下，物质中绝大多数粒子处于稳定状态，即受激辐射的概率极小，光的受激吸收比受激辐射占优

势，光总是在不断衰减。在热平衡状态下，粒子数正常分布满足式（2－14），如图2－8（a）所示。为了产生受激辐射，必须改变粒子的常规分布状态，破坏热平衡。例如，采取光照、放电等方法从外界不断地向发光物质输入能量，将低能级的发光粒子激发到高能级上，使高能级 E_2 的粒子数密度超过低能级 E_1 的粒子数密度，即

$$\frac{n_2}{g_2} > \frac{n_1}{g_1} \tag{2-26}$$

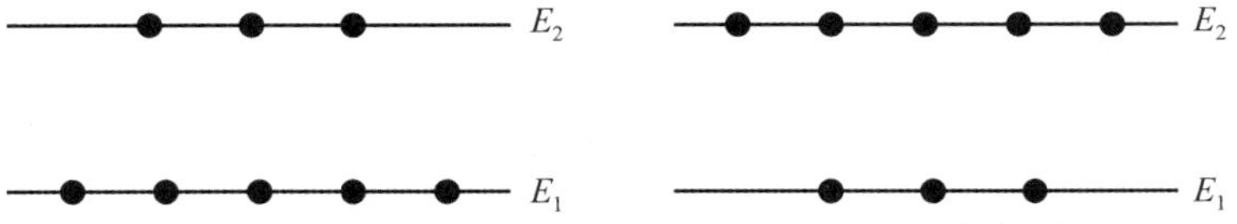

(a) 粒子数正常分布　　(b) 粒子数反转分布

图2－8　粒子数的分布

满足式（2－26）的粒子数分布，称为粒子数反转或集居数反转，如图2－8（b）所示。由式（2－24）可知，当 $T<0$ 时，即可实现粒子数反转，因此又称粒子数反转为负温度状态。

形成粒子数反转是产生激光的关键，因为它使通过受激辐射由亚稳态回到基态的原子数，比通过受激吸收由基态跃迁至亚稳态的原子数多，从而保证受激辐射强度大于受激吸收，当发光物质中有一个频率合适的光子存在时，便可迅速产生大量处于相同光子态的光子，从而输出激光。

一般来说，当物质处于热平衡状态时，粒子数反转是不可能实现的。要想使处于正常状态的物质转化为粒子数反转分布状态，必须由外界向物质供给能量，把原子从低能级激励到高能级，实现粒子数反转，该过程称为泵浦（或激励）。

2.5.3　激活粒子的能级系统

产生激光的必要条件除了实现粒子数反转以外，还需要激光工作物质。为了实现粒子数反转，需要有能够形成粒子数反转的发光粒子，称为激活粒子，它们可以是分子、原子或离子。这些激活粒子有些可以独立存在，有些则必须依附于某些材料中。为激活粒子提供寄存场所的材料称为基质，它们可以是固体或液体。基质与激活粒子统称为激光工作物质。通常的激光工作物质都是由包含亚稳态的三能级结构或四能级结构的原子体系组成，这些结构包含激光上能级和激光下能级及一些与产生粒子数反转有关的其他能级。

1. 三能级系统

典型的三能级系统如图 2 – 9 所示，其中 E_1 为激光下能级（基态能级），E_2 为激光上能级（亚稳态能级），E_3 为抽运（泵浦）能级。

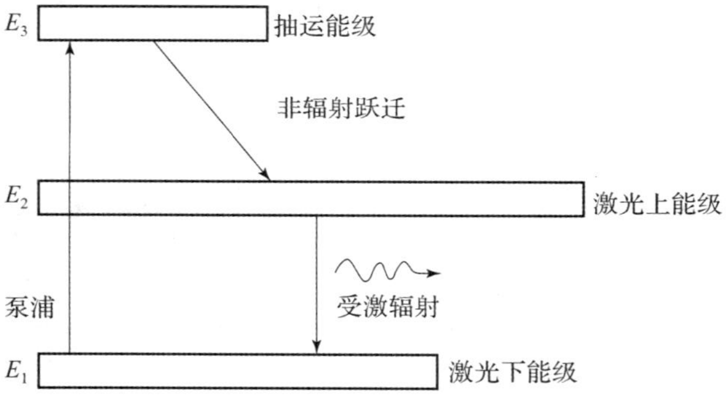

图 2 – 9　典型的三能级系统

泵浦源将激活粒子从 E_1 能级抽运到 E_3 能级，然而在 E_3 能级上停留时间很短，激活粒子很快通过无辐射跃迁方式到达 E_2 能级，多余的能量以热能的形式辐射。由于 E_2 能级是亚稳态能级（粒子在该能级上停留时间较长），因此激活粒子源源不断地从 E_1 到 E_3，再从 E_3 到 E_2，最后使 E_2 上粒子数大于 E_1，实现 E_2 与 E_1 两个能级的粒子数反转，当 E_2 上粒子跃迁回 E_1 时便形成受激辐射，产生激光。典型的红宝石激光器就属于三能级系统。

三能级系统的特点：受激辐射产生的激光对应的下能级为基态，而作为受激辐射对应的上能级和中间能级在开始抽运时基本无粒子，故至少要将基态粒子总数的一半以上抽运到激光上能级才可以形成粒子数反转，这就需要强激励。因此，三能级系统实现受激辐射较费力，效率较低。

2. 四能级系统

典型的四能级系统如图 2 – 10 所示，其中 E_4 为抽运能级，E_3 为激光上能级，E_2 为激光下能级，E_1 为基态能级。泵浦源将激活粒子从基态 E_1 抽运到 E_4 能级，在 E_4 能级上短暂停留，便立刻通过无辐射跃迁方式到达 E_3 能级。E_3 能级是亚稳态能级，停留时间长。而 E_2 能级在热平衡状态基本是空的，因此在 E_3 和 E_2 之间易于实现粒子数反转。典型的 Nd^{3+} – YAG 激光器、钕玻璃激光器等都属于四能级系统。

四能级系统的特点：受激辐射产生激光对应的下能级不是基态而是一个受激态，如果它离基态足够远，在初始时刻基本上没有粒子，故只要从基态抽运较少的粒子到激光上能级就会造成较大的反转粒子数，产生较强的受激辐射作用。因此，四能级系统效率较高，容易连续运转。

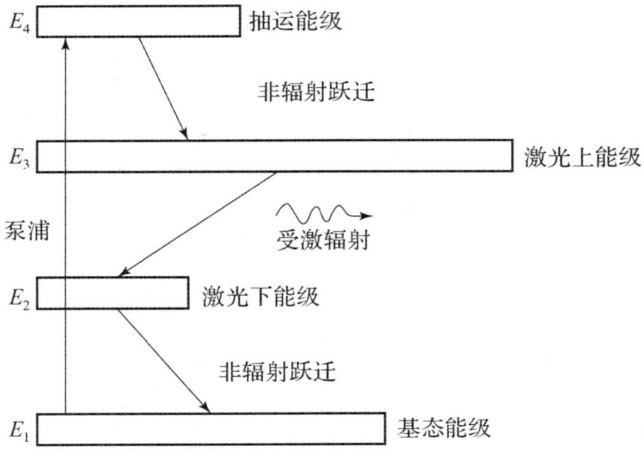

图 2－10　典型的四能级系统

2.5.4　光的自激振荡

处于激发态能级的原子可以通过自发辐射或受激辐射回到基态，其中自发辐射是主要过程。因此，要想使受激辐射克服自发辐射的影响并占绝对优势，需要利用光学谐振腔来实现光的自激振荡，即激光振荡。

1. 光学谐振腔

光的受激辐射放大的初始外激励光子源于工作物质中激光跃迁的上下能级的微弱自发辐射，因此将产生粒子数反转的激光工作物质无限延长，起初以自发辐射为主，经过筛选后留下沿轴向传播的自发辐射光子，而这些光子又会不断地引起受激辐射，最终实现以受激辐射为主的光输出。

这一过程可以通过光学谐振腔来实现，其最简单的方式就是在工作介质的两端放置两块相互平行并与工作物质的轴向垂直的反射镜，这两块反射镜与工作介质一起构成了一个光学谐振腔。沿轴向传播的光束可以在两个反射镜之间来回反射，被连锁式地放大，最后形成稳定的激光束，这一过程就是光的自激振荡，如图 2－11 所示。两个反射镜中，一个为全反射镜 M_1；另一个为部分反射镜 M_2，激光从部分反射镜输出。

2. 振荡条件

在谐振腔内存在使光子减少的过程，称为损耗。造成损耗的原因有多种，如反射镜的透射、吸收和衍射，工作物质不均匀造成的折射、散射等。只有当光在谐振腔内来回一次所得的增益大于同一过程中的损耗时，才能维持光振荡，即产生激光振荡需要一定的条件，这个条件称为阈值条件，其推导过程如下。

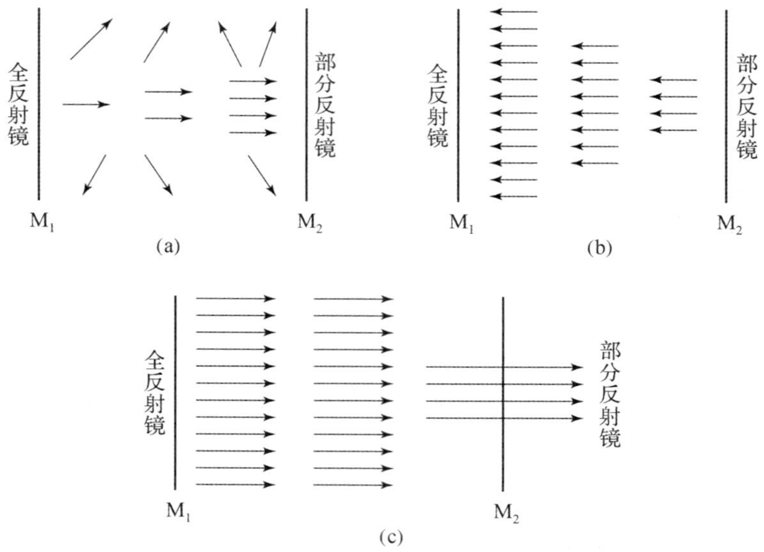

图 2－11　光的自激振荡

激光工作介质受激放大的能力可用增益系数来表示，激活介质的光放大如图 2－12 所示。光强为 I_0 的准单色光自端面（$z=0$）入射，由于受激辐射，在传播过程中光强将不断增大，用增益系数 $g(z)$ 来描述光通过单位长度激活介质后光强增大的百分数。

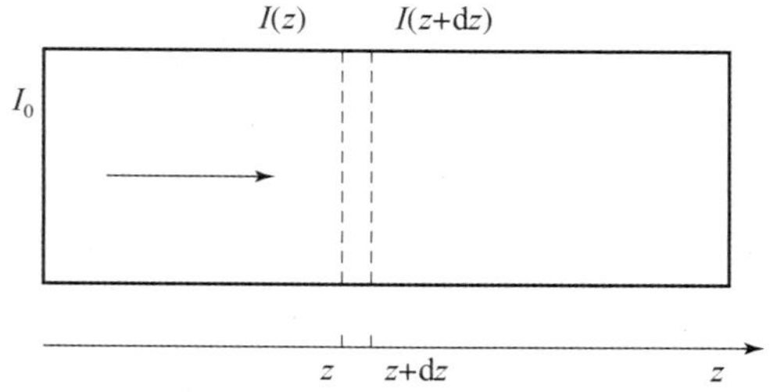

图 2－12　激活介质的光放大

设 z 处光强为 $I(z)$，在 $z+\mathrm{d}z$ 处光强为 $I(z)+\mathrm{d}I(z)$，根据定义，激活介质的增益系数为

$$g(z)=\frac{\mathrm{d}I(z)}{\mathrm{d}z}\cdot\frac{1}{I(z)} \tag{2-27}$$

实际上，光在介质中传播还存在损耗，引入损耗系数 α，即光通过单位距离后光强衰减的百分数，定义为

$$\alpha=-\frac{\mathrm{d}I(z)}{\mathrm{d}z}\cdot\frac{1}{I(z)} \tag{2-28}$$

在增益和损耗的介质中，光强的变化为

$$\mathrm{d}I(z)=[g(z)-\alpha]I(z)\mathrm{d}z \tag{2-29}$$

当光强 I 很小时，增益系数近似为常数，即 $g(z)=g^0$，称为小信号增益系数，求解式（2-29），有

$$I(z)=I_0\mathrm{e}^{(g^0-\alpha)z} \tag{2-30}$$

要实现光放大需要满足

$$I_0\mathrm{e}^{(g^0-\alpha)z}\geqslant I_0 \tag{2-31}$$

即激光器的阈值条件为

$$g^0\geqslant\alpha \tag{2-32}$$

2.6　光谱线型

2.6.1　光谱线的线型和宽度定义

原子发光是有限波列的单频光，因而仍然有一定的频带宽度。实际上，使用分辨率极高的摄谱仪拍摄出的每一条原子发光谱线都具有有限宽度，绝不是单一频率 ν_0 的光，而是发射频率在 ν_0 附近某个范围内的光，光谱片如图 2-13 所示。

图 2-13　光谱片

实验还表明，不仅各条谱线的宽度不同，就每一条光谱线而言，在有限宽度的频率范围内，相对光强也不一样。设某一条光谱线的总光强为 I_0，频率 ν 附近单位频率间隔的光强为 $I(\nu)$，则频率 ν 附近单位频率间隔的相对光强 $f(\nu)$ 为

$$f(\nu)=\frac{I(\nu)}{I_0} \tag{2-33}$$

实验测得，不同频率 ν 处，$f(\nu)$ 不同，$f(\nu)$ 为频率 ν 的函数。如果以频率 ν 为横坐标、$f(\nu)$ 为纵坐标，则 $f(\nu)$ 曲线的实际线型如图 2-14（a）所示。$f(\nu)$ 表示某一谱线在单位频率间隔的相对光强分布，称为光谱线的线型函数，其可由实验测得。

图 2-14（b）为理想情况下的单色光的相对光强分布（理想线型）。相

比之下明显可见，理想的单色光只有一种频率，且在该频率处的相对光强为1，即光强百分之百集中在此频率。这种情况实际上是不存在的。实际情况如图2－14（a）所示，光强分布在一个有限宽度的频率范围内。相对光强在 ν_0 处最大，向两边逐渐减小，ν_0 是谱线的中心频率。

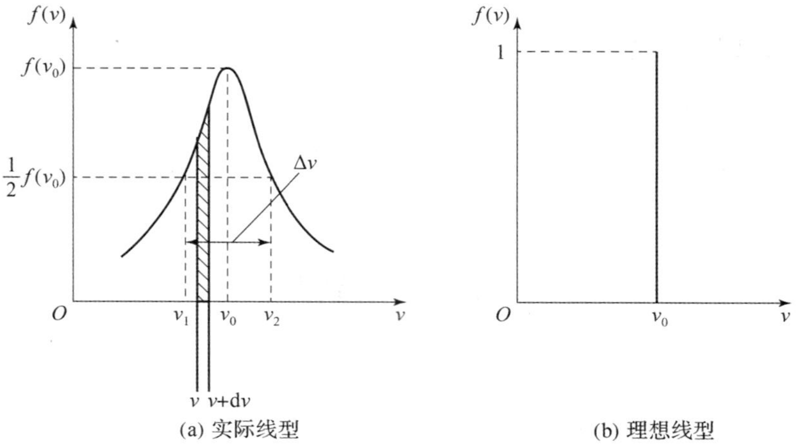

图2－14　光谱的线型函数

图2－14（a）中曲线下阴影面积为 $f(\nu)\nu$，表示频率在 $\nu \sim \nu + \mathrm{d}\nu$ 的光强占总光强的百分比，有

$$\int_0^\infty f(\nu)\,\mathrm{d}\nu = \int_0^\infty \frac{I(\nu)}{I_0}\mathrm{d}\nu = \frac{1}{I_0}\int_0^\infty I(\nu)\,\mathrm{d}\nu = 1 \tag{2-34}$$

如图2－14（a）所示，线型函数在 ν_0 处达到最大值，光谱线宽度 $\Delta\nu$ 定义为相对光强为最大值一半处的频率间隔，$\Delta\nu = \nu_2 - \nu_1$，其中各频率处光强满足

$$f(\nu_1) = f(\nu_2) = \frac{1}{2}f(\nu_0) \tag{2-35}$$

2.6.2　光谱线型对光与物质的作用的影响

考虑光谱线线型的影响后，在单位时间内，对应于频率 $\nu \sim \nu + \mathrm{d}\nu$ 间隔，自发辐射、受激辐射、受激吸收的原子跃迁数密度公式分别如下。

自发辐射：

$$-\mathrm{d}n_2(\nu) = A_{21} n_2 f(\nu)\,\mathrm{d}\nu \tag{2-36}$$

受激辐射：

$$-\mathrm{d}n_2(\nu) = B_{21} n_2 \rho_\nu f(\nu)\,\mathrm{d}\nu \tag{2-37}$$

受激吸收：

$$\mathrm{d}n_2(\nu)=B_{12}n_1\rho_\nu f(\nu)\mathrm{d}\nu \tag{2-38}$$

考虑到光谱线宽度后，单位时间内总原子数密度与外来光的单色能量密度及光谱的线型函数有关，即

$$\text{总的自发辐射原子数密度}=A_{21}n_2\int_0^\infty f(\nu)\mathrm{d}\nu=A_{21}n_2 \tag{2-39}$$

$$\text{总的受激辐射原子数密度}=\int_0^\infty B_{21}n_2\rho_\nu f(\nu)\mathrm{d}\nu \tag{2-40}$$

$$\text{总的受激吸收原子数密度}=\int_0^\infty B_{12}n_1\rho_\nu f(\nu)\mathrm{d}\nu \tag{2-41}$$

总的受激辐射（或吸收）原子数密度与外来光的单色能量密度有关。在计算总的受激辐射原子数密度时，不像自发辐射那样简单，因此分下述两种情况讨论。

（1）设外来光的中心频率为 ν_0'，谱线线宽为 $\Delta\nu'$，单色辐射能量密度为 $\rho_{\nu'}$，所讨论的原子谱线的线型函数为 $f(\nu)$，线宽为 $\Delta\nu$，中心频率为 ν_0。当 $\Delta\nu'<\Delta\nu$ 时，即入射光比被激原子发光谱线宽度小时，如图 2-15（a）所示，在 $\rho_{\nu'}$ 的宽度 $\Delta\nu'$ 范围内，$f(\nu)$ 可近似地视为常数，可提到积分符号外；同时将积分符号中的积分变量用 ν' 表示，则在单位时间内有

$$\begin{aligned}\text{受激辐射原子数密度}&=\int_0^\infty B_{21}n_2\rho_{\nu'}f(\nu_0')\mathrm{d}\nu'\\&=n_2B_{21}f(\nu_0')\int_0^\infty\rho_{\nu'}\mathrm{d}\nu'\\&=n_2B_{21}f(\nu_0')\rho\end{aligned} \tag{2-42}$$

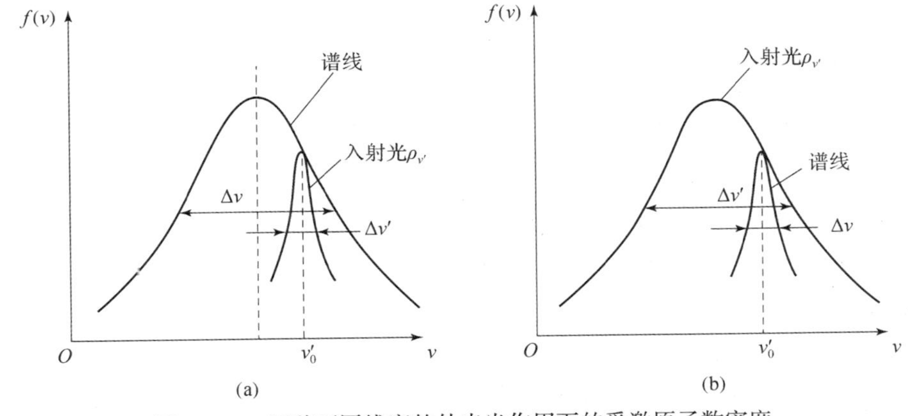

图 2-15　两种不同线宽的外来光作用下的受激原子数密度

此时，总能量密度为 ρ 的外来光，只能使频率 ν_0' 附近的原子产生受激辐射，跃迁概率与被激原子发光线型函数有关，此时受激辐射跃迁概率为

$$W_{21}=B_{21}\rho f(\nu_0') \tag{2-43}$$

同理，受激吸收跃迁概率为

$$W_{12}=B_{12}\rho f(\nu_0') \tag{2-44}$$

（2）设外来光的谱线宽度为 $\Delta\nu'$，单色辐射能量密度为 $\rho_{\nu'}$，所讨论的原子谱线的线型函数为 $f(\nu)$，线宽为 $\Delta\nu$，中心频率为 ν_0。当 $\Delta\nu'\geqslant\Delta\nu$ 时，即入射光比被激原子发光谱线宽度大，如图 2－15（b）所示，在单位时间内

$$\text{总的受激辐射原子数密度}=n_2B_{21}\rho_{\nu_0}\int_0^{\infty}f(\nu')\mathrm{d}\nu'=n_2B_{21}\rho_{\nu_0} \tag{2-45}$$

此时，受激辐射跃迁概率为

$$W_{21}=B_{21}\rho_{\nu_0} \tag{2-46}$$

同理，受激吸收跃迁概率为

$$W_{12}=B_{12}\rho_{\nu_0} \tag{2-47}$$

在入射光线宽度远大于原子光谱线宽的情况下，受激跃迁与原子谱线中心频率处的外来光单色能量密度有关，跃迁概率与被激发原子光谱线型函数无关。

2.6.3 光谱线的增宽机制

前面讨论了原子光谱线的线型和宽度，接下来探讨光谱线有限的频带宽度形成原因、线型函数的具体形式。根据引起谱线增宽的原因不同，分别讨论自然增宽、碰撞增宽和多普勒增宽三种增宽及它们各自具体的线型函数。

1. 自然增宽

原子发光形成的电磁波是有一定长度的振幅按指数规律衰减的波列：

$$U=V_0\mathrm{e}^{-\frac{t}{2\tau}}\cos2\pi\nu_0t\quad(t>0) \tag{2-48}$$

式中：τ 为原子自发辐射的平均寿命；ν_0 为余弦函数频率；V_0 为 $t=0$ 时的振幅，$V_0=\sqrt{I_0}$，其中 I_0 为 $t=0$ 时的光强，如不衰减线宽为零。式（2－48）代表的是电偶极子辐射场的衰减振荡，如图 2－16 所示。

由式（2－48）及图 2－16 代表的电磁振荡不是等幅的余弦振荡，而是随时间变化的衰减振荡，衰减的阻尼振荡可以分解成无数余弦振荡的叠加，每一组余弦振荡都有其特征频率。阻尼越小，则振幅衰减得越慢，振动越接近简谐振动，其谱线宽度也就越窄；反之，阻尼越大，振幅衰减得越快，振动越偏离简谐振动，其谱线宽度越宽。

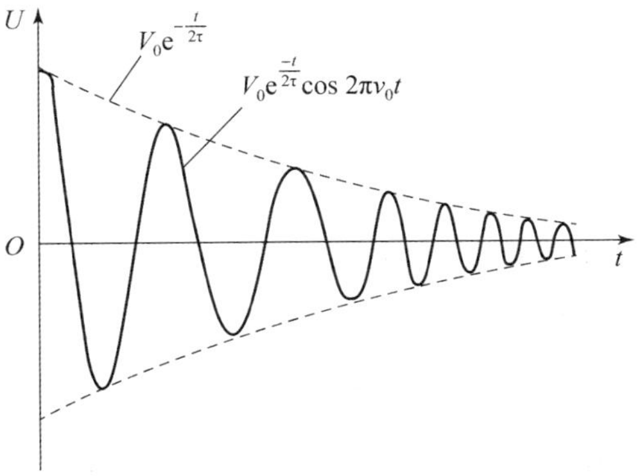

图 2－16　电偶极子辐射场的衰减振荡

用傅里叶变换可导出其频谱的数学表达式，但首先要把它表示为复指数函数的形式：

$$U(t)=V_0 e^{-\frac{t}{2\tau}} e^{i2\pi\nu_0 t} \tag{2-49}$$

查数学手册可得其傅里叶变换，$U(t)$可以展开为下述积分形式：

$$U(\nu)=F\{U(t)\}=\frac{V_0}{i2\pi(\nu-\nu_0)+1/2\tau} \tag{2-50}$$

对应光强分布为

$$I(\nu)\propto|U(\nu)^2|=\frac{V_0^2}{4\pi^2(\nu-\nu_0)^2+(1/2\tau)^2} \tag{2-51}$$

由于电偶极子的衰减振荡可展开成频率在一定范围内连续变化的简谐波，因此光强在谱线范围内随频率 ν 有一个分布，其中 ν 为原子辐射的中心频率。如果用$f_N(\nu)$表示在频率 ν 附近单位频率间隔的相对光强随频率的分布，则可写成

$$f_N(\nu)=\frac{A}{4\pi^2(\nu-\nu_0)^2+(1/2\tau)^2} \tag{2-52}$$

式中：A 为比例常数；$f_N(\nu)$为自然增宽的线型函数。所得谱线的自然增宽是因为作为电偶极子看待的原子做衰减振荡而造成的谱线增宽，由归一化条件可计算出（也可查数学手册的积分表）

$$\int_0^{\infty} f_N(\nu)\,d\nu=A\tau=1\Rightarrow A=1/\tau \tag{2-53}$$

洛伦兹线型函数用原子辐射的平均寿命表达的形式为

$$f_N(\nu)=\frac{1/\tau}{4\pi^2(\nu-\nu_0)^2+(1/2\tau)^2} \tag{2-54}$$

当 $\nu=\nu_0$ 时，有

$$f_N(\nu_0)=4\tau$$

当 $\nu=\nu_1=\nu_0\pm\frac{1}{4\pi\tau}$ 时，有

$$f_N(\nu)=f_N(\nu_1)=f_N(\nu_2)=2\tau=\frac{1}{2}f_N(\nu_0)$$

因此，当 $f_N(\nu)$ 的值降至其最大值的 1/2 时，所对应的两个频率之差为洛伦兹半宽度，也称自然增宽，即

$$\Delta\nu_N=\nu_2-\nu_1=\frac{1}{2\pi\tau} \tag{2-55}$$

将式（2-52）写成用自然增宽来表达的光谱线线型函数，即

$$f_N(\nu)=\frac{\Delta\nu_N/2\pi}{(\nu-\nu_0)^2+(\Delta\nu_N/2)^2} \tag{2-56}$$

自然增宽的线型分布函数也称为洛伦兹线型函数。图 2-17 洛伦兹线型函数随频率变化的关系。一般原子发光平均寿命为 $10^{-8}\sim10^{-5}$s，自然增宽为十分之几兆赫兹到几百兆赫兹。

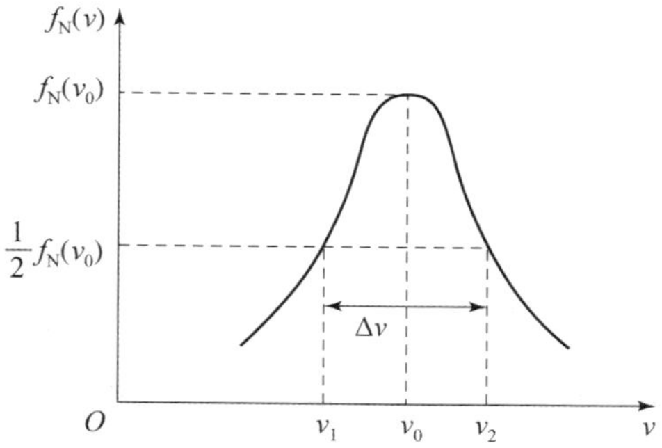

图 2-17　洛伦兹线型函数

2. 碰撞增宽

碰撞增宽是由发光原子间的相互碰撞造成的，这种碰撞会使原子发光中断或光波位相发生突变，即使发光波列缩短。碰撞增宽的形成机制如图 2-18 所示，与图 2-16 所示的阻尼振荡相比，波列缩短、偏离简谐波程度更大，这样引起谱线的增宽称为碰撞增宽，用 $\Delta\nu_c$ 表示。

同理，可由傅里叶变换求出由碰撞增宽引起的谱线线型函数，仍为洛伦兹线型，可用下式表示：

$$f_c(\nu)=\frac{\Delta\nu_c/2\pi}{(\nu-\nu_0)^2+(\Delta\nu_c/2)^2} \tag{2-57}$$

大量气体原子做无规则的热运动，它们相互频繁地发生碰撞，导致原来

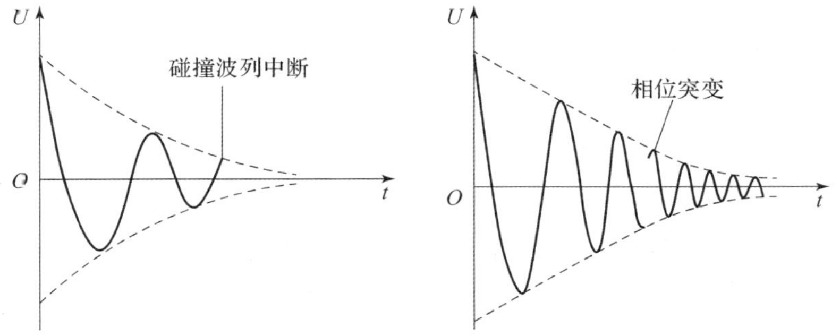

(a) 波列中断　　(b) 相位突变

图 2－18　碰撞增宽的形成机制

处于激发态的原子可能以非辐射跃迁的形式转移到其他能级上，这就相当于缩短了激发态的平均寿命，从而使能级进一步增宽。

当发光原子同时具有碰撞增宽 $\Delta\nu_c$（与气体压强 p 成正比）和自然增宽 $\Delta\nu_N$ 时，可以证明所得的线型仍为洛伦兹线型，其线宽为两者之和，即

$$\Delta\nu_H = \Delta\nu_N + \Delta\nu_c \tag{2-58}$$

需要指出的是，这里所说的“碰撞”一词，并不一定是两个原子相撞，而是指当两原子间距离足够小时，原子原来的运动状态被原子间的相互作用力改变。“碰撞”对于气体原子而言较易理解；对于固体材料而言，虽然其原子基本上是不移动的，但相邻原子间力的相互作用也能改变原子原来的运动状态，从这一角度来说，固体材料的原子间也存在碰撞增宽。

3. 多普勒增宽

由于光的多普勒效应，当光源或接收器之间存在相对运动时，接收器接收到的光波频率不等于光源与接收器相对静止时的频率，光源与接收器之间的相对运动如图 2－19 所示。作为光源的每个发光原子的运动速率和方向都不同，造成的发光光波频率变化也不同，因此发光的谱线被增宽，即多普勒增宽。

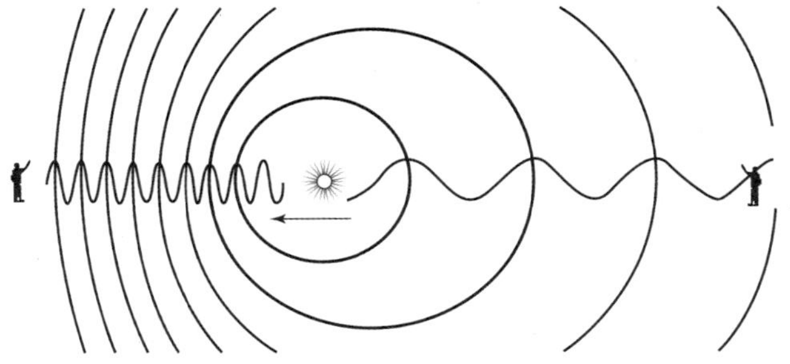

图 2－19　光源与接收器之间的相对运动

1）纵向多普勒效应

设在光源与接收器两者连线方向的相对速度为 v，则光的频率为

$$\nu = \sqrt{\frac{1+\frac{v}{c}}{1-\frac{v}{c}}}\nu_0 \tag{2-59}$$

式中：ν_0 为光源与接收器相对静止时的频率。一般情况下，v 远小于真空光速，并且光源与接收器相对趋近时，v 取正值；两者背离时，v 取负值。式（2-59）取一级近似可得

$$\nu \approx \nu_0\left(1+\frac{v}{c}\right) \tag{2-60}$$

若在介质中传播，光速应为 c/μ，则此时的频率可写成

$$\nu \approx \nu_0\left(1+\frac{v}{c/\mu}\right) \tag{2-61}$$

2）横向多普勒效应

当光源与接收器之间的相对速度在垂直于两者连线方向时，同样会出现接收频率与静止频率间的差异，此时的频率为

$$\nu = \sqrt{1-\left(\frac{v_\perp}{c}\right)^2}\nu_0 \tag{2-62}$$

式中：$v_\perp$ 为垂直于光源与接收器连线方向的相对速度，一般光的横向多普勒效应量值更小，可以忽略。

如图 2-20 所示，气体放电管中一个静止原子的发光频率为 ν_0，原子的运动速度为 v，在 z 方向的分量为 v_z，一般有 $v_z \ll c$，则接收器接收到的光频率为

$$\nu \approx \nu_0\left(1+\frac{v_z}{c}\right) \tag{2-63}$$

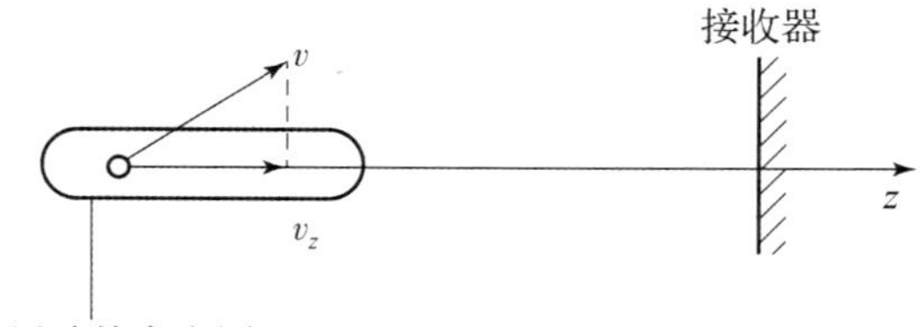

图 2-20　发光原子相对接收器的运动

要想得到接收器收到光的线型函数，就要知道发光原子的速度分布规律，即不同速度原子的概率分布。当大量同类原子发光时，由于气体原子的热运

动是无规律的，原子的运动速度也不同，不同速度的原子所发出的光被接收时的频率也不同。频率在$(\nu,\nu+\Delta\nu)$的光强与总光强之比$f_D(\nu)\mathrm{d}\nu$与速度分量为$v_z \sim v_z+\mathrm{d}v_z$之间的原子数占总数的百分比$\frac{\mathrm{d}n_z}{n}$相等，所以：

$$f_D(\nu)\mathrm{d}\nu = \frac{\mathrm{d}n_z}{n} \tag{2-64}$$

由于$\nu=\nu_0\left(1+\frac{v_z}{c}\right)$，代入式（2-64）计算可得

$$f_D(\nu)\mathrm{d}\nu = \frac{\mathrm{d}n_z}{n} = \left(\frac{m}{2\pi kT}\right)^{1/2} \mathrm{e}^{-\frac{m\nu_z^2}{2kT}} \mathrm{d}\nu_z \tag{2-65}$$

式中：$f_D(\nu)$为多普勒增宽的线型函数或高斯线型函数，其图形曲线如图 2-21 所示。在光源静止时达到线型函数最大值（$\nu=\nu_0$）时有

$$f_D(\nu_0) = \frac{c}{\nu_0}\left(\frac{m}{2\pi kT}\right)^{1/2} \tag{2-66}$$

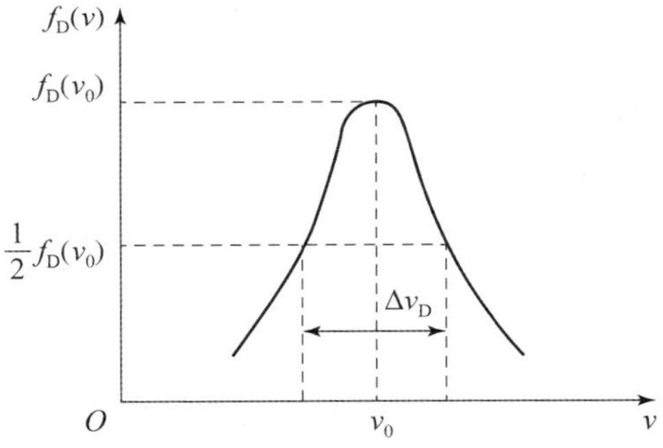

图 2-21 高斯线型函数图形曲线

在半极大值处对应的频率为$\nu_1=\nu_0-\left(\frac{2kT\nu_0^2}{mc^2}\ln 2\right)^{1/2}$或$\nu_2=\nu_0+\left(\frac{2kT\nu_0^2}{mc^2}\ln 2\right)^{1/2}$，多普勒增宽为

$$\Delta\nu_D = \nu_2-\nu_1 = 2\nu_0\left(\frac{2kT}{mc^2}\ln 2\right)^{1/2} \tag{2-67}$$

利用$\Delta\nu_D$表示高斯线型函数可得

$$f_D(\nu) = \frac{2}{\Delta\nu_D}\left(\frac{\ln 2}{\pi}\right)^{1/2} \mathrm{e}^{-\left[4\ln 2\left(\frac{\nu-\nu_0}{\Delta\nu_D}\right)^2\right]} \tag{2-68}$$

将原子（或分子）质量$m=1.66\times10^{-27}\mu_{mol}\,\mathrm{kg}$、玻尔兹曼常数$k=1.38\times10^{-23}\,\mathrm{J/K}$和真空光速$c=3\times10^8\,\mathrm{m/s}$代入式（2-67）得

$$\Delta\nu_D = 7.16 \times 10^{-7}\sqrt{\frac{T}{\mu_{mol}}}\nu_0 \tag{2-69}$$

式中：μ_{mol}为原子（或分子）量。为了对多普勒增宽的数量级有一个概念，下面举例常用的两种激光器的多普勒增宽：氦－氖激光器中0.6328μm谱线的多普勒增宽与二氧化碳激光器中10.6μm谱线的多普勒增宽。

（1）对于氦－氖激光器中氖原子发出的0.6328μm波长激光，原子量$\mu_{mol}=20$，取$T=400$K，因此$\Delta\nu_D\approx1500$MHz。

（2）对于二氧化碳激光器发出的10.6μm波长激光，分子量$\mu_{mol}=44$，同样取$T=400$K，则$\Delta\nu_D\approx60$MHz。由于二氧化碳激光器10.6μm谱线的中心频率低且分子量大，因此它的多普勒增宽比氦－氖气体激光器的增宽小。

上面讨论了三种谱线增宽的原因和谱线的线型。比较这几种增宽，可以发现自然增宽远小于碰撞增宽和多普勒增宽，碰撞增宽在气体压强减小时也随之减小，在低气压时多普勒增宽起主要作用。

2.6.4 均匀增宽线型和非均匀增宽线型

以上三种谱线增宽按照谱线增宽的特点分类，还可分为均匀增宽线型和非均匀增宽线型两类。自然增宽和碰撞增宽分别产生于辐射自然衰减和碰撞引起的波列中断（或相位突变），二者均使波列偏离简谐波，原子所发出的光波具有多种频率，即对应谱线的有限增宽。在这类增宽中，每一束光原子所发的光，对谱线宽度内任一频率都有贡献，而且这个贡献对每个原子都是相同的，遵循洛伦兹线型公式，这种增宽称为均匀增宽。显然，当碰撞增宽远大于自然增宽时，可以忽略自然增宽而只计算碰撞增宽。

不同原子的增宽不同，这种增宽称为非均匀增宽。在多普勒增宽中，各种不同速度的原子对$f_D(\nu)$中不同频率有贡献，不同原子的作用是不同的，是非均匀增宽，其线型函数为高斯分布函数。

虽然均匀增宽和非均匀增宽，也就是洛伦兹线型函数及高斯线型函数的图形都是“钟形”曲线，但它们大不相同。为了便于比较，在图2－22中同时给出了两种分布的曲线，并设它们的线宽相等，即$\Delta\nu_D=\Delta\nu_H$，有

$$f_D(\nu_0) = \frac{2}{\Delta\nu_D}\left(\frac{\ln 2}{\pi}\right)^{1/2} \approx \frac{0.939}{\Delta\nu_D}$$

$$f_H(\nu_0) = \frac{2}{\pi\Delta\nu_H} \approx \frac{0.637}{\Delta\nu_H}$$

在中心频率处，高斯曲线的最大值是洛伦兹线型最大值的1.47倍。在中心频率两侧，高斯曲线下降得比较快，而洛伦兹曲线相对来说变化比较缓慢。

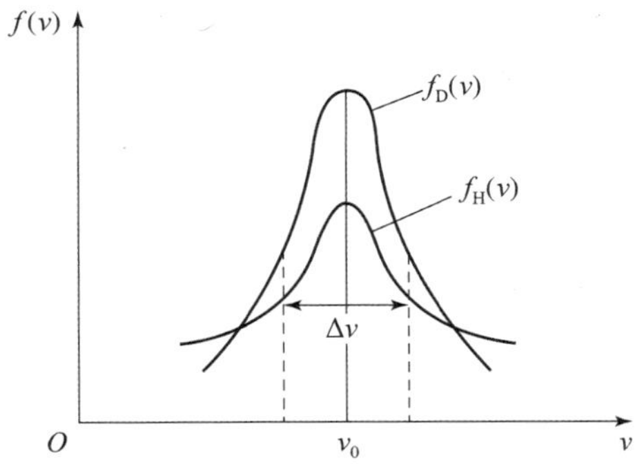

图 2-22　两种线型函数的比较

在实际的光谱线中，以上三种因素同时存在。实际的光谱线型是均匀增宽线型和非均匀增宽线型的叠加，即“综合增宽”。

本章重点总结与复习

（1）原子中决定电子状态的 4 个量子数及其相互之间的关系。

（2）列举原子核外电子的排布规律。

（3）掌握普朗克的能量子假说定义。

（4）爱因斯坦的三个能级跃迁公式。

（5）掌握三种辐射跃迁的定义和相互区别、关联。

（6）阐述光谱线三种增宽机制。

（7）阐述激光形成的条件（粒子数反转）。

（8）列举激光器的三要素，并分析为什么诱导光不是三要素之一。

习　题

1. 输出功率均为 1W 的两束连续光，分别输出波长为 500nm 和频率为 3000MHz 的光，则每秒从上能级跃迁到下能级的粒子束分别为多少？

2. 热平衡状态下，原子能级 E_2 上的粒子数为 n_2，下能级 E_1 上的粒子数为 n_1，设能级简并度 $g_1=g_2$，求：（1）当跃迁辐射光频率为 3000MHz、温度为 300K 时，n_2/n_1 为多少？（2）当跃迁辐射光的波长为 1.0μm、$n_2/n_1=0.1$ 时，温度为多少？

3. 已知氢原子的第一激发态 E_2 与基态 E_1 之间的能量差为 1.64×10^{-18}J，$4g_1=g_2$。若火焰（$T=2700$K）中含有 10^{20} 个氢原子，且按玻尔兹曼分布，求：（1）能级 E_2 上的粒子数 n_2 为多少？（2）若火焰中每秒发射的光子数为 $10^8 n_2$，光的功率为多少瓦？

4. 试用波长来表示单色能量密度公式，证明其为 $\rho_\lambda=\frac{8\pi hc}{\lambda^5}\cdot\frac{1}{e^{\frac{hc}{\lambda kT}}-1}$。

5. 试证明，当黑体辐射能量密度 $\rho(\nu)$ 为极大值时，频率 ν_m 由关系 $\nu_m T^{-1}=2.82kh^{-1}$给出，并求出辐射能量密度为极大值的波长 λ_m 与 ν_m 的关系。

6. 静止氖原子的 $3S_2-2P_4$ 谱线的中心波长为 632.8nm，设氖原子分别以 $\pm0.1c$ 和 $\pm0.5c$ 的速度向接收器运动，计算接收器接收到的频率分别为多少？

第 3 章

激光器的工作原理

3.1 激光器的基本构成

能在特殊工作物质中实现粒子数反转并通过光的受激发射与放大形成光波振荡（激光）的装置称为激光器。激光器由激光工作物质、泵浦源和光学谐振腔三大部分组成，其基本结构如图 3 – 1 所示。

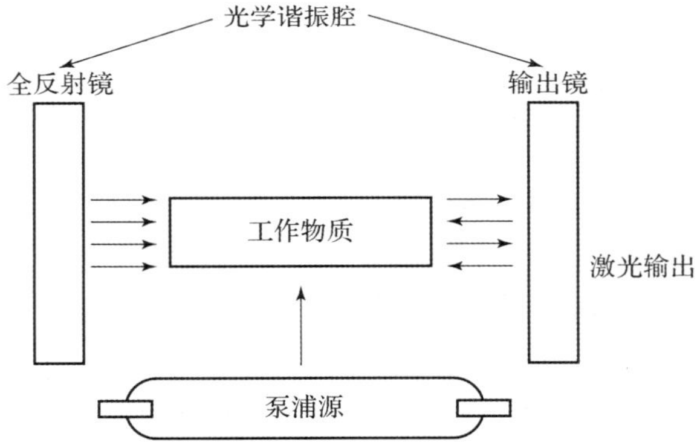

图 3 – 1　激光器的基本结构

3.1.1 激光工作物质

激光工作物质是组成激光器的核心部分，是用来实现粒子数反转并产生光的受激辐射放大作用的物质体系。它接收来自泵浦源的能量，对外发射光波并保持能够强烈发光的活跃状态，因此也称激活介质。为了形成激光辐射，要求工作物质具有合适的能级结构和跃迁特性。亚稳态能级的存在对实现粒子数反转是非常有利的。

激光工作物质按物态分为固体、液体和气体三大类，近些年出现的自由电子激光器使工作物质进入更广阔的领域。不同激光器中的各种物质产生激光的基本原理都是类似的。

激光工作物质决定了激光器能够辐射的激光波长，激光波长由物质中形成激光辐射的两个能级间的跃迁确定。当前，实验室条件下可产生的激光波长包括从真空紫外到红外。

3.1.2 泵浦源

泵浦源是指为使激光工作物质实现并维持粒子数反转而提供能量来源的机构或装置。根据工作物质特性和运转条件的不同，可以采取不同的激励方式和激励装置，常见的有以下 4 种。

（1）光学激励。光学激励是利用外界光源发出的光来辐照工作物质以实现粒子数反转的，整个光学激励装置通常由气体放电光源（如氙灯、氪灯）和聚光器组成。

（2）气体放电激励。气体放电激励是利用在气体工作物质内发生的气体放电过程来实现粒子数反转的，整个气体放电激励装置通常由放电电极和放电电源组成。

（3）化学激励。化学激励是利用在工作物质内部发生的化学反应过程来实现粒子数反转的，通常要求有适当的化学反应物和相应的引发措施。

（4）核能激励。核能激励是利用小型核裂变反应所产生的裂变碎片、高能粒子或放射线来激励工作物质并实现粒子数反转的。

泵浦过程是外界提供能量给粒子体系的过程。激光器中的激光能量是由激励装置从其他形式的能量（如光、电、化学、热能等）转换而来的。为了得到连续的激光输出，必然不断地进行泵浦，以维持处于上能级的粒子数比下能级多的状态。

3.1.3 光学谐振腔

1. 光学谐振腔的作用

光学谐振腔简称谐振腔，是形成激光的外部条件，主要具有两个作用。

1）产生与维持激光振荡

谐振腔一方面能增加激光工作物质的有效长度，解决受激辐射和自发辐射之间的矛盾，使受激辐射占主导地位；另一方面可提供光学正反馈作用，确保振荡光束在腔内行进一次过程中，经激活介质的受激辐射得到的增益大于由腔内损耗和激光输出反射镜透射等因素引起的光束损耗，从而使有足够能量的光束在腔内得到放大而维持激光振荡。

2）控制振荡光束的质量

谐振腔的作用是选择频率一定、方向一致的光优先放大，而把其他频率和方向的光加以抑制，保证输出激光的高单色性和高方向性。通过改变腔参数实现对激光器输出光束特性的控制。

2. 构成和分类

在激活介质两端适当的位置放置两个反射镜即可构成最基础的光学谐振腔。通过将两个或多个反射镜按一定方式组合，可以构成不同种类的光学谐振腔。根据结构、性能和工作机理等差异，谐振腔可分为多种类型，见表3－1，其中许多类型又可进一步细分。

表3－1 谐振腔的分类

分类标准	类型
是否有边界	开腔、闭腔、气体波导腔
是否有腔镜以外的反射面	简单腔、复合腔
反射镜的个数	两镜腔、多镜腔
腔镜的形状	球面腔、非球面腔
腔中辐射场特点	驻波腔、行波腔
反馈机理	端面反馈腔、分布反馈腔
稳定性	稳定腔、临界腔、非稳定腔

由平面镜、凹透镜、凸透镜这三种不同的反射镜构成的典型开放式光学谐振腔如图3－2所示。图3－2（a）所示为平行平面腔，由两块互相平行的平面反射镜组成（曲率半径 $R_1=R_2=+\infty$）。图3－2（b）~（d）所示为凹面反射镜腔，由两块相距 L 的互相平行的凹透镜组成，其存在以下两种特殊的情况：①当 $R_1=R_2=L$ 时，即两透镜的焦点在腔中心重合，如图3－2（b）所示，称为对称共焦腔；②当 $R_1+R_2=L$ 时，即两透镜的曲率中心在腔内重合，如图3－2（c）所示，称为共心腔，且当 $R_1=R_2=\frac{L}{2}$ 时，如图3－2（d）所示，称为对称共心腔。图3－2（e）为平凹腔，由相距 L 的一块平面反射镜和一块曲率半径为 R_2 的凹面反射镜组成，且当 $R_2=2L$ 时，又称为半共焦腔，如图3－2（f）所示。

3. 光学谐振腔的损耗

光学谐振腔损耗的大小是评价谐振腔性能的重要指标，在激光振荡过程

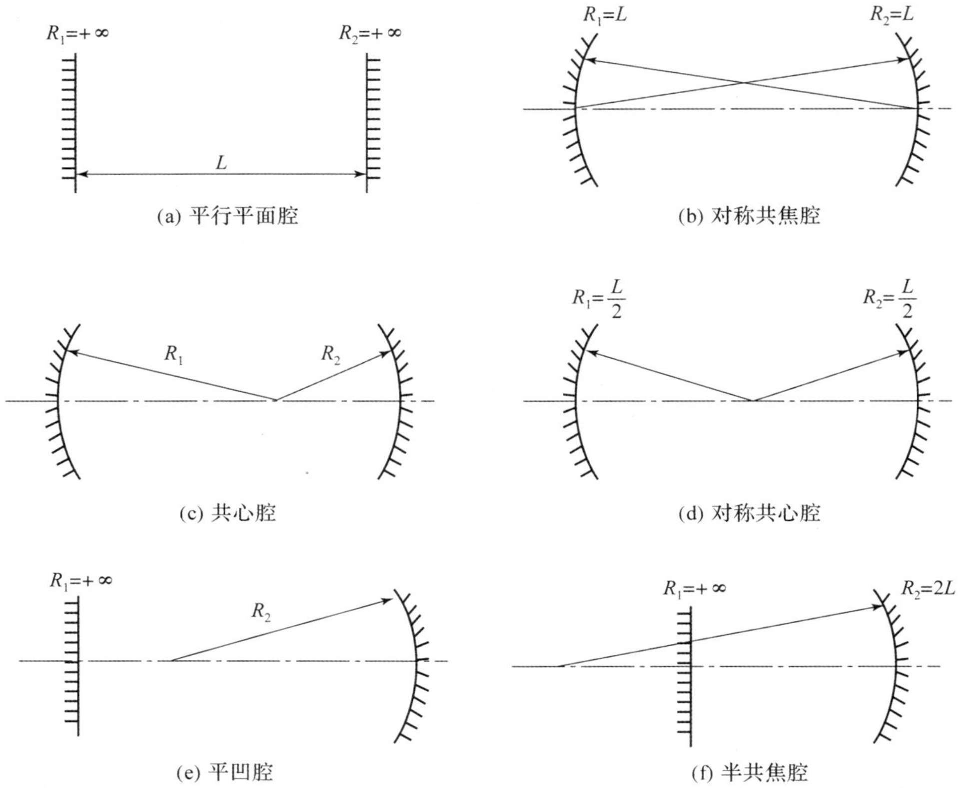

图 3-2　典型开放式光学谐振腔

中，它决定了激光振荡的阈值、达到稳定振荡状态腔内的光强，以及激光的输出质量等。产生损耗的因素很多，本节以无源开腔为例，将损耗分为 4 个方面。

1）几何损耗

根据几何光学观点，激光在腔内的往返过程可以用近轴光线描述。一些不平行于光轴的光线经过腔内的多次往返后有可能从腔的侧面逸出，且即使是平行于光轴的光线也有可能从腔的侧面逸出。这种损耗称为几何损耗，其大小取决于腔的类型、几何尺寸和横模阶次等，可用几何光学的方法估算。

2）衍射损耗

根据波动光学观点，由于腔镜的几何尺寸有限，光波在腔内往返传播时必然会因腔镜边缘的衍射效应而产生损耗。如果在腔内插入其他光学元件，则还需考虑元件边缘或孔径的衍射引起的损耗。这类损耗称为衍射损耗，其大小与腔的菲涅耳数、腔的几何参数和横模阶数等有关，可由求解腔的衍射积分方程得出。

3）输出腔镜的透射损耗

为了获得必要的输出耦合，通常稳定腔至少有一个反射镜是部分投射的。这部分的损耗称为光腔的透射损耗，它与输出镜的透射率有关。

4）非激活吸收、散射等其他损耗

激光在反射镜及光学元件中传播时，会因吸收、散射而产生损耗，也称内损耗。此外，激光介质材料会对光造成非激活吸收损耗，且工作物质成分不均匀、粒子数密度不均匀或有缺陷等均会造成散射损耗。

另外，也可以根据损耗的产生过程是否对输出激光有用，分为有用损耗和无用损耗，或分别称为耦合输出损耗和纯损耗。例如，镜面的散射、吸收、光的衍射使光束扩散到反射镜面以外造成的损耗，由镜面上透射出去的损耗作为激光器的有用输出。上述损耗中：输出腔镜的透射损耗是有用损耗；非激活吸收、散射等其他损耗是无用损耗；几何损耗和衍射损耗在不同情况下的作用不同，既可为有用损耗，也可为无用损耗。

4. 光子寿命

根据定义，初始光强为 I_0 的光在腔内往返 m 次后，强度衰减至

$$I_m = I_0 \mathrm{e}^{-2m\delta} \tag{3-1}$$

式中：δ 为腔中各种单程损耗因子的总和。

当取 $t=0$ 时，光强为 I_0，则到 t 时刻时，光波在腔内的往返次数为

$$m = \frac{t}{2L'/c} \tag{3-2}$$

将式（3-2）代入式（3-1）中可得任意 t 时刻的光强为

$$I(t) = I_0 \mathrm{e}^{-\frac{t}{\tau_R}} \tag{3-3}$$

$$\tau_R = \frac{L'}{c\delta} \tag{3-4}$$

式中：τ_R 称为腔的时间常数，它是描述光腔性质的一个重要参数。当 $t=\tau_R$ 时：

$$I(t) = \frac{I_0}{\mathrm{e}} \tag{3-5}$$

式（3-5）表明了 τ_R 的物理意义：光强从初始值 I_0 衰减到 I_0 的 $\frac{1}{\mathrm{e}}$ 所用的时间。由式（3-4）可知，δ 越大，τ_R 越小，即腔的损耗越大，光强衰减越快。

τ_R 也可理解成“光子在腔内的平均寿命”。设 t 时刻腔内光子数密度为 $n(t)$，其与光强 $I(t)$ 的关系为

$$I(t)=n(t)h\nu v \tag{3-6}$$

式中：v 为光在腔内的传播速度；ν 为光波频率。代入得

$$n(t)=n_0 e^{-\frac{t}{\tau_R}} \tag{3-7}$$

式中：n_0 为 $t=0$ 时刻腔内光子数密度。

当 $t=\tau_R$ 时，腔内光子数密度衰减到 n_0 的$\frac{1}{e}$。在 $t\sim t+dt$ 时间内减小的光子数密度为

$$-dn=\frac{n_0}{\tau_R}\cdot e^{-\frac{t}{\tau_R}}\cdot dt \tag{3-8}$$

光子数密度为 $-dn$ 的光子在 $0\sim t$ 时间内存在，再经过无限小的时间间隔 dt 后就消失了，因此这些光子的寿命为 t。光子的平均寿命 $\bar{\tau}$ 等于所有光子寿命总和除以总的光子数，即

$$\bar{\tau}=\frac{1}{n_0}\int_0^{\infty}t(-dn)=\frac{1}{n_0}\int_0^{\infty}t\frac{n_0}{\tau_R}e^{-\frac{t}{\tau_R}}dt=\tau_R \tag{3-9}$$

由此可见，腔的时间常数 τ_R 就是腔内光子的平均寿命。腔的损耗越小，τ_R 越大，腔内光子的平均寿命越长。

5. 无源腔的品质因数 Q 值

在光学谐振腔内，同时可以用品质因数 Q 值表征腔的损耗特性，其普遍定义为

$$Q=2\pi\nu\frac{\varepsilon}{P} \tag{3-10}$$

式中：ν 为光波频率；ε 为腔内储存的总能量；P 为单位时间内损耗的能量。

设腔内振荡光束的体积为 V，当光子在腔内均匀分布时，腔内储存的总能量为

$$\varepsilon=nh\nu V \tag{3-11}$$

则单位时间内损失的能量为

$$P=\frac{d\varepsilon}{dt}=-\frac{dn}{dt}\cdot h\nu V=\frac{n_0}{\tau_R}e^{-\frac{t}{\tau_R}}\cdot h\nu V \tag{3-12}$$

代入式（3-10），得

$$Q=2\pi\nu\tau_R=2\pi\nu\frac{L'}{\delta c} \tag{3-13}$$

由此可知，腔的损耗越小，Q 值越高。Q 值高表示腔的储能性好、腔内光子平均寿命长。

3.2　光学谐振腔理论

本节讨论激光器的重要组成部分——光学谐振腔的基本理论，这里讨论的谐振腔是开腔。基本理论包括几何理论与衍射理论两部分：几何理论的主要内容以光学变化矩阵为基础，讨论谐振腔的稳定性条件；衍射理论的主要内容则是从菲涅耳 - 基尔霍夫衍射积分公式出发，建立起谐振腔自再现模所满足的积分方程，通过求解积分方程讨论各类谐振腔的模式特点。

3.2.1　光学谐振腔的稳定条件

在谐振腔中，光在两个反射镜中来回反射。假如光在腔内经过少数几次反射后便离开腔体，则不能达到光被不断放大、产生激光的目的。为此，要求谐振腔能保证光在腔内往返反射，始终不离开谐振腔，满足这一条件或要求的腔称为稳定腔。反之，如果任一光线经过有限次往返后必将横向逸出腔外，则称为非稳腔，如图 3 - 3 所示。研究光学谐振腔的稳定性条件，实质是研究光线在腔内往返传播而不逸出腔外的条件。本节利用矩阵光学分析方法，讨论共轴球面腔中光线往返传播的规律，并在此基础上推导出谐振腔的稳定性条件。

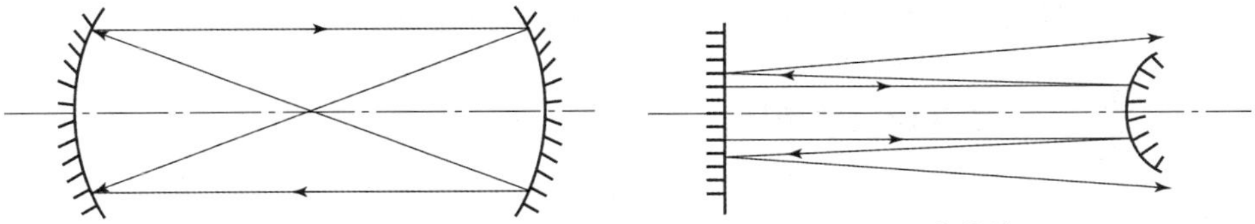

(a) 稳定腔　　(b) 非稳腔

图 3 - 3　谐振腔稳定示意图

1. 共轴球面腔的稳定性条件

稳定腔的定义条件是“光线在谐振腔内往返任意多次也不会横向逸出腔外”，下面列举几种典型。

1）稳定腔

根据以上分析可知，凡是满足 $0<g_1g_2<1$ 条件的腔都可称为稳定腔。

（1）双凹稳定腔。由两个凹面镜组成的共轴球面腔称为双凹稳定腔，即 $R_1>0$，$R_2>0$。根据稳定性条件，如图 3 - 4 所示，求解得这种腔的稳定条件有两种情况：

$$\begin{cases} R_1 > L \\ R_2 > L \end{cases} \text{或} \begin{cases} 0 < R_1 < L \\ 0 < R_2 < L \\ R_1 + R_2 > L \end{cases} \tag{3-14}$$

对称共焦腔是双凹稳定腔的一种特例。如图 3-4（b）所示，对称共焦腔中心是两反射镜公共焦点，且 $R_1 = R_2 = L = 2F$，F 为两镜焦距，即 $g_1 = 0$，$g_2 = 0$，因此 $g_1 g_2 = 0$。对称共焦腔是最具有代表性的一种稳定腔。

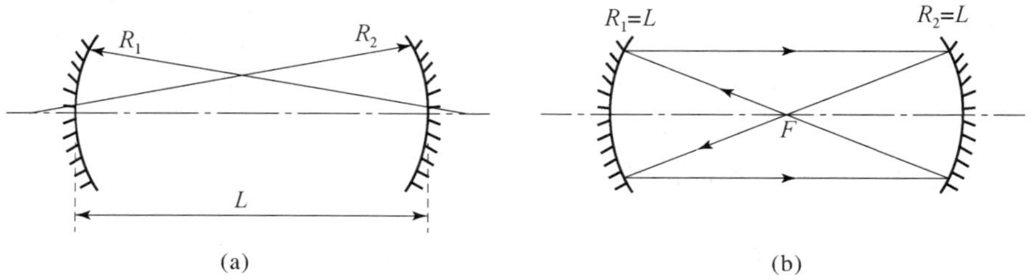

图 3-4　双凹稳定腔（a）和对称共焦腔（b）结构示意图

（2）平凹稳定腔。由一个凹面反射镜和一个平面反射镜组成的谐振腔称为平凹稳定腔，即 $R_1 = +\infty$，$R_2 > 0$。因此，$g_1 = 1$，$g_2 = 1 - \dfrac{L}{R_2}$，根据稳定性条件，可知 $0 < 1 - \dfrac{L}{R_2} < 1$，求解得当 $R_2 > L$ 时，平凹腔是稳定腔，如图 3-5 所示。

（3）凹凸稳定腔。由一个凹面反射镜和一个凸面反射镜组成的共轴球面腔称为凹凸稳定腔，即 $R_1 > 0$，$R_2 < 0$，如图 3-6 所示。因此，$g_1 = 1 - \dfrac{L}{R_1}$，$g_2 = 1 - \dfrac{L}{R_2} > 0$，根据稳定性条件，求解得

$$\begin{cases} R_1 > L \\ R_1 + R_2 < L \end{cases} \tag{3-15}$$

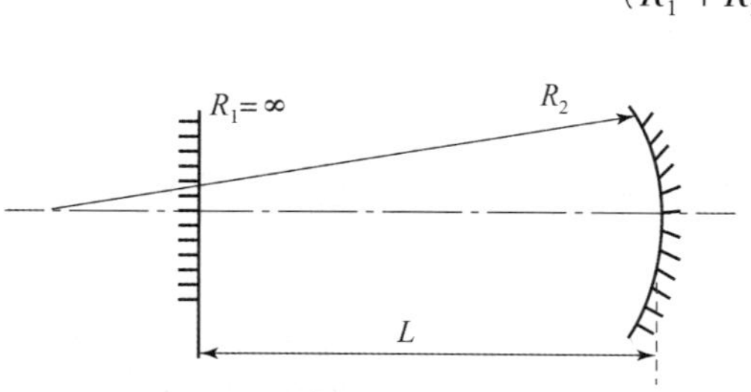

图 3-5　平凹稳定腔

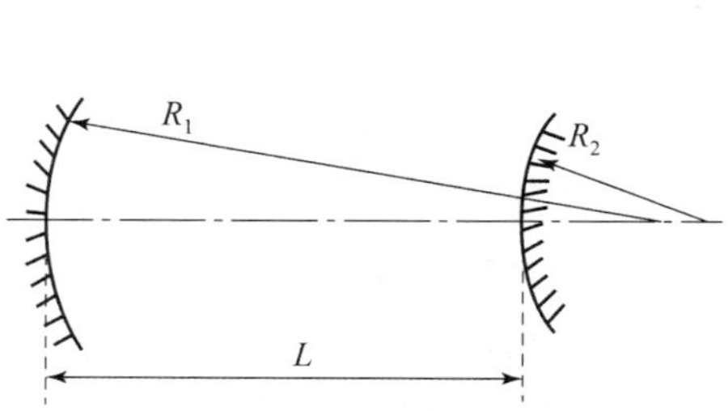

图 3-6　凹凸稳定腔

2）非稳腔

凡是满足 $g_1 g_2 > 1$ 或 $g_1 g_2 < 0$ 条件的腔都可称为非稳腔。其特点是傍轴光

线在腔内经有限次往返后，从侧面溢出腔外，几何损耗较高。

（1）双凹非稳腔。双凹非稳腔由两个凹面镜组成，如图 3-7 所示，$R_1>0$，$R_2>0$。根据非稳腔条件，求解得这种腔的非稳定条件有两种情况：$R_1<L$，$R_2>L$，即 $g_1g_2<0$；或者 $R_1+R_2<L$，即 $g_1g_2>1$。

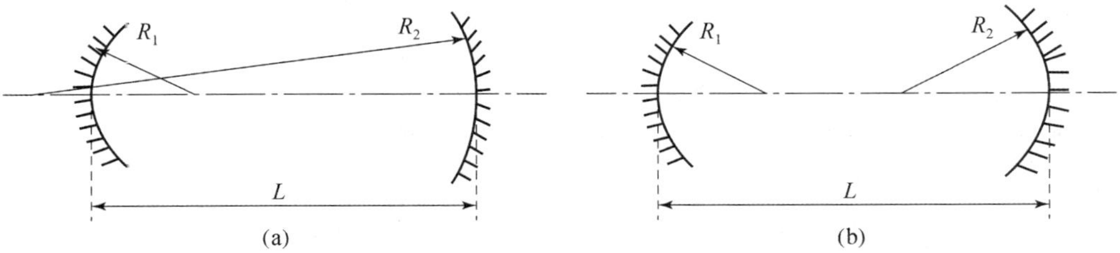

图 3-7　双凹非稳腔

（2）平凹非稳腔。假设平凹非稳腔中凹面镜的曲率半径为 R_2，即 $R_1=+\infty$，$R_2>0$。因此，$g_1=1$。根据非稳腔条件，求解得当 $R_2<L$ 时，$g_1g_2<0$，该腔为平凹非稳腔，如图 3-8 所示。

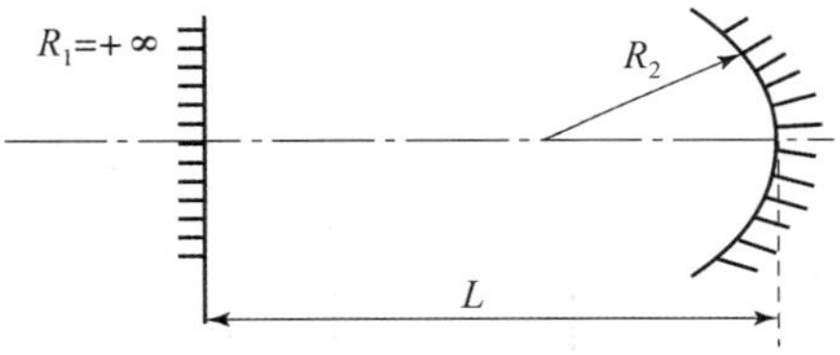

图 3-8　平凹非稳腔

（3）凹凸非稳腔。设组成凹凸非稳腔的凹面反射镜和凸面反射镜的曲率半径分别为 R_1、R_2，即 $R_1>0$，$R_2<0$，如图 3-9 所示。根据式（3-12）非稳腔条件，求解得 $R_1<L$，即 $g_1g_2<0$；或 $R_1+R_2>L$，即 $g_1g_2>1$。

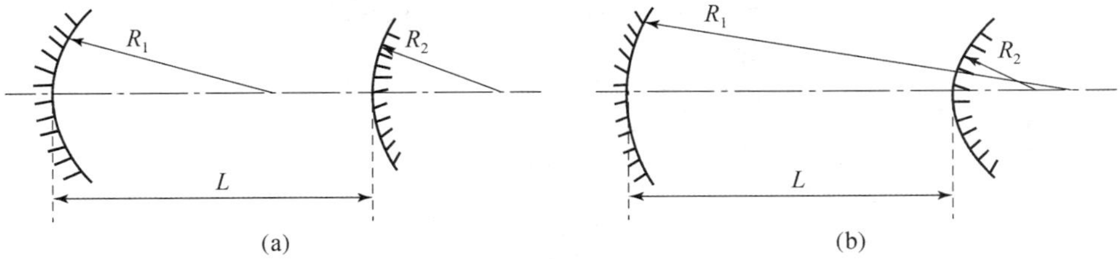

图 3-9　凹凸非稳腔

（4）双凸非稳腔。由两个凸面反射镜组成的共轴球面腔称为双凸非稳腔，如图 3-10 所示，$R_1<0$，$R_2<0$，故 $g_1=1-\dfrac{L}{R_1}>1$，$g_2=1-\dfrac{L}{R_2}>1$，即 $g_1g_2>1$，因此所有双凸腔都是非稳腔。

（5）平凸非稳腔。由一个凸面反射镜和平面反射镜组成的共轴球面腔称为平凸非稳腔，如图 3－11 所示，$R_1=+\infty$，$R_2<0$，故 $g_1=1-\frac{L}{R_1}=1$，$g_2=1-\frac{L}{R_2}>1$，即 $g_1g_2>1$，因此所有平凸腔都是非稳腔。

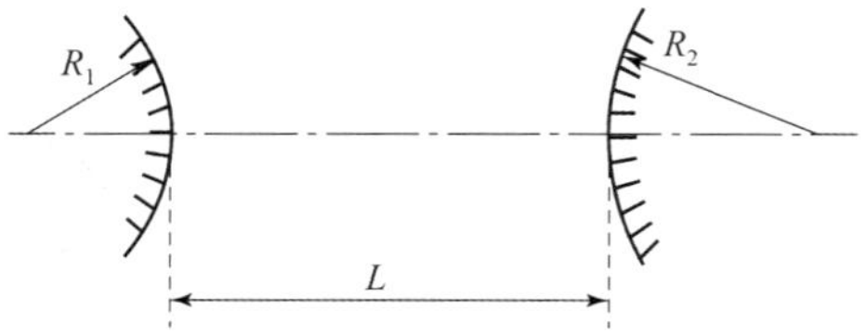

图 3－10　双凸非稳腔

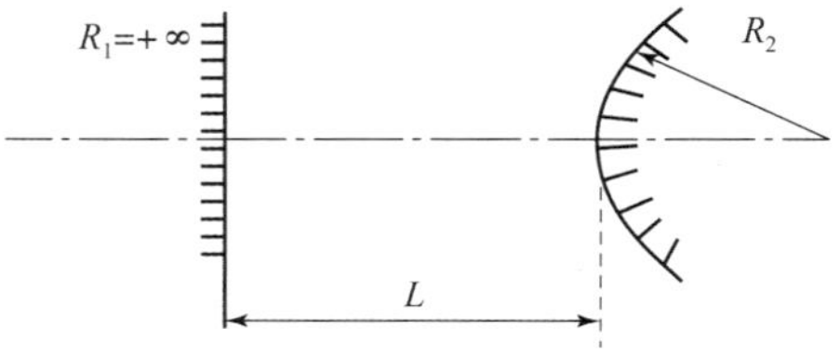

图 3－11　平凸非稳腔

3）临界腔

凡是满足 $g_1g_2=1$ 或 0 的腔即可称为临界腔，它属于极限情况，在谐振腔理论研究及实际应用中有重要意义。下面我们列举几种典型的激光腔型，如图 3－12 所示。

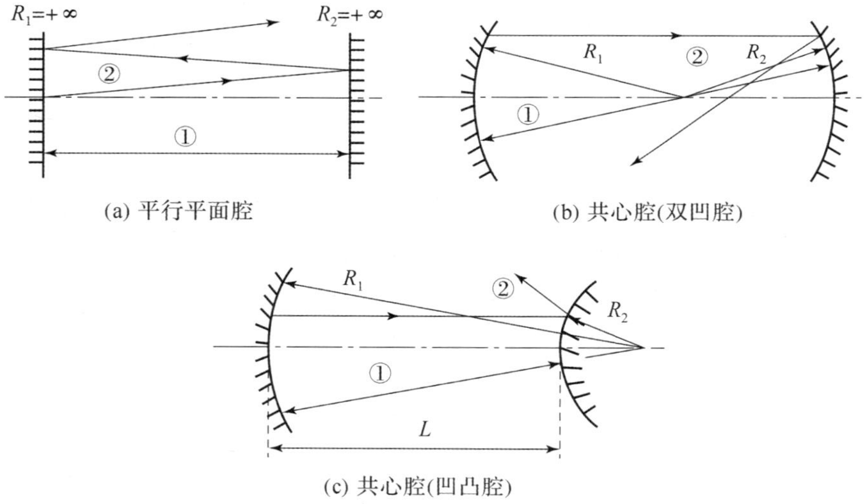

(a) 平行平面腔

(b) 共心腔(双凹腔)

(c) 共心腔(凹凸腔)

①简并光束；②逃逸光束

图 3－12　典型的临界腔类型

（1）平行平面腔。如图 3－12（a）所示，由两个平面反射镜组成的共轴谐振腔称为平行平面腔，即 $R_1=R_2=+\infty$，$g_1=g_2=1$，$g_1g_2=1$。

（2）共心腔。两个球面反射镜的曲率中心重合的共轴球面腔称为共心腔，即 $R_1+R_2=L$，求解得 $g_1g_2=1$。当曲率中心重合点在腔内时，它是双凹腔，如

图3－12（b）所示；当曲率中心重合点在腔外时，它是凹凸腔，如图3－12（c）所示。

与平行平面腔类似，共心腔的性质介于稳定腔与非稳腔之间。可以证明，在共心腔中，通过公共中心的光线能在腔内往返无限多次，且一次往返即自行闭合；而所有不通过公共中心的光线在腔内往返有限次后，必然横向逸出腔外。因此，共心腔可称为介稳腔。

2. 谐振腔稳区图

为了更直观地判定谐振腔的稳定性，根据稳定性条件 $0<g_1g_2<1$，以 g_1 和 g_2 分别为坐标轴的横、纵坐标作图，得到谐振腔的稳区图，如图3－13所示。图中，$g_1g_2=1$ 为两条双曲线，该双曲线为谐振腔稳定性的分割线。由坐标轴 $g_1=0$，$g_2=0$ 和 $g_1g_2=1$ 的两条双曲线所围成的区域为稳定区（图中白色的为非阴影区），其他区域为非稳区，两区域的边界线为临界区。

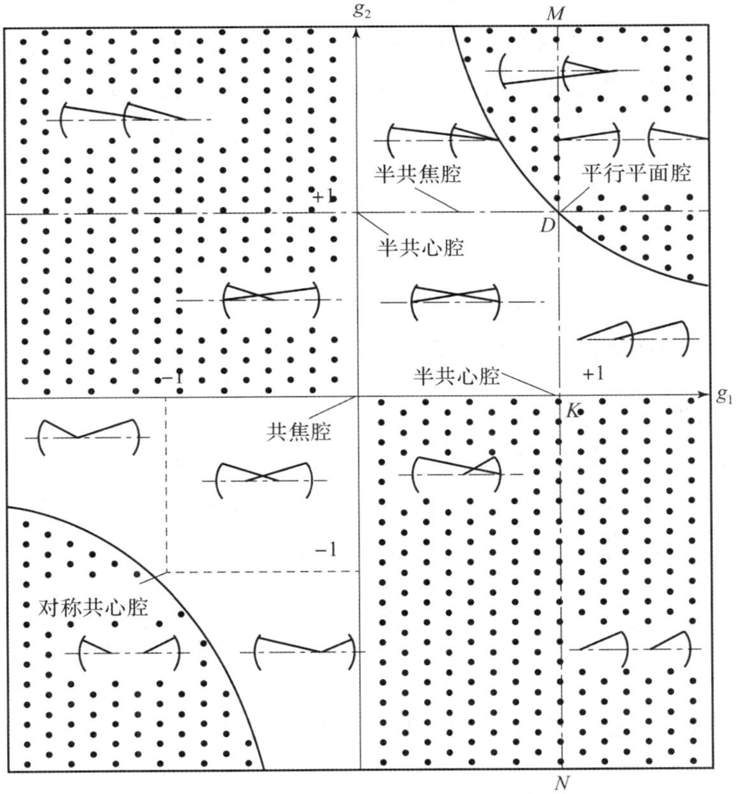

图3－13　稳区图

从稳区图上可直观地看出谐振腔的工作区域。每个光学球面腔（腔参数 R_1、R_2、L）都唯一对应于稳区图上的一个点，若该点落在稳定区内，则此腔为稳定腔；若该点落在非稳定区内，则此腔为非稳定腔；若该点落在临界线上，则此腔为临界腔。但稳区图上的任意一点并不只代表某一具体尺寸的共轴球面腔。同时，图 3－13 给出了各个区域所对应的共轴球面腔的类型。

在设计激光器时，稳区图为确定腔长和镜面的曲率半径的取值范围提供了方便。例如，设计一个腔长为 L 的平凹腔，利用图 3－13 可确定凹面镜的曲率半径 R_2 的取值范围，具体步骤如下：由平面镜的曲率半径 $R_1 = +\infty$，得 $g_1 = 1$，在横轴坐标上取 $g_1 = 1$ 的点 K，过 K 作平行于纵坐标轴的直线 MN，交双曲线于 $D(1,1)$，MN 段上只有 DK 直线落在稳定区内，D 点对应 $g_2 = 1$，$R_2 = +\infty$，K 点对应 $g_2 = 0$，$R_2 = L$，故平凹腔的稳定条件为 $L < R_2 < +\infty$。

需要说明的是，本节讨论的谐振腔的稳定性，只是从几何光学的角度考虑的，分析傍轴光线能否在腔内往返无限多次而不横向逸出，也就是指腔内傍轴光束几何损耗的高低，并不涉及在能产生振荡（满足阈值条件）的条件下，腔的工作状态是否稳定这一问题。稳定腔的几何损耗小，容易产生振荡；而非稳腔的几何损耗大，在中、小功率激光器中很少被采用。但对增益较高的工作物质（如大功率激光器），非稳腔同样可以起振，并且也能稳定地工作。

3.2.2 谐振腔的衍射理论

激光器所使用的谐振腔是一种开腔，在这种没有侧面边界的区域内是否存在电磁场的本征态，即不随时间而变化的稳态场分布？如何求出这种场分布？这些问题需要用谐振腔的衍射理论来解决。本节首先给出理想开腔的模型——孔阑传输线，并在此基础上引入稳态场分布——自再现模的概念。

首先考虑由两个平面反射镜相隔一定距离而组成的平行平面腔。为了讨论在这种开腔内如何形成稳定的光场分布，可用孔阑传输线来模拟谐振腔，它是由一系列同轴的与平面反射镜的尺寸和形状完全相同的孔径构成的。这些孔径开在平行放置着的无限大完全吸收屏上，相邻两孔的距离等于腔长。圆形孔径的孔阑传输线如图 3－14 所示。光波在谐振腔内的往返传播，可视为在孔阑传输线上的单向传播；开腔中稳定光场分布的形成，可用光在孔阑传输线上的传播来说明。假设初始时刻有一均匀平面波垂直入射到第一个孔阑上，此时，该孔径内的光场分布是均匀的，由于衍射作用，穿过此孔以后的光场分布将产生若干旁瓣，而不再是均匀平面波了。当光波传播到第二个孔阑时，有部分光场扩展到孔外被吸收屏完全吸收，其边缘部分的光场小于中心部分，孔面也不再是等相位面了。经过第二个孔阑后，再发生衍射作用，到第三个孔阑处时，又有部分光场的能量扩展到孔外被吸收，使孔边缘处的光场更弱。这样，每次经过一孔阑，光场的振幅与相位分布就发生一次改变，当通过的孔阑数足够大以后，光场的振幅与相位分布受衍射的影响越来越小，以至于形成一种稳定的分布而不再变化。

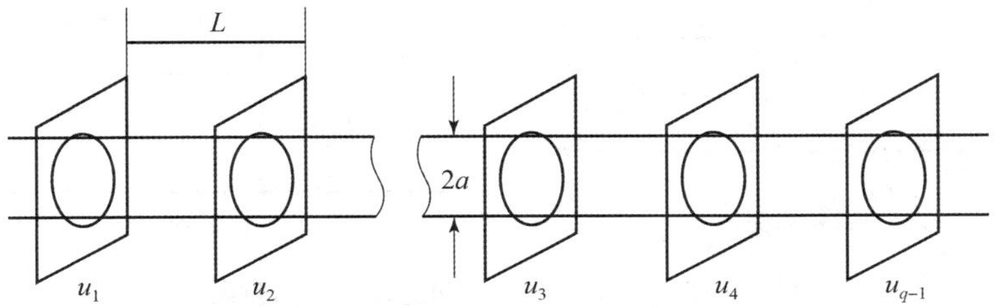

图3-14　圆形孔径的孔阑传输线

光场在谐振腔内形成稳定分布主要是由光的衍射作用所致，谐振腔的其他损耗，如光的吸收、散射等只是使横截面上各点的光场按同样比例衰减，对光场的空间分布不产生影响。如果需要考虑这些损耗，在孔阑传输线的每一个孔面上加一个衰减滤光片即可。若谐振腔的反射镜不是平面镜，而是球面镜，则可以在每个孔阑处装上相应焦距的透镜，这样孔阑传输线实际上就变成了透镜波导。

3.3　速率方程组与粒子数反转

有了光学谐振腔与激光工作物质，并在外界激励源作用下，将下能级的粒子泵浦到上能级，使激光上、下能级之间产生粒子数反转，激光器就可以工作。3.2节对这一工作过程进行了定性分析，本节将采用定量方法进行分析。首先讨论激活介质中泵浦、自发辐射、受激辐射与受激吸收同时发生的物理模型，建立描述这个物理过程的速率方程组。其次根据速率方程组讨论介质中形成粒子数密度反转的条件，以及在粒子数密度反转状态下各参量之间的关系。

3.3.1 三能级系统和四能级系统

通过泵浦实现能级间的粒子数反转所采用的能级结构可以归结为两种，即三能级系统和四能级系统，如图 3－15 所示。

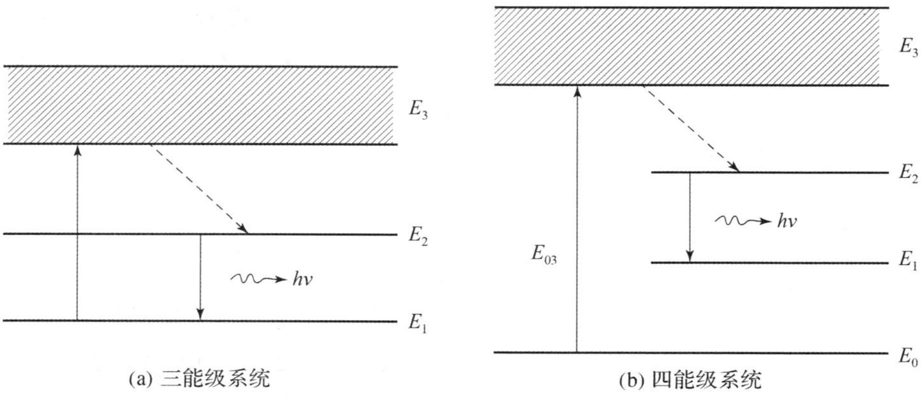

图 3－15　三能级系统和四能级系统示意图

三能级系统中参与激光产生过程的有三个能级，如 1960 年发明的第一台红宝石激光器就是使用的三能级系统（图 3－15（a））。产生激光的下能级 E_1 是基态能级，激光的上能级 E_2 是亚稳态能级，E_3 为抽运高能级。E_3 实际上常常不是单一的能级，而是代表比 E_2 能级高的激发态能级。在激励源作用下，将下能级的粒子泵浦到 E_3 能级。E_3 能级上粒子寿命很短，会通过非辐射跃迁转移到激光的上能级 E_2 上。处于 E_2 能级上的粒子比较稳定，寿命较长。当一半以上的下能级粒子被泵浦到上能级 E_2 后，就在 E_1、E_2 能级之间产生粒子数反转分布。三能级系统的主要特征是激光的下能级为基态，通常情况下，基态是充满粒子的；而且在激光的发光过程中，下能级的粒子数一直保存相当的数量。

四能级系统（图 3－15（b））中产生激光的下能级 E_1，不是基态能级，粒子泵浦是从比下能级 E_1 更低的基态能级 E_0 上进行的。粒子泵浦到吸收带 E_3 能级上以后，同样由于非辐射跃迁转移到亚稳态的激光能级 E_2 上。激光的下能级 E_1 是一个激发态能级，在常温下基本是空的。粒子在 E_1 能级上的寿命极短，很容易在 E_1、E_2 能级之间产生粒子数反转分布。因此，四能级系统所需要的激励能量要比三能级系统小得多，产生激光也比三能级系统容易得多。

3.3.2 速率方程组

考虑到大多数激光工作物质是四能级系统，下面以四能级系统为例来建立速率方程组，三能级系统可以用同样的方法处理。

图3-16所示为简化的四能级系统示意图。E_2、E_1分别为激光上、下能级，E_0为基态。设上、下能级的粒子数密度分别为n_2、n_1，基态的粒子数密度为n_0，n为单位体积内增益介质的总粒子数，在谐振腔中传播的准单色光能总密度为ρ。当激励能源开始工作后，它以R_2的速率把粒子由基态能级E_0泵浦到E_2能级上，使E_2能级上的粒子数密度以R_2的速率增加；同时它也以R_1的速率把粒子由基态能级E_0泵浦到E_1能级上；对E_1能级的泵浦是不希望发生却又无法避免的。由于激发态粒子的寿命有限，因此E_2能级上的粒子将通过受激辐射、自发辐射等方式不断离开，E_2能级上的粒子数密度将减少。考虑到介质的线型函数远比光能密度为ρ的单色受激辐射光的线宽要宽，E_2能级上的粒子数密度减少的速率可表示为$n_2[A_2+B_{21}\rho f(\nu)]$，$A_2=A_{21}+A_{20}$。同时，$E_1$能级上的粒子通过吸收跃迁又使$E_2$能级上的粒子数密度增加。因此，综合起来，$E_2$能级在单位时间内粒子数密度的增加可由如下方程表示：

$$\frac{\mathrm{d}n_2}{\mathrm{d}t}=R_2-n_2A_2-(n_2B_{21}-n_1B_{12})\rho f(\nu) \tag{3-16}$$

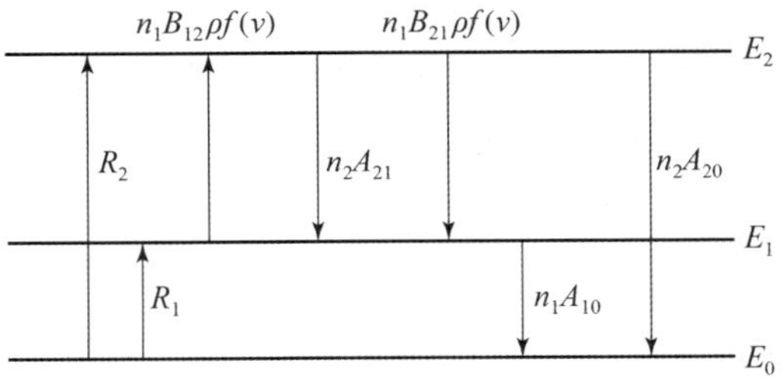

图3-16 简化的四能级系统示意图

另外，E_1能级上的粒子也将通过受激跃迁、自发辐射等方式不断地离开E_1能级，使E_1能级上的粒子数密度以$n_1A_{10}+n_1B_{12}\rho f(v)$的速率减少。同时受激辐射、自发辐射等又使$E_1$能级上的粒子数以$n_2A_{21}+n_2B_{21}\rho f(v)$的速率增加。综合起来，单位时间内$E_1$能级上粒子数密度的增加可由下式表示：

$$\frac{\mathrm{d}n_1}{\mathrm{d}t}=R_1+n_2A_{21}-n_1A_{10}+(n_2B_{21}-n_1B_{12})\rho f(v) \tag{3-17}$$

而总的粒子数为各能级上粒子数之和，即

$$n = n_0 + n_1 + n_2 \tag{3-18}$$

式（3-16）~式（3-18）组成了描述各能级上的粒子数密度随时间变化的速率方程组，它是一个微分方程组。从这个方程组出发，原则上可以计算出任何时刻各个能级上的粒子数量，因而可以用来研究上下能级之间粒子数密度反转的问题。

3.3.3 稳态工作时的粒子数密度反转分布

先简化式（3-16）~式（3-18）表示的微分方程组。该方程组描述的是一个动态的过程，而激光器在工作时会达到稳态的动平衡，各能级上粒子数密度并不随时间而改变，即

$$\frac{dn_0}{dt} = \frac{dn_1}{dt} = \frac{dn_2}{dt} = 0 \tag{3-19}$$

从而第一步可将微分方程组简化为一个描述稳态过程的代数方程组。可以假设能级 E_1、E_2的简并度相等，即 $g_1 = g_2$，因此有

$$B_{21} = B_{12} \tag{3-20}$$

又因为对许多四能级系统的高效率激光器，可以认为 E_2 能级向 E_1 能级的自发跃迁概率 A_{21}远大于 E_2 能级向基态能级 E_0 的自发跃迁概率 A_{20}，故有

$$A_2 \approx A_{21} \tag{3-21}$$

定义 $A_1 = A_{10}$，此时，速率方程组简化为

$$\begin{cases} R_2 - n_2A_2 - (n_2 - n_1)B_{21}\rho f(v) = 0 \\ R_1 - n_1A_1 + n_2A_2 + (n_2 - n_1)B_{21}\rho f(v) = 0 \end{cases} \tag{3-22}$$

两式相加，可得

$$R_1 + R_2 = n_1A_1 = \frac{n_1}{\tau_1} \tag{3-23}$$

将式（3-23）代入式（3-22）可得

$$\begin{aligned} n_2 &= \frac{R_2 + (R_1 + R_2)\tau_1 B_{21}\rho f(v)}{A_2 + B_{21}\rho f(v)} \\ &= \frac{R_2 + (R_1 + R_2)\tau_1 B_{21}\rho f(v)}{\dfrac{1}{\tau_2} + B_{21}\rho f(v)} \\ &= \frac{R_2\tau_2 + (R_1 + R_2)\tau_1\tau_2 B_{21}\rho f(v)}{1 + \tau_2 B_{21}\rho f(v)} \end{aligned} \tag{3-24}$$

式中：τ_2与 τ_1 分别为受激辐射上、下能级粒子寿命，当激光器稳定工作时，

上、下能级之间的粒子数翻转可以表达为

$$\begin{aligned}\Delta n &= n_2 - n_1 = \frac{R_2\tau_2 + (R_1 + R_2)\tau_1\tau_2 B_{21}\rho f(v)}{1 + \tau_2 B_{21}\rho f(v)} - (R_1 + R_2)\tau_1 \\ &= \frac{R_2\tau_2 - (R_1 + R_2)\tau_1}{1 + \tau_2 B_{21}\rho f(v)} = \frac{\Delta n^0}{1 + \tau_2 B_{21}\rho f(v)} \end{aligned} \tag{3-25}$$

式中：Δn^0 为当分母中的第二项为 0 时的粒子数密度反转分布值。由于分母中的第二项一定是正值，因此它又是粒子数密度反转分布值可能达到的最大值。只有在谐振腔中传播的单色光能密度可能趋近于 0。换句话说，参数 Δn^0 对应着谐振腔的单色光能密度为 0（或者近似为 0）时的粒子数密度反转分布值的大小。在激光谐振腔中建立受激辐射光放大的稳定工作状态、发出激光之前，谐振腔内单色光能密度相对于稳定工作发出激光时的值要小得多，可近似为 0。因此，参数 Δn^0 对应激光谐振腔尚未发出激光时的状态，通常把这个状态称为小信号工作状态，而参数 Δn^0 被称为小信号工作时的粒子数密度反转分布值。

以上各式给出了小信号工作时粒子数密度在能级间的反转分布值与能级寿命、泵浦速率之间的关系。可以看出，在选择激光上、下能级时应该满足以下要求：受激辐射上能级的寿命要长，使该能级上的粒子不能轻易地通过非受激辐射而离开；受激辐射下能级的寿命要短，使该能级上的粒子能很快地衰减。也就是说，满足条件 $\tau_2 > \tau_1$ 的能级，有利于实现能级间的粒子数反转分布。另外，应该选择合适的激励能源，E_2 能级的泵浦速率 R_2 越大越好，E_1 能级的抽运速率 R_1 越小越好。

本章重点总结与复习

(1) 激光系统的基本构成。
(2) 光学谐振腔结构与稳定性。
(3) 速率方程组与粒子数反转。

习　题

1. （1）要制作一个腔长 $L=60\text{cm}$ 的对称稳定腔，反射镜的曲率半径取值范围为多少？（2）稳定腔的一块反射镜的曲率半径 $R_1=4L$，求另一块反射镜的曲率半径取值范围。

2. 稳定谐振腔的两块反射镜，其曲率半径分别为 $R_1=40\text{cm}$，$R_2=100\text{cm}$，求腔长 L 的取值范围。

3. 稳定谐振腔的两块反射镜，其曲率半径分别为 $R_1=-20\text{cm}$，$R_2=50\text{cm}$，求腔长 L 的取值范围。

4. 请分析四能级系统相对于三能级系统的优越性。

5. 请写出四能级系统受激辐射过程中的速率方程组，画出简化四能级图并标注跃迁。

第 4 章

激光器的输出特性

激光器作为光源与普通光源的主要区别之一是激光器包含谐振腔，谐振腔使光在增益介质中多次往返，极大地增强了受激辐射放大作用，从而形成高亮度光输出，并且提高了光束的方向性。实际上，激光的另一个重要特点——高度的相干性也是由谐振腔决定的。激光器谐振腔中分立的振荡模式的存在，大大提高了输出激光的单色性，改变了输出激光的光束结构及其传输特性。因此，本章从谐振腔的衍射理论开始研究激光输出的高斯光束的传播特性、激光器的输出功率，以及激光器输出的线宽极限。

4.1　光学谐振腔的衍射理论

在第 3 章中，利用几何光学分析方法讨论了光线在谐振腔中的传播、谐振腔的稳定性问题，以及谐振腔的分类。有关谐振腔振荡模式的存在、各种模式的分布、光束结构及其传输特性、衍射损耗等，需要用物理光学方法来研究。本节用标量衍射理论的菲涅耳 – 基尔霍夫衍射公式，以及模式再现概念来讨论光学谐振腔模式。

4.1.1　菲涅耳 – 基尔霍夫衍射公式

为了描述波的传播过程，惠更斯提出了关于子波的概念，认为波面上每一点都可视为次球面子波的波源，下一时刻新的波前形状由次级子波的包络面决定。菲涅耳引入干涉的概念，补充了惠更斯原理，认为子波源所发出的波应该是相干的，空间光场是各子波干涉叠加的结果。基尔霍夫进一步用格林函数方法求解波动方程，得到了惠更斯 – 菲涅耳原理的数学形式，也就是菲涅耳 – 基尔霍夫衍射公式。

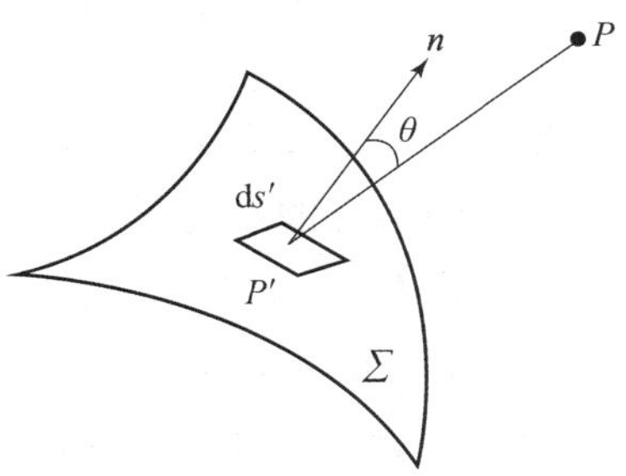

图 4 – 1　惠更斯 – 菲涅耳原理

如图 4 – 1 所示，设波阵面 Σ 上任一源

点 P'的光场复振幅为 $u'(P')$，则空间任一观察点 P 的光场复振幅 $u(P)$ 由下式计算：

$$u(P) = \frac{\mathrm{i}k}{4\pi}\iint_{\Sigma} u'(P')\frac{\mathrm{e}^{-\mathrm{i}k\rho}}{\rho}(1+\cos\theta)\mathrm{d}s' \tag{4-1}$$

式中：ρ 为源点 P'与观察点 P 之间的距离；θ 为源点 P'处的波面法线 $\boldsymbol{n}$ 与$\overrightarrow{P'P}$的夹角；k 为光波矢的大小，$k=2\pi/\lambda$，λ 为光波长；$\mathrm{d}s'$为源点 P'处的面元。

由式（4－1）可以看出，从波面 $\boldsymbol{\Sigma}$ 上各点发出的次级子波为“非均匀”的球面波。因$\dfrac{\mathrm{e}^{-\mathrm{i}k\rho}}{\rho}$表明波是球面波，因子 $1+\cos\theta$ 称为倾斜因子，它反映出子波是“非均匀”的球面波。

4.1.2 自再现模积分方程和激光横模

1. 自再现模概念

光学谐振腔是一种“开式”的谐振腔，即谐振腔只靠两端的反射镜来实现光束在腔内的往返传播，对于光波没有任何其他限制。由于反射镜的大小有限，它在对光束起反射作用的同时，还会引起光波的衍射效应。腔内的光束每经过一次反射镜的作用，就导致一部分光束不能再次被反射回腔内。因此，反射回来的光束的强度减弱，同时光强分布也将发生变化。1960 年，A. G. Fox 和 Tingye Li 采用计算机进行迭代法数值计算证明，当反射次数足够多时（约 300 多次），光束的横向场分布便趋于稳定，不再受衍射的影响。场分布在腔内往返传播一次后能够“再现”出来，反射只改变光的强度大小，而不改变光的强度分布。这种稳态场经一次往返后，唯一的变化是镜面上各点的场振幅按同样的比例衰减，各点的相位发生同样大小的滞后。当两个镜面完全相同时（对称开腔），这种稳态场分布在腔内经单程渡越后即实现“再现”。这个稳定的横向场分布就是激光谐振腔的自再现模。用数值的和解析的方法求出了各种开腔的自再现模，从实验上观测到了激光的各种稳定的强度花样，而且理论分析与实验观测的结果相符合，证明了开腔的自再现模确实存在。

2. 光学谐振腔自再现模积分方程

一个圆形镜的平行平面腔，镜面上场分布的计算示意图如图 4－2 所示，在镜面 M 和 M′上分别建立了坐标轴两两平行的二维直角坐标系 $x-y$ 和 $x'-y'$。假设镜面 M′上的光场分布已知，也就是 M′上任一源点 $P'(x',y')$的光场强度 $u'(x',y')$已知。将式（4－1）在整个镜面 M′上积分，可以计算出镜面 M 上的场分布函数，即任意一个观察点 $P(x,y)$的光场强度 $u(x,y)$。

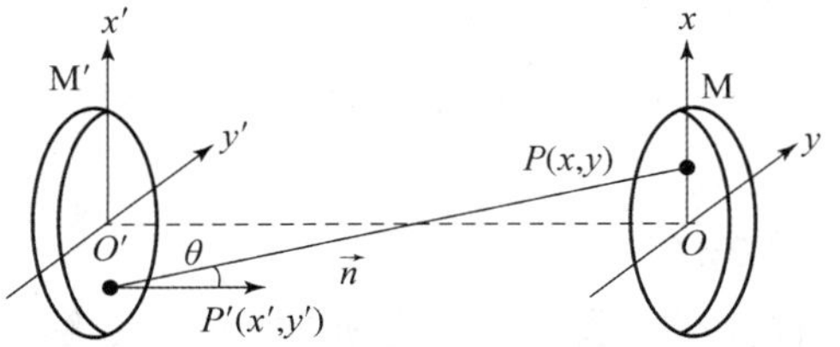

图 4－2 镜面上场分布的计算示意图

为了导出自再现模的积分方程，假设 $u_q(x',y')$ 表示经过 q 次渡越后在某一镜面上所形成的光场分布，$u_{q+1}(x,y)$ 表示光波经过 $q+1$ 次渡越后，到达另一镜面所形成的光场分布，按照式（4－1），u_{q+1} 与 u_q 之间满足如下的迭代关系：

$$u_{q+1}(x,y) = \frac{\mathrm{i}k}{4\pi}\iint_{M'} u_q(x',y')\frac{\mathrm{e}^{-\mathrm{i}k\rho}}{\rho}(1+\cos\theta)\,\mathrm{d}s' \tag{4-2}$$

考虑对称开腔的情况，按照自再现模的概念，除了一个表示振幅衰减和相位移动的常数因子以外，u_{q+1} 应能够将 u_q 再现出来，两者之间应有以下关系：

$$u_{q+1} = \sigma u_q \tag{4-3}$$

式中：σ 为一个与坐标 (x,y) 及 (x',y') 无关的复常数。将式（4－3）代入式（4－2）中得

$$\sigma u_q(xy) = \frac{\mathrm{i}k}{4\pi}\iint_{M'} u_q(x',y')\frac{\mathrm{e}^{-\mathrm{i}k\rho}}{\rho}(1+\cos\theta)\,\mathrm{d}s' \tag{4-4}$$

去掉式（4－4）中光场分布函数的下标 q，用 $u(x,y)$ 表示稳态场分布函数，则式（4－4）可改写为自再现模积分方程：

$$\sigma u(x,y) = \frac{\mathrm{i}k}{4\pi}\iint_{M'} u(x',y')\frac{\mathrm{e}^{-\mathrm{i}k\rho}}{\rho}(1+\cos\theta)\,\mathrm{d}s' \tag{4-5}$$

式中：ρ、θ 分别为源点及观察点的坐标 (x',y') 及 (x,y) 的函数。

对于一般的激光谐振腔，腔长 L 与反射镜曲率半径 R 通常都远大于反射镜的线度 a，而 a 又远大于光波长 λ，即

$$\begin{cases} L \gg a \gg \lambda \\ R \gg a \gg \lambda \end{cases} \tag{4-6}$$

在此条件下，可对式（4－5）做两点近似：①式中 θ 的值一般很小，$1+\cos\theta$ 因子可用 2 代替；②分母中的 ρ 可以用腔长 L 代替。值得注意的是，指数中的 ρ 一般情况下是不能用 L 代替的，这是因为指数因子中与 ρ 相乘的光波矢 $\boldsymbol{k}$ 的值是很大的，用 L 代替 ρ 会引起较大的误差，只能根据不同的镜面形状进行不同近似处理。把上述两点近似结果代入式（4－5）后，可得

到自再现模所满足的积分方程：

$$\sigma_{mn}u_{mn}(x,y) = \iint K(x,y,x',y')u_{mn}(x',y')\mathrm{d}s' \tag{4-7}$$

式中：$K(x,y,x',y') = \frac{\mathrm{i}k}{2\pi L}\mathrm{e}^{-\mathrm{i}k\rho(x,y,x',y')} = \frac{\mathrm{i}}{\lambda L}\mathrm{e}^{-\mathrm{i}k\rho(x,y,x',y')}$为积分方程的核；$u_{mn}$与$\sigma_{mn}$的下标表示该方程存在一系列的不连续的本征函数解与本征值解，这说明在某一给定的开腔中，可以存在许多不同的自再现模。由于积分方程是二维的，因此需要两个模参数来区分这些不同的自再现模。

3. 激光横模

积分方程的本征函数解 u_{mn}一般为复函数，它的模代表对称开腔任一镜面上的光场振幅分布，幅角则代表镜面上光场的相位分布。本征函数解 u_{mn}表示的是在激光谐振腔中存在的稳定的横向场分布，也就是自再现模，通常称为“横模”，m、n 称为横模序数。

用一个屏幕接收激光器输出的光束时，可以直接肉眼观察到光束横截面上光强的分布情况。有些激光器输出一个对称的圆形光斑，如图 4－3（a）和图 4－3（e）所示；有些激光器输出一些形状更为复杂的光斑，如图 4－3（b）~（d）、图 4－3（f）、图 4－3（g）所示。这些光强在光束横截面上的分布就是各种横模花样稳定的、有规律的图形。$m=0$、$n=0$ 时所对应的横模称为基模，基模的场集中在反射镜中心，是光斑的最简单结构；其他的横模称为高阶横模。

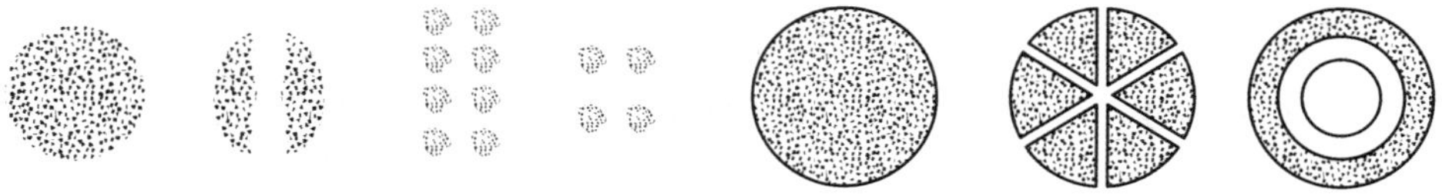

图 4－3　横模光斑示意图

本征值 σ_{mn}一般也是复数，它的模反映了自再现模在腔内单程渡越时所引起的功率损耗。损耗包括衍射损耗和几何损耗，但主要是衍射损耗，称为单程衍射损耗，用 δ 表示：

$$\delta = \frac{|u_q|^2 - |u_{q+1}|^2}{|u_q|^2} \tag{4-8}$$

将式（4－3）代入式（4－8）后，可得

$$\delta_{mn} = 1 - |\sigma_{mn}|^2 \tag{4-9}$$

式中：下角标 m、n 为横模参数，表示单程衍射功率损耗与横模序数有关。

本征值幅角与自再现模腔内单程渡越后所引起的总相移有关。由式（4－3）得到 $\arg u_{q+1}=\arg\sigma+\arg u_q$，自再现模在对称开腔中单程渡越所产生的总相移为

$$\delta\Phi=\arg u_{q+1}-\arg u_q \tag{4-10}$$

因此有

$$\delta\Phi=\arg\sigma \tag{4-11}$$

另外，自再现模在对称开腔中的单程总相移一般并不等于由腔长 L 所决定的几何相移 kL，它们的关系为

$$\delta\Phi=-kL+\Delta\varphi \tag{4-12}$$

式中：$\Delta\varphi$ 表示腔内单程渡越时相对于几何相移的单程附加相移，简称单程相移。当 $\Delta\varphi>0$ 时，表示附加相移超前；当 $\Delta\varphi<0$ 时，表示附加相移滞后。由式（4－11）及式（4－12）可得

$$\Delta\varphi_{mn}=kL+\arg\sigma_{mn} \tag{4-13}$$

这说明单程附加相移与本征值 σ_{mn} 的幅角有关，不同的横模单程附加相移不同。

4.1.3　谐振频率和激光纵模

1. 谐振条件、驻波和激光纵模

当腔内存在激活物质时，为了使自再现模在往返传播过程中能形成稳定的振荡，光波必须满足谐振条件。这是因为当光波在腔镜上反射时，入射波和反射波会发生干涉。为了让光在腔内形成稳定的振荡，要求光波因干涉而得到加强，即光波在腔内往返一周的总相移应等于 2π 的整数倍，因此只有某些特定频率的光才能满足谐振条件：

$$2\delta\Phi=2q\pi\quad(q=1,2,3,\cdots) \tag{4-14}$$

每一个 q 值对应有正反两列沿轴线相反方向传播的同频率光波，这两列光波叠加，将在腔内形成驻波。谐振腔形成的每一列驻波称为一个纵模，激光器中满足谐振条件的不同纵模对应着谐振腔内各种不同的稳定驻波场，具有不同的频率。q 值定义为纵模序数，其等于驻波的波节数。光波的波长是微米数量级的，因此一般的光学谐振腔内产生的驻波波节数是一个很大的量，q 值极大。

利用式（4－12），并考虑到光波矢 $\boldsymbol{k}$ 的值与谐振频率 ν 之间的关系，$k=2\pi\mu\nu/c$（μ 为激活物质的折射率），可以得到稳定存在于开腔中的激光振荡模

式的谐振频率为

$$\nu_{mnq}=\frac{qc}{2\mu L}+\frac{c}{2\pi\mu L}\Delta\varphi_{mn} \tag{4-15}$$

式（4-15）表明，激光谐振腔的谐振频率与纵模序数 q、谐振腔的单程附加相移，以及各物理常数有关，其中单程附加相移取决于横模序数 m、n。结合式（4-12）和式（4-14）可以看出，因为单程总相移的主要部分是几何相移，纵模序数 q 的值非常大，且单程附加相移 $\Delta\varphi$ 的值很有限，所以激光谐振腔的谐振频率主要由纵模序数决定：

$$\nu_{mnq}=\frac{qc}{2\mu L} \tag{4-16}$$

腔长为 L 的谐振腔中几种不同的纵模模式如图 4-4 所示。

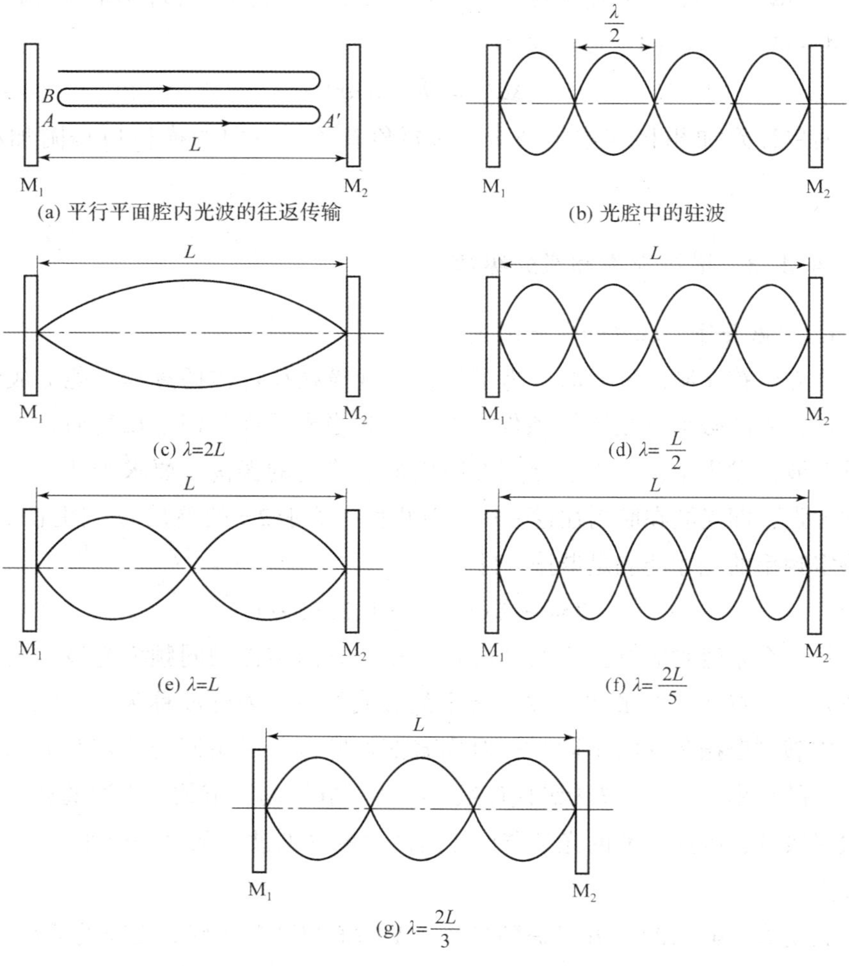

图 4-4　腔长为 L 的谐振腔中几种不同的纵模模式

2. 纵模频率间隔

腔内两个相邻纵模频率之差 $\Delta\nu_q$，称为纵模的频率间隔。由式（4－15）得

$$\Delta\nu_q = \nu_{q+1} - \nu_q = \frac{c}{2\mu L} \tag{4-17}$$

由式（4－17）可知，$\Delta\nu_q$ 与 q 无关，对于一定的光腔 $\Delta\nu_q$ 为一常数，因此腔的纵模（图中虚线）在频率尺度上是等距离排列的，腔中允许的纵模数如图 4－5 所示，图中每一个纵模均有一定的谱线宽度 $\Delta\nu_c$。

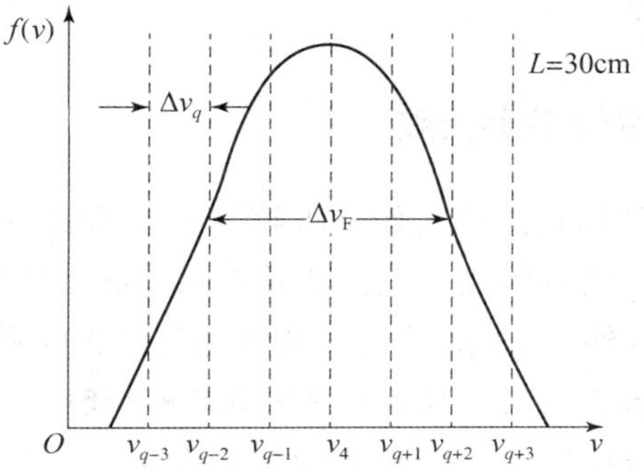

图 4－5　腔中允许的纵模数

例如，对于腔长 $L=10\text{cm}$ 的氦－氖激光器，设 $\mu=1$，由式（4－17）可得 $\Delta\nu_q=1.5\times10^9\text{Hz}$；对于腔长 $L=30\text{cm}$ 的氦－氖激光器，$\Delta\nu_q=0.5\times10^9\text{Hz}$。在普通的 Ne 原子辉光放电中，荧光光谱的中心频率 $\nu=4.74\times10^{14}\text{Hz}$（波长为 632.8nm），其线宽 $\Delta\nu_F=1.5\times10^9\text{Hz}$。而在光学谐振腔中，允许的谐振频率是一系列分立的频率，其中只有满足谐振条件（式（4－16））的同时又满足阈值条件，且落在 Ne 原子 632.8nm 荧光线宽范围内的频率成分才能形成激光振荡。因此，腔长为 10cm 的氦－氖激光器只能出现一种频率的激光，通常称为单模（或单纵模）激光器。而腔长为 30cm 的氦－氖激光器则可能出现 3 种频率的激光，也就是可能出现 3 个纵模，这种激光器称为多模（或多纵模）激光器。由此可见，普通光源发出线宽为 $\Delta\nu_F$ 的光，而在光学谐振腔中，只留下 $\Delta\nu_F$ 中满足谐振条件及阈值条件的频率，其他的频率都被谐振腔抑制掉了。这样，由激光器输出的激光的单色性就比普通光源要好得多。

4.2　对称共焦腔内外的光场分布

4.1 节从对称开腔中的自再现模积分方程出发，讨论了方程解的物理意义，建立了激光模式的概念，研究了激光器输出频率和频率间隔的计算方法。

除了激光的频率以外，在应用激光时还必须了解输出激光的具体场分布，从而控制激光的强度和相位。为此，需要求解对称开腔中的自再现模积分方程［式（4－7）］，该方程是一个具有连续对称核的线性齐次积分方程，在积分方程的理论中称为第二类弗雷德霍姆方程。从数学上可以证明，这种方程的解是存在的，但是至今仍未找到通用的求解方法。对不同结构的腔只能采用不同的方法求解，如对于平行平面腔，可用迭代法进行数值计算，结果用图或表的形式给出；对于对称共焦腔，则可用解析法求出方程的精确解，以及近似解的解析表达式。

4.2.1　方形镜对称共焦腔

本节以方形镜对称共焦腔为例，求解积分方程式（4－7）(略去数学过程)，给出场函数 u_{mn} 的具体表示式，从而得到镜面上共焦腔的场分布，并由此导出激光谐振腔内外的空间场分布，得到输出激光的强度和相位。

1. *方形镜对称共焦腔自再现模积分方程的解析解*

设方形镜面每边长为 $2a$，共焦腔的腔长为 L（根据共焦腔的定义，镜面的曲率半径 R 等于腔长 L），光波波长为 λ，并把 $x-y$ 坐标轴的原点选在镜面中心，以 (x,y) 来表示镜面上的任意一点，则在 $L\gg a\gg\lambda$、$R\gg a\gg\lambda$ 及 $\frac{a^2}{\lambda L}\ll\left(\frac{L}{a}\right)^2$ 的近轴情况下，积分方程式（4－7）有本征函数近似解析解：

$$u_{mn}\approx C_{mn}H_m(X)H_n(Y)\mathrm{e}^{-\frac{X^2+Y^2}{2}} \tag{4-18}$$

本征值近似解：

$$\sigma_{mn}=\mathrm{e}^{-\mathrm{i}\left[kL-(m+n+1)\frac{\pi}{2}\right]} \tag{4-19}$$

式中：$m=0,1,2,3,\cdots$；$n=0,1,2,3,\cdots$；C_{mn} 为一个和 m、n 有关的常数；$X=x\sqrt{\frac{2\pi}{\lambda L}}$，$Y=y\sqrt{\frac{2\pi}{\lambda L}}$；$H_m(X)$ 和 $H_n(Y)$ 均为厄米多项式，其表达式为

$$H_0(X)=1$$
$$H_1(X)=2X$$
$$H_2(X)=4X^2-2$$
$$\cdots$$
$$H_m(X)=(-1)^m\mathrm{e}^{X}\frac{\mathrm{d}^m}{\mathrm{d}X^m}\mathrm{e}^{-X^2}$$

2. *镜面上自再现模场的特征*

积分方程的本征函数［式（4－18）］决定了镜面上的光场分布，其中本

征函数的模决定振幅分布，幅角决定相位分布。单程衍射损耗和单程附加相移则与积分方程的本征值有关。根据式（4－18）和式（4－19）讨论光场分布的几个方面的问题。

1）振幅分布

若令 $F_m(X)=H_m(X)\mathrm{e}^{-X^2/2}$，$F_n(Y)=H_n(Y)\mathrm{e}^{-Y^2/2}$，则式（4－18）可改写为

$$u_{mn}\approx C_{mn}F_m(X)F_n(Y) \tag{4-20}$$

光强 I 正比于光振动 u 的平方，即有

$$I\propto u_{mn}^2\propto F_m^2(X)F_n^2(Y) \tag{4-21}$$

$m=0$，1，2 和 $n=0$，1 的 $F_m(X)\sim X$ 及 $F_n(Y)\sim Y$ 的变化曲线及相应的光强分布如图 4－6 所示。

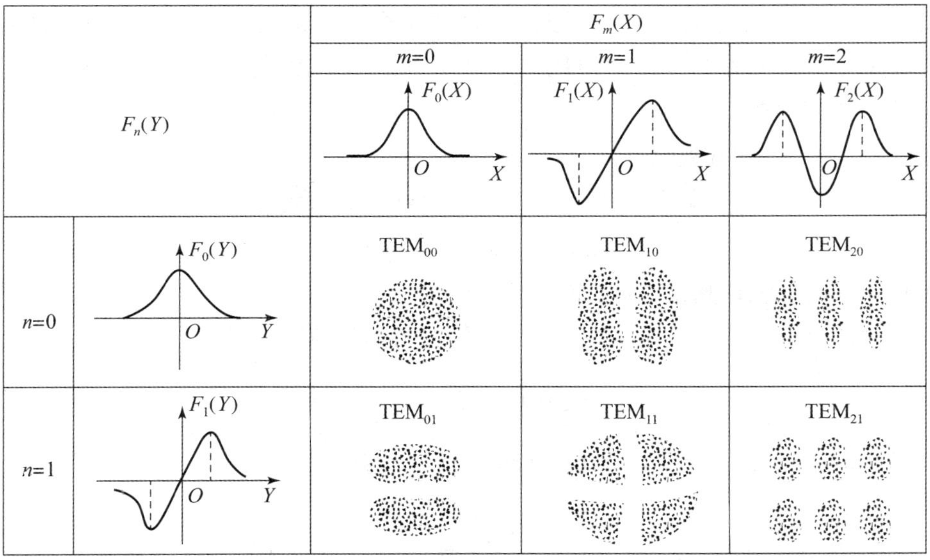

图 4－6　$F_m(X)\sim X$ 及 $F_n(Y)\sim Y$ 的变化曲线及相应的光强分布

激光的模式常用微波中标志模式的符号来标记，记为 TEM_{mnq}，其中 TEM_{00} 是基横模。由 $F_m(X)$、$F_n(Y)$ 函数的特点可以看出，m、n 的值正好分别等于光强在 x、y 方向上的节线（光强为 0 的线）数目，而且由 $F_m(X)$ 和 $F_n(Y)$ 函数的极值分布可以看出，m、n 的值越大，光场越向外扩展。

当 $m=0$、$n=0$ 时，基横模 TEM_{00} 场分布为

$$u_{00}=C_{00}\mathrm{e}^{-\frac{x^2+y^2}{\lambda L/\pi}} \tag{4-22}$$

可见，镜面上的场分布与镜面的半宽度 a 无关，横向分布是高斯分布。在镜面中心，场的振幅最大。因此，可定义一个镜面上基模的光斑有效截面

半径 w_s，使得在距离镜中心 w_s 处的场振幅下降为镜中心之值的 1/e，基模光束的光能量集中在光斑有效截面圆内。由式（4-22）可得

$$w_s = \sqrt{x_s^2 + y_s^2} = \sqrt{\lambda L/\pi} \tag{4-23}$$

可以看出，增大镜面宽度，只减小了衍射损耗，对光斑尺寸并无影响。并且，共焦腔的光斑非常小，例如，腔长为 30cm 的氦-氖激光器采用共焦腔时，w_s 仅为 0.5mm。

2）相位分布

由于 $u_{mn}(x,y)$ 为实函数，说明镜面各点的光场相位相同，无论是对基模还是对高阶横模，共焦腔反射镜面本身都构成光场的一个等相位面。

3）单程衍射损耗

由式（4-9）计算单程衍射损耗，如果利用 σ_{mn} 近似解式（4-19），根据式（4-9）则有 $\delta_{mn}=0$。若想详细讨论单程衍射损耗，σ_{mn} 必须用精确解。一般来说，常忽略单程衍射损耗，但是在讨论激光器单横模的选取时必须考虑单程衍射损耗。

4）单程相移与谐振频率

由式（4-19）可得方形镜对称共焦腔单程附加相移：

$$\Delta\varphi_{mn} = (m+n+1)\pi/2 \tag{4-24}$$

可见，其附加相位超前，超前量随横模阶数而变。

由式（4-15）可得方形镜对称共焦腔的谐振频率：

$$\nu_{mnq} = \frac{c}{2\mu L}\left[q + \frac{1}{2}(m+n+1)\right] \tag{4-25}$$

可见，同一横模、两个相邻纵模的频率间隔仍为

$$\Delta\nu_q = \frac{c}{2\mu L} \tag{4-26}$$

而同一纵模、两个相邻的横模之间的频率间隔则为

$$\Delta\nu_m = \Delta\nu_n = \Delta\nu_q/2 \tag{4-27}$$

也就是说，$\Delta\nu_m$、$\Delta\nu_n$ 与 $\Delta\nu_q$，属于同一个数量级。这样一来，共焦腔对谐振频率出现了高度简并的现象，即所有 $2q+m+n$ 相等的模式都将具有相同的谐振频率，如 TEM_{mnq}，$\text{TEM}_{m-1,n+1,q}$，$\text{TEM}_{m-2,n,q+1}$，…都有相同的谐振频率，这种现象会对激光器的工作状态产生不良影响。因为所有频率相等的模式都处在激活介质的增益曲线的相同位置处，彼此间产生强烈的竞争作用，导致多模振荡，输出激光光束质量变差。方形镜对称共焦腔的振荡频谱如图 4-7 所示。

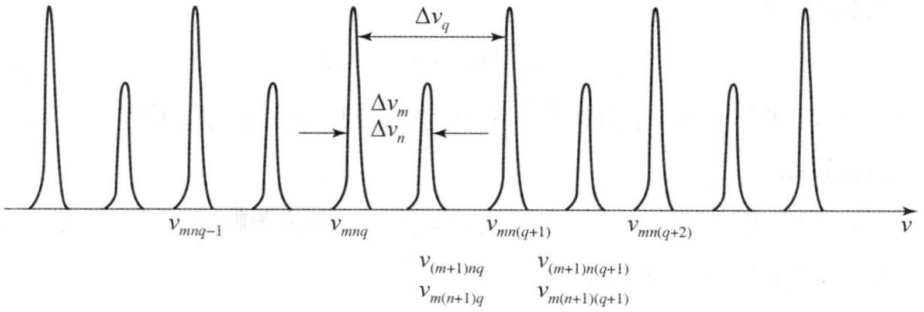

图 4－7　方形镜对称共焦腔的振荡频谱

4. 2. 2　圆形镜对称共焦腔

对于圆形镜对称共焦腔，其分析方法和方形镜对称共焦腔的分析方法完全一样，只是求解时要用球坐标处理。圆形镜对称共焦腔两反射镜孔径为圆形，设半径为 a，镜面处坐标以极坐标为宜。它的积分方程可由方形镜积分方程式推导得出，令 $x = r\cos\varphi$，$y = r\sin\varphi$，$x' = r'\cos\varphi'$，$y' = r'\sin\varphi'$，从而得到

$$\sigma_{mn}u_{mn}(r,\varphi) = \frac{\mathrm{i}}{\lambda L}\mathrm{e}^{-kL}\int_0^a\int_0^{2\pi}u_{mn}(r',\varphi')\mathrm{e}^{k\cdot\frac{rr'\cos(\varphi-\varphi')}{L}}r'\mathrm{d}r'\mathrm{d}\varphi' \quad (4-28)$$

对式（4－28）进行变量分离，令

$$u_{mn}(r,\varphi) = R_m(r)\mathrm{e}^{-\mathrm{i}m\varphi} \quad (4-29)$$

式中：$R_{mn}(r)$满足的积分方程可证明为如下形式：

$$\begin{cases}\sigma_{mn}R_{mn}(r)\sqrt{r} = \int_0^a K_m(r,r')R_{mn}(r')\sqrt{r'}\mathrm{d}r' \\ K_m(r,r') = \dfrac{k\mathrm{i}^{m+1}}{L}\mathrm{e}^{-kL}J_m\left(k\dfrac{rr'}{L}\right)\sqrt{rr'}\end{cases} \quad (4-30)$$

此积分方程不同的解由参数 n 来区分。

可以证明，当腔菲涅耳数 F 足够大时，圆形镜对称共焦腔积分方程的本征函数的近似解析解可表示为拉盖尔－高斯函数：

$$u_{mn} = c_{mn}\left(\frac{\sqrt{2}r}{w_{0\mathrm{s}}}\right)^m L_n^m\left(\frac{2r^2}{w_{0\mathrm{s}}^2}\right)\mathrm{e}^{-\frac{r^2}{w_{0\mathrm{s}}^2}}\cos m\varphi \quad (4-31)$$

式中：c_{mn}为与模式有关的归一化常数；$w_{0\mathrm{s}}$为镜面上的基模光斑半径，计算方法同方形镜对称共焦腔；$L_n^m(\zeta)$称为缔合拉盖尔多项式，现写出几个多项式如下：

$$\begin{cases}L_0^m(\zeta) = 1 \\ L_1^m(\zeta) = 1 + m - \zeta \\ L_2^m(\zeta) = \dfrac{1}{2}[(1+m)(2+m) - 2(2+m)\zeta + \zeta^2]\end{cases} \quad (4-32)$$

本征值的近似解为

$$\sigma_{mn} = \mathrm{e}^{-\left[kL-(m+2n+1)\frac{\pi}{2}\right]} \tag{4-33}$$

下面分别叙述圆形镜对称共焦腔的自再现模及行波场的特征。

1）振幅分布

式（4－31）为实函数，实际上就是镜面上光场振幅的分布函数。基模及若干高阶模的场振幅分布如下：

$$\begin{cases} u_{00}(r,\varphi) = c_{00}\mathrm{e}^{-\frac{r^2}{w_{0s}^2}} \\ u_{10}(r,\varphi) = c_{10}\dfrac{\sqrt{2}}{w_{0s}}r\mathrm{e}^{-\frac{r^2}{w_{0s}^2}}\cos\varphi \\ u_{01}(r,\varphi) = c_{01}\left(1-\dfrac{2r^2}{w_{0s}^2}\right)\mathrm{e}^{-\frac{r^2}{w_{0s}^2}} \\ u_{11}(r,\varphi) = c_{11}\dfrac{2\sqrt{2}}{w_{0s}}r\left(1-\dfrac{r^2}{w_{0s}^2}\right)\mathrm{e}^{-\frac{r^2}{w_{0s}^2}}\cos\varphi \\ u_{02}(r,\varphi) = c_{02}\left(\dfrac{2r^4}{w_{0s}^4}-\dfrac{4r^2}{w_{0s}^2}+1\right)\mathrm{e}^{-\frac{r^2}{w_{0s}^2}} \end{cases} \tag{4-34}$$

显然，基模的振幅分布与方形镜对称共焦腔完全相同，高阶模的振幅分布出现节线或节圆。TEM_{mn}模沿角向的节线数为 m，沿径向的节圆数为 n。各节圆沿 r 方向不是等距分布的，如 TEM_{01} 模的节圆半径为 $w_{0s}/\sqrt{2}$；TEM_{02} 模的两个节圆半径均为$\sqrt{\dfrac{2\pm\sqrt{2}}{2}}w_{0s}$。高阶模的光斑半径比基模大，阶次越高，光斑半径越大，并且光斑随 n 的增大比 m 更快。对圆形镜对称共焦腔来说，高阶模的光斑半径可定义为振幅降至最外边的极大值的 1/e 处到镜面中心的距离。

2）相位分布

由于式（4－31）为实函数，因此圆形镜对称共焦腔的镜面本身也是等相位面。

3）单程衍射损耗

要解决单程衍射损耗问题，仍需用精确解，这里只定性给出计算结果。圆形镜对称共焦腔的 $\delta-F$ 曲线如图 4－8 所示，从中可得出如下结论：所有模式的 δ 均随 F 的增大而急剧减小。基模的 δ 最小，模阶次越高，δ 越大。圆形镜对称共焦腔的单程衍射损耗比平面腔低得多，但比方形镜对称共焦腔大。原因如下：一方面，线度相同时方形镜孔径面积比圆形镜大；另一方面，阶数相同时方形镜对称共焦腔光斑比圆形镜对称共焦腔小。

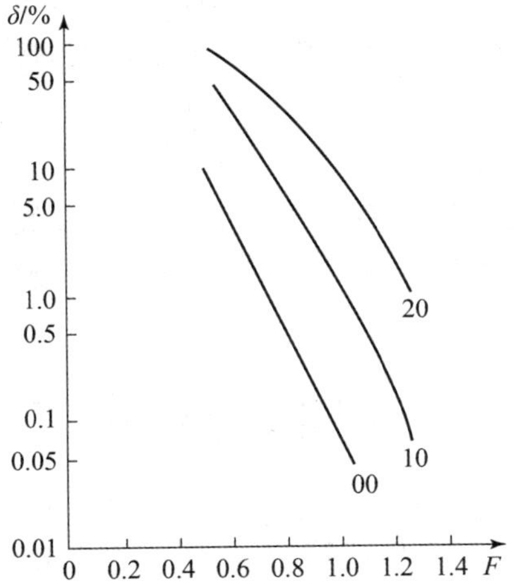

图 4-8　圆形镜对称共焦腔的 δ-F 曲线

4）单程附加相移与谐振频率

由式（4-33）可写出圆形镜对称共焦腔模的单程附加相移为

$$\Delta\varphi_{mn}=(m+2n+1)\frac{\pi}{2} \tag{4-35}$$

可见其附加相位超前，超前量随横模阶数改变，但与菲涅耳数无关。圆形镜对称共焦腔中参数 n 对 $\Delta\varphi$ 的影响大于 m，而方形镜对称共焦腔中两者对 $\Delta\varphi$ 的影响是一样的。由式 $\nu_{mnq}=\frac{qc}{2L'}+\frac{c}{2\pi L}\Delta\varphi_{mn}$ 可得出圆形镜对称共焦腔的谐振频率为

$$\nu_{mnq}=\frac{c}{2\mu L}\left[q+\frac{1}{2}(m+2n+1)\right] \tag{4-36}$$

同一横模、两个相邻纵模的频率间隔为 $\Delta\nu_q=\frac{c}{2\mu L}$，而同一纵模、两个相邻横模的频率间隔则为 $\Delta\nu_m=\frac{1}{2}\Delta\nu_q$，$\Delta\nu_n=\Delta\nu_q$。这说明横模参数对频率的影响不可忽略，同时它对频率也是高度简并的，如 TEM_{mnq}，$TEM_{m-2,n,q+1}$，$TEM_{m,n-1,q+1}$，…都有相同的频率。

4.2.3　共焦腔中的行波场与腔内外的光场分布

4.2.1 节讨论了镜面上光场分布。若求激光器的输出，则需要知道光束在腔内、外的空间分布，这就要求找出腔内、外任意一点的光振动的表达式。

腔内的光场可以通过基尔霍夫衍射公式计算，由镜面 M_1 上的场分布

$u_{mn}(x_1,y_1)$在腔内造成的行波求得，这一行波被镜面 M_2 反射，使得传播方向相反的两列行波在腔内叠加而形成驻波，该驻波场的分布就是腔内的光场分布。腔外的光场就是腔内沿一个方向传播的行波透过镜面的部分，实际上就是行波函数乘镜面的透射率。

将式（4－18）表示的镜面场分布 $u_{mn}(x_1,y_1)$代入基尔霍夫衍射公式［式（4－1）］，引入无量纲参量 $\zeta=2z/L$，选择腔的中心为坐标原点，通过积分求解可以得到

$$\begin{cases} u_{mn}(x,y,z)=C_{mn}H_m\left(\sqrt{\dfrac{2}{1+\zeta^2}}\dfrac{\sqrt{2}}{w_s}x\right)H_n\left(\sqrt{\dfrac{2}{1+\zeta^2}}\dfrac{\sqrt{2}}{w_s}y\right)\mathrm{e}^{-\frac{2}{1+\zeta^2}\cdot\frac{x^2+y^2}{w_s^2}}\mathrm{e}^{-\mathrm{i}\varphi(x,y,z)} \\ \varphi(x,y,z)=k\left[\dfrac{L}{2}(1+\zeta)+\dfrac{\zeta}{1+\zeta^2}\dfrac{x^2+y^2}{L}\right]-(m+n+1)\left(\dfrac{\pi}{2}-\varphi\right) \\ \varphi=\arctan\dfrac{1-\zeta}{1+\zeta}=\arctan\dfrac{L-2z}{L+2z} \end{cases} \tag{4-37}$$

计算腔内、外光场分布的示意图如图 4－9 所示，其中 $u_{mn}(x,y,z)$是空间 $P(x,y,z)$点的场函数；C_{mn}是一个与 m、n 有关的常量，对于空间场函数的分布没有影响，以下予以忽略。式（4－37）描述了共焦腔内场的空间分布。其中 $\varphi(x,y,z)$描述了波阵面上的相位分布，称为相位因子。

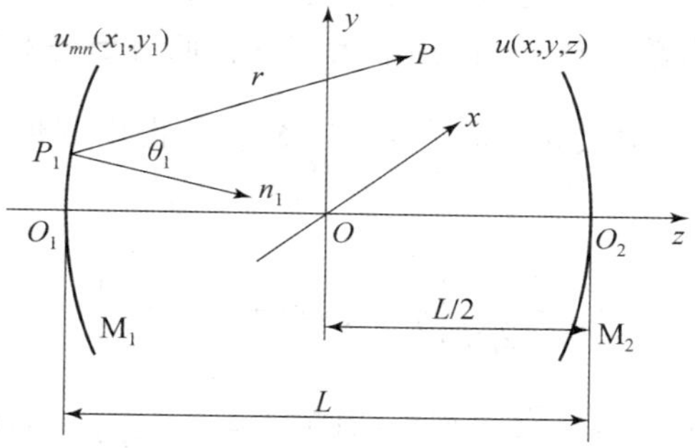

图 4－9　计算腔内、外光场分布的示意图

因为 H_m、H_n 是厄米多项式，由 $m\times n$ 项组成，因此式（4－37）实际上也由 $m\times n$ 项组成。其中 $m=0$、$n=0$ 的一项是由镜面场分布的基横模衍射生成的基横模行波场分布，通常也称为 TEM_{00}行波。基横模行波场是式（4－37）中最简单的一项，也是激光器输出最重要的一部分。激光应用中也常常只用它的基横模输出。基横模行波输出在与光束前进方向垂直的平面上的强度呈高斯分布，通常称为高斯光束。高斯光束体现出了激光光束与普通光源发出的光束不同的基本特点，对于激光的应用有极其重要的意义，4.3 节将单独讨论。

4.3　高斯光束的传播特性

图 4－6 给出了激光器的各种模式输出的光强分布示意图，从图中可以看出，除基横模以外的各种高阶模的强度分布都在光斑中呈现出至少一条光强极小的节线，因此光强分布十分不均匀，这大大限制了高阶模的应用范围。基横模的输出是相对均匀的，而且它的强度中心沿直线传播。在第 5 章还将看到作为高斯光束的基横模，可以通过光学系统的变换实现聚焦、准直、扩束，从而使激光广泛应用于国民经济和科学技术的各个领域。高斯光束与普通光束有很大的区别：它的传播方向性很好，同时也会不断地发散，其发散的规律不同于球面波，在传播过程中它的波面曲率一直在变化，但是永远不会变成 0；严格来说，除光束中心以外，高斯光束并不沿直线传播。因此，为了在实践中广泛地使用激光，必须对高斯光束的传播特性进行深入的研究。

4.3.1　高斯光束的振幅和强度分布

由式（4－37）得到基横模 TEM_{00} 的场振幅 U_{00} 和强度 I_{00} 分布为

$$\begin{cases} U_{00} = e^{\left(\frac{-2}{1+\zeta^2} \cdot \frac{x^2+y^2}{w_s^2}\right)} \\ I_{00} = U_{00}^2 = e^{\left(\frac{-4}{1+\zeta^2} \cdot \frac{x^2+y^2}{w_s^2}\right)} \end{cases} \tag{4-38}$$

式（4－10）忽略了常量因子 C_{mn}，当场振幅为轴上（$x^2+y^2=0$）的值的 e^{-1} 倍，即强度为轴上的值的 e^{-2} 倍时，所对应的横向距离为

$$w(z) = \frac{w_s}{\sqrt{2}}\sqrt{1+\zeta^2} = \frac{w_s}{\sqrt{2}}\sqrt{1+\frac{4z^2}{L^2}} \tag{4-39}$$

式中：$w(z)$ 为 z 处截面内基模的有效截面半径，简称截面半径。将共焦腔镜面上基模的光斑半径公式［式（4－23）］代入式（4－39），可得在 z 处高斯光束的截面半径仅取决于共焦腔的腔长，即

$$w(z) = \sqrt{\frac{\lambda L}{2\pi}\left[1+\left(\frac{2z}{L}\right)^2\right]} \tag{4-40}$$

在共焦腔中心（$z=0$）的截面内的光斑有极小值，即

$$w_0 = \frac{1}{\sqrt{2}}w_s = \frac{1}{\sqrt{2}}\sqrt{\frac{\lambda L}{\pi}} \tag{4-41}$$

通常将 w_0 称为高斯光束的束腰半径。在共焦腔的焦平面上，束腰半径 w_0 最小。该处称为高斯光束的“光腰”或“束腰”。式（4－41）可表示为

$$w(z) = w_0\sqrt{1+\left(\frac{\lambda z}{\pi w_0^2}\right)^2} \tag{4-42}$$

式（4－14）可改写为

$$\frac{w^2}{w_0^2} - \frac{z^2}{(\pi w_0^2/\lambda)^2} = 1 \tag{4-43}$$

可见，基模光斑半径 w 随 z 按双曲线规律变化，如图 4－10 所示。

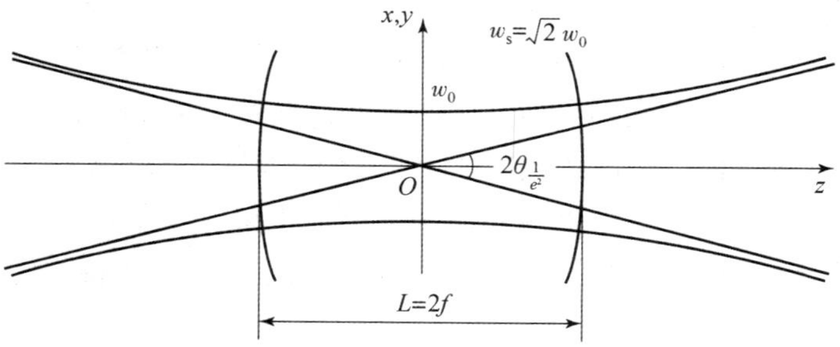

图 4－10　基模光斑半径 w 随 z 按双曲线规律变化

虽然光强在 $z\neq0$ 处的各个截面上的分布并不相同，但由于光束是限制在各个光斑以光轴为中心、有效截面半径的圆截面内传播的，因此通过每个截面的总光功率是相同的。光束中同一截面内所有光强为光轴上光强的 e^{-2} 倍的点的集合是一个圆，而所有截面上这些点的集合组成了一个回转双曲面。从这个意义上讲，除光轴以外，高斯光束的光线沿着双曲线传播。

以上都是针对基横模 TEM_{00} 的讨论，类似的计算也适用于高阶横模。可以证明：TEM_{mn} 光束在 x 轴方向比 TEM_{00} 光束扩展 $\sqrt{2m+1}$ 倍，在 y 轴方向比 TEM_{00} 光束扩展 $\sqrt{2n+1}$ 倍。当 $m=n$ 时，可以近似地用光束有效截面半径 $w_m=\sqrt{2m+1}w$ 来描述高阶横模光束有效截面半径的大小。

4.3.2　高斯光束的相位分布

共焦场的相位分布由式（4－37）表示的相位函数 $\varphi(x,y,z)$ 描述（图 4－9，注意坐标原点为腔中心）。$\varphi(x,y,z)$ 随坐标而变化，与腔的轴线相交于 z_0 点的等相位面的方程为

$$\varphi(x,y,z)=\varphi(0,0,z_0) \tag{4-44}$$

将式（4－37）及 $\zeta=2z/L$ 代入式（4－44），并取 $m=n=0$，有

$$k\left[\frac{L}{2}\left(1+\frac{2z}{L}\right)+\frac{\frac{2z}{L}}{1+\left(\frac{2z}{L}\right)^2}\frac{x^2+y^2}{L}\right]-\left[\frac{\pi}{2}-\varphi(z)\right]$$

$$=k\left[\frac{L}{2}\left(1+\frac{2z_0}{L}\right)\right]-\left[\frac{\pi}{2}-\varphi(z_0)\right]$$

忽略 z 变化引起的 φ 的微小变化，用 $\varphi(z_0)$ 代替 $\varphi(z)$，则在腔轴附近有

$$z-z_0=-\frac{\frac{2z}{L}}{1+\left(\frac{2z}{L}\right)^2}\frac{x^2+y^2}{L}\approx-\frac{\frac{2z_0}{L}}{1+\left(\frac{2z_0}{L}\right)^2}\frac{x^2+y^2}{L}$$

$$=-\frac{x^2+y^2}{2z_0\left[1+\left(\frac{L}{2z_0}\right)^2\right]} \tag{4-45}$$

令

$$R_0=z_0\left[1+\left(\frac{L}{2z_0}\right)^2\right] \tag{4-46}$$

则式（4－45）可以写成

$$z-z_0=-\frac{x^2+y^2}{2R_0}\approx R_0\sqrt{1-\frac{x^2+y^2}{R_0^2}}-R_0=\sqrt{R_0^2-(x^2+y^2)}-R_0$$

整理得

$$R_0^2=x^2+y^2+(z-z_0+R_0)^2$$

这是一个半径与 z_0 坐标有关的球面方程，球面半径为式（4－46）表示的 R_0。也就是说，式（4－44）描述的等相位面在近轴区域可以视为半径为 R_0 的球面。

由式（4－45）可以看出，当 $z_0>0$ 时，$z-z_0<0$；当 $z_0<0$ 时，$z-z_0>0$。这就表示，共焦场的等相位面都是凹面向着腔的中心（$z=0$）的球面。等相位面的曲率半径随坐标 z_0 的变化而变化，当 $z_0=\pm f=\pm L/2$ 时，$R(z_0)=2f=L$，表明共焦腔反射镜面本身与场的两个等相位面重合；当 $z_0=0$ 时，$R(z_0)\to\infty$；当 $z_0\to\infty$ 时，$R(z_0)\to\infty$。可见，通过共焦腔中心的等相位面是与腔轴垂直的平面，距腔中心无限远处的等相位面也是平面。这可以证明，共焦腔反射镜面是共焦场中曲率最大的等相位面。共焦腔中等相位面的分布如图 4－11 所示。

与球面波类比，可以把高斯光束看成从其对称轴即光轴上一系列的“发光点”上发出的球面波，其波阵面对共焦腔中心具有对称分布。在腔内的波阵面所对应的“发光点”都在腔外，且随着波阵面由镜面向腔中心接近，波

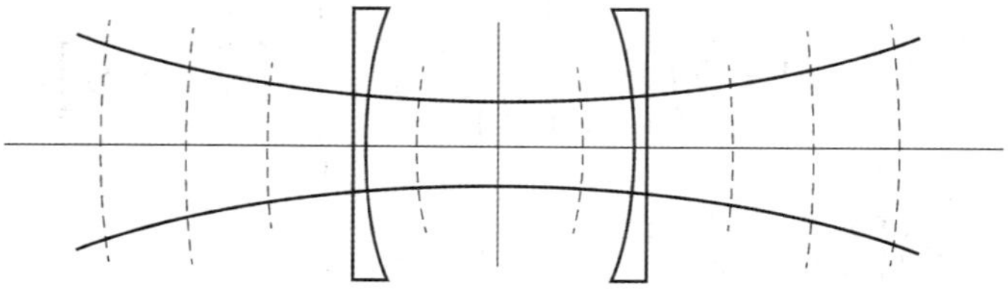

图 4－11　共焦场中等相位面的分布

阵面的曲率半径逐渐增大，“发光点”由镜面中心移向无穷远处。腔中心处的波阵面是一个平面。在腔外的波阵面所对应的“发光点”都在腔内，且随着波阵面由镜面远离腔体，波阵面的曲率半径逐渐增大。“发光点”由镜面中心向腔中心处靠近。无穷远处的波阵面对应的“发光点”是腔中心，因为波阵面的曲率半径增大成无穷大，波阵面也变成平面。镜面本身也是波阵面，它对应的曲率半径最小，每个镜面对应的“发光点”恰好落在另一个镜面的中心。显然，如果在场的任意等相位面处放置一块具有相应曲率的反射镜片，则入射在该镜片上的场将准确地沿着原入射方向返回，这样共焦腔的场分布就不会受到扰动。这个性质十分重要，4.4 节还要用到。

4.3.3　高斯光束的远场发散角

共焦腔的基模光束依双曲线规律从腔的中心向外扩展，由此不难求得基模的远场发散角。该发散角（全角）2θ 定义为双曲线的两条渐近线之间的夹角（图 4－10）：

$$2\theta = \lim_{z\to\infty}\frac{2w(z)}{z} \tag{4-47}$$

式中：$2w(z)$ 为光斑直径。若以式（4－42）表示的 $w(z)$ 代入式（4－47），则得到定义在光束有效截面半径（基模强度的 e^{-2}）处的远场发散角为

$$2\theta = 2\sqrt{\frac{2\lambda}{\pi L}} = \frac{2\lambda}{\pi w_0} \tag{4-48}$$

因此，高斯光束的远场发散角完全取决于其束腰半径。相应的计算表明，包含在全角发散角内的功率占高斯基模光束总功率的 86.5%。由波动光学可知，在单色平行光照明下，一个半径为 r 的圆孔夫琅禾费衍射角（主极大值至第一极小值之间的夹角）$\theta = 0.61\lambda/r$。与式（4－48）相比可知，高斯光束远场发散角 2θ 在数值上近似于以腰斑 w_0 为半径的光束的衍射角，即它已达到了衍射极限。但因为高斯光束强度更集中在中心及其附近，所以实际上比圆孔衍射角要小一点。

由下面的例子可以获得共焦腔基模发散角的数量概念。例如，共焦腔氦－氖激光器中，$L=30\mathrm{cm}$，$\lambda=0.6328\mu\mathrm{m}$，则 $\theta_{1/e^2}=2.3\times10^{-3}\mathrm{rad}$。共焦腔二氧化碳激光器中，$L=1\mathrm{m}$、$\lambda=10.6\mu\mathrm{m}$，则 $\theta_{1/e^2}=5.2\times10^{-3}\mathrm{rad}$。可见，共焦腔基模光束的理论发散角具有毫弧度（mrad）的数量级，说明其方向性相当好。由于高阶模的发散角随着模的阶次的增大而增大，所以在多模振荡时，光束的方向性要比单基模振荡差。

4.3.4　高斯光束的高亮度

由于激光器发出的高斯光束具有良好的方向性，因此它也具有高亮度的特点。亮度 B 定义为单位面积的发光面在其法线方向上单位立体角范围内输出的辐射功率。令光源发光面的面积为 ΔS，其沿着发光面法线方向上立体角 $\Delta\Omega$ 内辐射的光功率为 ΔI，则光源发光面在该方向上的亮度为

$$B=\frac{\Delta I}{\Delta S\Delta\Omega} \tag{4-49}$$

式中：B 的单位为 $\mathrm{W/(cm^2\cdot sr)}$。由 B 的定义可以看出，在其他条件不变的情况下，发射光束的立体角 $\Delta\Omega$ 越小，亮度越高。

由于激光的远场发散角 θ 很微小，因此它的立体角可表示为

$$\Delta\Omega=\pi(\theta R)^2/R^2=\pi\theta^2 \tag{4-50}$$

当 $\theta_{1/e^2}=2\times10^{-3}\mathrm{rad}$ 时，相应的立体角 $\Delta\Omega=\pi\times4\times10^{-6}\mathrm{sr}$。由此看出，一般的激光器是向着数量级约为 $10^{-6}\mathrm{sr}$ 的立体角范围内输出激光光束的。而普通光源发光（如电灯光）是朝向空间的任意方向的，它的发光立体角为 4π sr。相比之下，普通光源的发光立体角约为激光的百万倍。因此，即使二者在单位面积上的发光功率相差不大，激光的亮度也应比普通光的亮度高出上百万倍。实际上，还可以通过一些方法来提高激光的单位面积的辐射功率，这就使激光比普通光源的亮度要高得多。例如，一台较高水平的红宝石巨脉冲激光器，每平方厘米的输出功率达 $10^9\mathrm{W}$，发散角接近 1mrad，它的亮度约为 $10^{15}\mathrm{W/(cm^2\cdot sr)}$，这比普通光源中以高亮度著称的高压脉冲氙灯的亮度还要高出几十亿倍。

鉴于高斯光束在激光应用中极其重要的地位，下面再重复强调一下它与球面波的区别，并总结一下它的主要特征参量。

高斯光束不像球面波那样在波阵面上具有均匀的振幅分布，而是呈现高斯分布，在光束中心处光能十分集中；不像球面波那样在所有的波阵面具有一个共同的球心，而是不同的波阵面具有不同的曲率中心；不像球面波那样

向空间均匀地辐射，而是局限在十分微小的发散角内输出光束，具有极好的方向性。

高斯光束有许多表示其性质的特征参量，其中最重要的是其束腰半径，它由激光器发出的光波长和谐振腔的腔长决定，即

$$w_0 = \frac{1}{\sqrt{2}} w_s = \sqrt{\frac{\lambda L}{2\pi}} \tag{4-51}$$

高斯光束的其他重要特征参量如下。

（1）波阵面曲率半径：

$$R_0 = |z| \left[1 + \left(\frac{\pi w_0^2}{\lambda z} \right)^2 \right] \tag{4-52}$$

（2）光束有效截面半径：

$$w(z) = w_0 \sqrt{1 + \left(\frac{\lambda z}{\pi w_0^2} \right)^2} \tag{4-53}$$

（3）镜面光束半径：

$$w_s = \sqrt{\frac{\lambda L}{\pi}} \tag{4-54}$$

（4）远场发散角：

$$2\theta = 2 \sqrt{\frac{2\lambda}{\pi L}} = \frac{2\lambda}{\pi w_0} \tag{4-55}$$

最后还要说明的是，由式（4-37）得到的高阶模式的其他光束也称高斯光束，但是会被冠以“厄米-高斯光束”的名称。在柱对称稳定腔中，包括圆形孔径共焦腔中，还会产生“拉盖尔-高斯光束”。这些高阶高斯光束与本节所讨论的高斯光束在性质上有很大的不同，也复杂得多，此处不予讨论。

4.3.5 高斯光束的变换

在几何光学中，对焦距为 f 的薄透镜（$f>0$）有如下成像公式：

$$\frac{1}{s} + \frac{1}{s'} = \frac{1}{f} \tag{4-56}$$

式中：s 为物点 O 到透镜的距离，取正值；s' 为像点 O' 到透镜的距离，当 O' 与 O 分别在透镜的两侧时，s' 取正值，当 O' 与 O 在透镜的同一侧时，s' 取负值。

从光波的角度来看，薄凸透镜的作用是把从 O 点发出的发散球面波变成指向像点 O' 的会聚球面波。如果规定发散球面波的曲率半径为正，会聚球面波的曲率半径为负，则一个从主光轴上 O 点发出的球面波到达镜面时的波阵

面曲率半径为 $R = s$，而由镜面向 O'汇聚的球面波在镜面处的波阵面曲率半径为 $R' = -s'$。球面波通过薄透镜的变换如图 4 – 12 所示。因此，式（4 – 56）可写成

$$\frac{1}{R} - \frac{1}{R'} = \frac{1}{f} \tag{4-57}$$

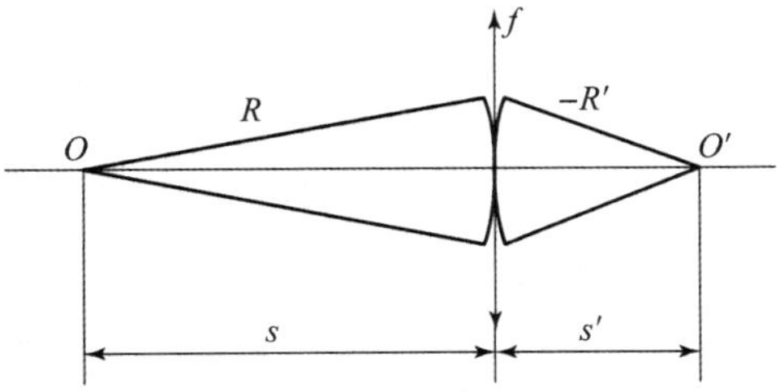

图 4 – 12　球面波通过薄透镜的变换

如果透镜为薄凹透镜，那么图 4 – 12 和式（4 – 57）的关系仍然成立，只不过此时 f 和 s'应取负值，R'则变为正值，且有 $R' < R$。这就是说，经过凹透镜变换后的球面波与入射波一样仍然是发散波，但是它在镜面处的波阵面的曲率半径较入射波的小。因此，从波动光学的角度讲，薄透镜的作用只是改变光波波阵面的曲率半径。透镜的这种变换功能可以推广应用到高斯光束的变换中。

由于透镜很薄，因此在透镜两边的入射光束和出射光束应该有相同的光强分布，即出射光束的光场分布仍是高斯型的，而且出射光束在透镜处的光斑尺寸 w'应等于入射光束在透镜处的光斑尺寸 w。其次，入射和出射的高斯光束在透镜处的波阵面曲率半径 R 和 R'应满足关系式（4 – 57）。

综上所述，当一个高斯光束射到焦距为 f 的薄透镜上时，射出的仍是高斯光束，其在透镜处的光斑尺寸 w' 和波阵面曲率半径 R' 由以下两个关系式确定：

$$w' = w \tag{4-58}$$

$$\frac{1}{R'} = \frac{1}{R} - \frac{1}{f} \tag{4-59}$$

在实际问题中，通常是给定高斯光束的束腰半径 w_0 和它到透镜的距离 s，高斯光束通过薄透镜的变换，如图 4 – 13 所示。此时可令 $|z_0| = s$，由式（4 – 52）和式（4 – 53）给出入射光束在镜面处的波阵面半径 R 和有效截面半径 w 的表达式：

$$R = s\left[1 + \left(\frac{\pi w_0^2}{\lambda s}\right)^2\right] \tag{4-60}$$

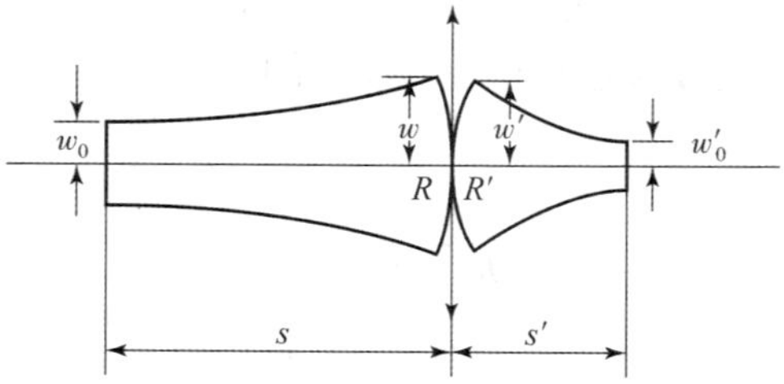

图 4-13　高斯光束通过薄透镜的变换

$$w = w_0\sqrt{1+\left(\frac{\lambda s}{\pi w_0^2}\right)^2} \tag{4-61}$$

然后根据以上两式和式（4-58）、式（4-59）就可以确定出射光束在镜面处的波阵面半径 R' 和有效截面半径 w'。

图 4-13 中，对于出射光束来说，一般也要求给出束腰半径 w'_0 和腰到透镜的距离 s'，因此，需要再一次应用式（4-52）和式（4-53）进行变换。但是应该注意，现在 s' 和 R' 的符号有正、负两种可能：一种是 $s'>0$，$R'<0$，此时可令 $|z|=s'$，$R_0=-R'$；另一种是 $s'<0$，$R'>0$，此时可令 $|z|=-s'$，$R_0=R'$。考虑到上述两种情况，利用式（4-52）和式（4-53）可得到下列关系式：

$$-R' = s'\left[1+\left(\frac{\pi w'^2_0}{\lambda s'}\right)^2\right] \tag{4-62}$$

$$w' = w'_0\sqrt{1+\left(\frac{\lambda s'}{\pi w'^2_0}\right)^2} \tag{4-63}$$

整理以上两式，可得 w'_0、s' 用 R'、w' 来表示的形式：

$$w'^2_0 = \frac{w'^2}{1+\left(\frac{\pi w'^2}{\lambda R'}\right)^2} \tag{4-64}$$

$$s' = \frac{-R'}{1+\left(\frac{\lambda R'}{\pi w'^2}\right)^2} \tag{4-65}$$

在式（4-65）中，若 $R'<0$，则 $s'>0$，表明腰 w'_0 与 w_0 分别在透镜的两侧；若 $R'>0$，则 $s'<0$，表明 w'_0 与 w_0 均在透镜的同一侧。这里 s' 的正负和前面成像公式中像距 s' 的正负有相似的意义。

综上所述，高斯光束通过薄透镜的变换过程可以在满足薄透镜假设的基础上，用薄透镜的成像公式进行计算。但这种计算不像球面波那样，只计算球面波相应点光源的位置，而是不仅计算高斯光束束腰的位置，还计算其束腰半径。因此首先要计算出高斯光束传播到薄透镜处时的波阵面曲率半径和光束有效截面半径，再用薄透镜的假设和计算公式计算出透过薄透镜生成的新的高斯光束的波阵面曲率半径及光束有效截面半径，最后由此计算薄透镜变换出的高斯光束的束腰位置和束腰半径。这一计算过程是高斯光束通过薄透镜变换的基础，任何一种高斯光束光学系统的设计方法都是基于这一分析方法发展起来的。

4.3.6　高斯光束的聚焦与准直

为了重点说明高斯光束和普通光束在聚焦方面的异同，选择两种极端情形对高斯光束的聚焦特性加以讨论。

1. 高斯光束入射到短焦距透镜时的聚焦

所谓短焦距，是指高斯光束在透镜处波阵面的半径 R 远大于透镜焦距 f 的情形，即

$$R \gg f \tag{4-66}$$

先讨论聚焦点的位置。由于腰部是高斯光束最细的部位，因此出射光束腰 w_0' 的位置 s' 就是光束聚焦点的位置。根据式（4－66），可将式（4－59）简化为

$$R' = \frac{-f}{1-f/R} \approx -f \tag{4-67}$$

这就是说，在 $R \gg f$ 的条件下，出射光在透镜处的波阵面半径约等于透镜的焦距。将式（4－67）、式（4－58）代入式（4－65），可得到

$$s' \approx f\left[1+\left(\frac{\lambda f}{\pi w^2}\right)^2\right]^{-1} \tag{4-68}$$

式中：$\frac{\lambda f}{\pi w^2}$ 通常很小。如果满足条件：

$$\frac{\lambda f}{\pi w^2} \ll 1 \tag{4-69}$$

则式（4－68）可简化为

$$s' \approx f\left[1-\left(\frac{\lambda f}{\pi w^2}\right)^2\right] \approx f \tag{4-70}$$

式（4－70）表明，出射光的腰大约处在透镜的焦点上，短焦距透镜的聚焦如图 4－14 所示。这就是说，在满足条件 $R \gg f$ 及 $\frac{\lambda f}{\pi w^2} \ll 1$ 的情况下，出射的光束聚焦于透镜的焦点附近。这种情况类似于几何光学中的平行光通过透镜聚焦在焦点上的情形。

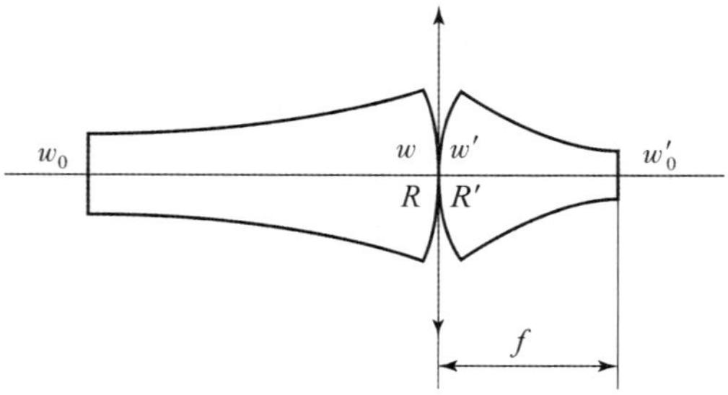

图 4-14　短焦距透镜的聚焦

下面进一步讨论聚焦点的光斑尺寸 w'_0 的大小。将式（4-58）、式（4-67）代入式（4-64），并考虑式（4-69）的条件，则有

$$w'_0 \approx \frac{\lambda f}{\pi w} \tag{4-71}$$

式（4-71）表明，缩短透镜的焦距 f 和加大入射光在透镜镜面处的光斑尺寸 w 都可以达到缩小聚焦点光斑尺寸的目的。前一种方法要采用焦距更小的透镜；后一种方法在原则上有两种途径：一种途径是根据式（4-61）通过加大 s 来加大 w，这种方法的优点是简单，缺点是会使装置的尺寸大大增加；另一种途径是加大入射光的发散角，从而加大 w。加大入射光的发散角又有两种做法：一种是使入射光束先通过一个凹透镜来直接加大发散角，如图 4-15 所示；另一种是使光束先通过凸透镜聚焦，获得一个比 w_0 小的束腰半径 w''_0，束腰半径越小，则发散角越大，所以这样也能使光束发散角加大，从而加大 w，达到缩小聚焦光斑的目的，如图 4-16 所示。这种先加入一个透镜来扩大光束的做法，虽然多用了一个透镜但可以缩短光路、减小设备的尺寸，还是比较实用的。

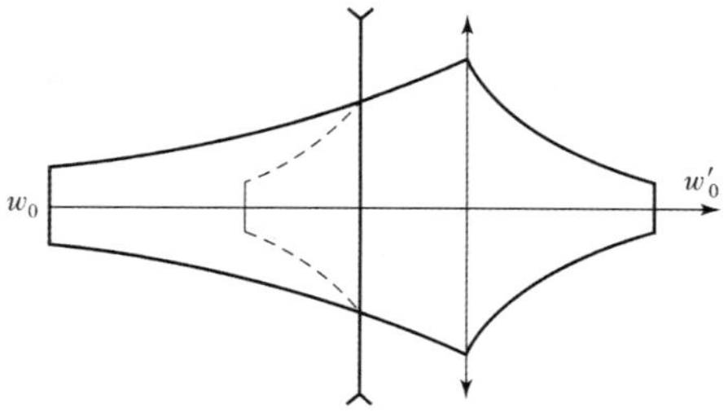

图 4-15　用凹透镜增大 w 后获得微小的 w'_0

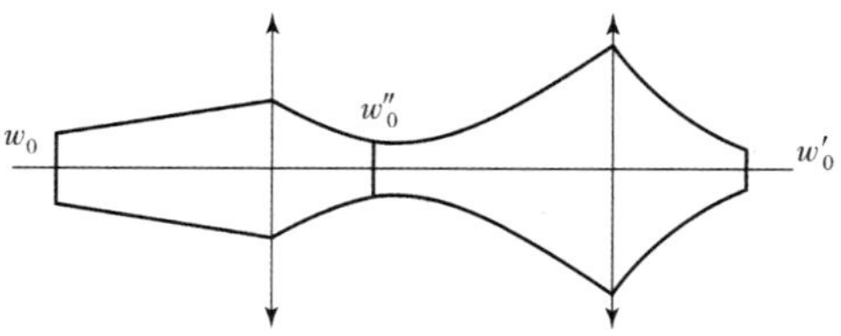

图 4-16　用两个凸透镜聚焦

再回到对式（4-71）的讨论，为了进一步得到 w'_0 和 s、w_0 的关系，可以将式（4-61）代入式（4-71），从而得到

$$w_0' = \frac{\lambda f}{\pi w_0 \sqrt{1 + \left(\frac{\lambda s}{\pi w_0^2}\right)^2}} \tag{4-72}$$

如果 s 足够大，且满足条件

$$\left(\frac{\lambda s}{\pi w_0^2}\right)^2 \gg 1 \tag{4-73}$$

则式（4－72）可简化为

$$w_0' \approx f w_0 / s \tag{4-74}$$

又由于 $s' \approx f$，因此可得到如下关系：

$$w_0' / w_0 \approx s' / s \tag{4-75}$$

w_0 和 w_0'的这种比例关系与几何光学中物、像的尺寸比例关系是完全一致的。

2. 入射光束的腰到透镜的距离 s 等于透镜焦距 f 的聚焦

令

$$s = f \tag{4-76}$$

先确定聚焦点的位置（w_0'的位置）s'。将式（4－76）代入式（4－32），可得

$$R = f\left[1 + \left(\frac{\pi w_0^2}{\lambda f}\right)^2\right] \tag{4-77}$$

将式（4－77）代入 R'、R、f 的关系式［式（4－59）］，整理可得

$$-R' = f\left[1 + \left(\frac{\lambda f}{\pi w_0^2}\right)^2\right] \tag{4-78}$$

将式（4－78）代入式（4－65）并考虑式（4－58）、式（4－61），则有

$$s' = f \tag{4-79}$$

当入射高斯光束的腰处于透镜的焦点上时，出射光束正好聚焦在透镜另一侧的焦点上。这种情况和普通点光源处在透镜的焦点上时，其出射光为一束平行光的情况是截然不同的。

现在讨论聚焦点的光斑尺寸 w_0'。将式（4－76）代入式（4－61），可得

$$w = w_0 \sqrt{1 + \left(\frac{\lambda f}{\pi w_0^2}\right)^2} \tag{4-80}$$

将式（4－58）、式（4－78）和式（4－80）代入式（4－64），整理可得

$$w_0'^2 = \left(\frac{\lambda f}{\pi w_0}\right)^2 \tag{4-81}$$

即

$$w_0' = \frac{\lambda f}{\pi w_0} \tag{4-82}$$

式（4-82）说明：入射光的束腰半径越小，聚焦点的光斑尺寸越大。这与前面一种情况中的几何光学近似的结果 $w_0' \approx f w_0 / s$ 是截然不同的。由此看出，当 $s = f$ 时，不能用几何光学的规律处理高斯光束。

上述讨论虽然是针对 s 正好等于 f 的情况，但是根据高斯光束分布的渐变性（光束有效半径按双曲线规律变化），可以设想 s 在 f 附近时的结果与 $s = f$ 时的结果不会有太大的差异。因此，只要 s 和 f 相差不大，高斯光束的聚焦特性就会与几何光学的规律迥然不同，这一点在实际工作中需要特别注意。

3. 高斯光束的准直

高斯光束的准直，就是要改善光束的方向性，压缩光束的发散角。高斯光束的远场发散角与光束束腰半径的关系为

$$2\theta = \frac{2\lambda}{\pi w_0} \tag{4-83}$$

这就是说，束腰半径越大，远场发散角越小。因此，要缩小光束的发散角，必须设法扩大出射光束的束腰半径。根据前面对聚焦问题的讨论，当入射光的束腰处在透镜的焦距附近时，出射光的束腰半径和入射光的束腰半径成反比。因此，要使出射光的束腰半径变大从而得到小的发散角，必须先设法缩小入射光束的束腰半径。而根据式（4-74），可知短焦距透镜正好可以达到缩小束腰半径的目的。

综合以上分析，可以选择两个透镜来达到准直的目的。第一个透镜是短焦距的凸透镜，利用它先把入射光束的束腰半径由 w_0 缩小到 w_0'。第二个透镜是焦距较长的凸透镜，它的焦点正好与 w_0' 的位置重合，因此可以按照式（4-54）的规律得到出射光束的束腰半径 w_0''。由于 $w_0' < w_0$，因此这样得到的 w_0'' 比直接用第二个透镜将 w_0 进行变换所得到的结果要大。由于 w_0' 既处于第一个透镜后面的焦点附近，又处于第二个透镜前面的焦点上，因此这两个透镜的距离约等于它们的焦距之和。这样的装置正好是一个倒置的望远镜系统。下面对此系统的准直效果进行定量分析。

倒置望远镜系统压缩光束发射角如图 4-17 所示，设透镜 1、2 的焦距分别为 f_1、f_2，且 $f_1 < f_2$，两透镜之间的距离为 $f_1 + f_2$。根据式（4-43），第一个透镜将入射光束的束腰半径变为 w_0'，其表达式为

$$w_0' \approx \frac{\lambda f_1}{\pi w} \tag{4-84}$$

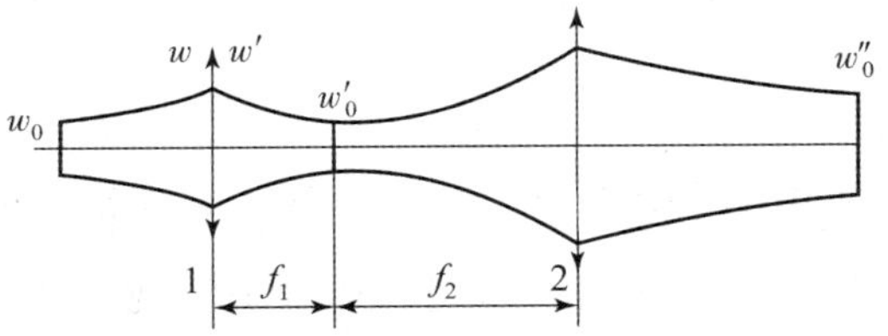

图 4-17　倒置望远镜系统压缩光束发射角

式中：w 为入射光束在透镜 1 处的光斑尺寸。

根据式（4-82），第二个透镜又将 w_0' 变换为 w_0''，其表达式为

$$w_0'' \approx \frac{\lambda f_2}{\pi w_0'} \tag{4-85}$$

将式（4-84）代入式（4-85），则有

$$w_0'' \approx \frac{f_2}{f_1} w \tag{4-86}$$

由式（4-83）可给出从透镜 2 出射的光束的远场发散角为

$$2\theta'' = \frac{2\lambda}{\pi w_0''} \approx \frac{f_1 2\lambda}{f_2 \pi w} \tag{4-87}$$

定义高斯光束通过该透镜系统后光束发散角的压缩比为

$$M' = \frac{2\theta}{2\theta''} \tag{4-88}$$

式中：2θ 为入射光的远场发散角，其值由式（4-83）给出。进而可以得到

$$M' = \frac{f_2}{f_1}\frac{w}{w_0} = M\frac{w}{w_0} \tag{4-89}$$

式中：M 为倒置望远镜对普通光线的倾角压缩倍数，$M = f_2/f_1$。由于 $f_1 < f_2$，因此 $M > 1$；又由于 $w > w_0$，因此有 $M' \geqslant M > 1$，即 $\theta'' = \dfrac{\theta}{M'} < \theta$，这说明出射光束的发散角确实比入射光束的小。$M'$ 越大，准直的效果就越好。

当高斯光束从半共焦腔的平面镜输出而第一个短焦距透镜紧靠平面镜放置时，$w = w_0$，因此有 $M' = M$；当高斯光束从共焦腔的镜面输出时，$w = \sqrt{2}w_0$，此时有 $M' = \sqrt{2}M$。如果进一步提高 w，则 M' 将得到进一步提高，相应的出射光束也将被进一步压缩。

需要指出的是，由于 w' 需要正好落在透镜 2 的焦点上，而透镜 1 只是将光束近似聚焦在它的焦点上，因此两个透镜之间的距离不是严格地等于 $f_1 + f_2$，而是有一定的偏离。这一点在调节透镜系统时必须加以注意。

关于倒置望远镜系统中的第一个透镜，它既可以采用凸透镜（即开普勒

望远镜），又可以采用凹透镜（即伽利略望远镜），后者可以使透镜系统更加紧凑。

4. 激光的扩束

扩束就是扩大光束的光斑尺寸。一般来说，有两种情况：一种是通过扩大发散角来扩大光斑尺寸，这既可以用凹透镜来实现，又可以用凸透镜来实现，这要求在透镜焦点处产生一个极小的束腰半径，从而得到发散角很大的高斯光束，进而实现扩束；另一种是既要求扩大光斑尺寸，又要求有较小的发散角（准直效果较好），可以通过前面讲的倒置望远镜来实现，如果一个望远镜系统不理想，还可以采用多个望远镜系统，使光束得到逐级扩大和准直。

高斯光束通过薄透镜的变换，除上面讨论的方法外还有多种，如可引入描述高斯光束特征的复参数 q，运用复参数的定律来求高斯光束通过薄透镜的变换，还可用作图法处理高斯光束的变换等。对这部分内容有兴趣的读者可以参考相关专业书籍。

4.4 稳定球面腔的光束传播特性

对于一般的稳定球面腔，原则上也可用直接求解它的积分方程的方法得到某一镜面上的光场分布函数，并进一步用衍射积分得到腔内、外的行波，但其计算相较于对称共焦腔更为复杂。这里采用等价对称共焦腔方法，对称共焦腔的结果推广到一般的稳定球面腔。

4.4.1 稳定球面腔的等价对称共焦腔

如果在场的任意等相位面处放上一块具有相应曲率的反射镜片，则入射在该镜片上的场将准确地沿着原入射方向返回，这样对称共焦腔中产生的场分布将不会改变。只要该反射镜不在对称共焦腔原先的反射镜位置上，其曲率半径就与原反射镜不同，便得到了一个新的球面腔。该球面腔与原对称共焦腔等价，产生的行波场与原共焦场完全一致，但不再共焦。由于任何一个对称共焦腔场有无穷多个等相位面，因而存在无穷多个“等价”的球面腔。反过来，任意一个满足稳定性条件的球面腔只可唯一地与一个对称共焦腔等价。

下面给定稳定球面腔，以双凹腔（图 4－18）为例，求解与之对应的唯一的个对称共焦腔。假设双凹腔两镜 M_1 与 M_2 的曲率半径分别为 R_1 和 R_2，腔长为 L，而所要求的等价对称共焦腔的共焦参数为 f。以等价对称共焦腔中点为 z 坐标轴的原点，M_1、M_2 两镜的 z 坐标分别为 z_1 和 z_2。按图 4－18 所示情况，根据式（4－46），波阵面曲率半径 R_1 和 R_2 可以用 f、z_1 和 z_2 表示为

$$R_1 = |z_1|\left[1+\left(\frac{f}{z_1}\right)^2\right]$$

$$R_2 = |z_2|\left[1+\left(\frac{f}{z_2}\right)^2\right]$$

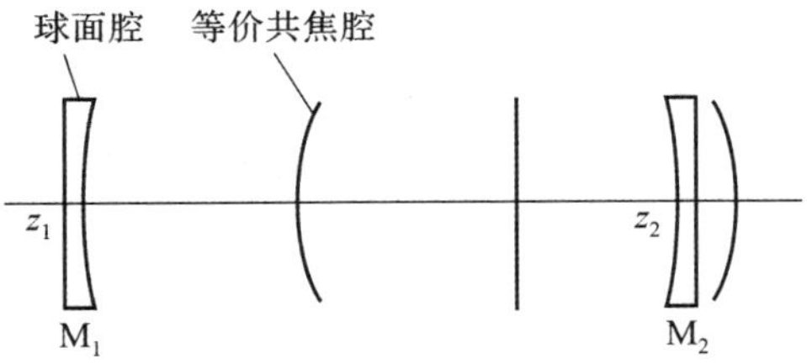

图 4－18　球面腔的等价对称共焦腔

而且

$$|z_1| + |z_2| = L$$

将以上 3 个方程联立，可唯一地解出一组 z_1、z_2 与 f 的数值，即

$$\begin{cases} |z_1| = \dfrac{L(R_2-L)}{R_1+R_2-2L} \\ |z_2| = \dfrac{L(R_1-L)}{R_1+R_2-2L} \\ f = \dfrac{\sqrt{L(R_1-L)(R_2-L)(R_1+R_2-L)}}{R_1+R_2-2L} \end{cases} \tag{4-90}$$

如果 R_1、R_2、L 满足 $0<(1-L/R_1)(1-L/R_2)<1$，则不难证明 $z_1<0$，$z_2>0$，$f>0$。这说明给定稳定球面腔可唯一确定一个等价对称共焦腔。可利用式（4－90）与对称共焦腔的行波场的特征来讨论一般稳定球面腔（腔参数分别为 R_1、R_2、L）的行波场的特点。

4.4.2　基横模光束传播特性与稳定球面腔谐振频率

这里先讨论基横模也就是相应高斯光束的传播特性，再对稳定球面腔的谐振频率进行讨论。前者与激光束的应用密切相关，后者涉及激光器的选频。

1. 等效对称共焦腔的束腰半径和原球面腔镜面的基横模光束有效截面半径

将式（4－90）代入式（4－51），即可求出等效对称共焦腔的束腰半径为

$$w_0=\left[\left(\frac{\lambda}{\pi}\right)^2\frac{L(R_1-L)(R_2-L)(R_1+R_2-L)}{(R_1+R_2-2L)^2}\right]^{1/4} \tag{4-91}$$

这就是该稳定球面腔输出的基横模高斯光束的束腰半径，它决定了稳定球面腔输出的基横模光束的几乎全部性质。

为了确定腔镜面的大小，还需要知道腔镜面上的光斑半径。稳定球面腔镜面上的光斑半径等于它的等价对称共焦腔在该球面腔镜面处的光斑半径。为此，只需将式（4-90）中的 f 与 z_1 代入式（4-53），便可得到 M_1 镜面的基模光斑半径 w_{s1}；将 f 与 z_2 代入式（4-53），便可得到 M_2 镜面的基模光斑半径 w_{s2}。即

$$\begin{cases} w_{s1}=\sqrt{\dfrac{\lambda L}{\pi}}\left[\dfrac{R_1^2(R_2-L)}{L(R_1-L)(R_1+R_2-L)}\right]^{1/4} \\ w_{s2}=\sqrt{\dfrac{\lambda L}{\pi}}\left[\dfrac{R_2^2(R_1-L)}{L(R_2-L)(R_1+R_2-L)}\right]^{1/4} \end{cases} \tag{4-92}$$

稳定球面腔激光器基横模的其他重要参数，如波阵面曲率半径、光束有效截面半径及远场发散角等都可以通过式（4-91）得到的等效对称共焦腔的束腰半径计算出来。

2. 谐振频率

由式（4-37）并利用式（4-90）的结果，可写出方形镜一般稳定球面腔的两个反射镜面顶点处的相位因子分别为

$$\begin{cases} \varphi(0,0,z_1)=kf\left(1+\dfrac{z_1}{f}\right)-(m+n+1)\left(\dfrac{\pi}{2}-\arctan\dfrac{f-z_1}{f+z_1}\right) \\ \varphi(0,0,z_2)=kf\left(1+\dfrac{z_2}{f}\right)-(m+n+1)\left(\dfrac{\pi}{2}-\arctan\dfrac{f-z_2}{f+z_2}\right) \end{cases}$$

按谐振条件，单程总相移必须满足 $\varphi(0,0,z_2)-\varphi(0,0,z_1)=q\pi$。因此上面两式相减后得到

$$k(z_2-z_1)+(m+n+1)\left(\arctan\frac{f-z_2}{f+z_2}-\arctan\frac{f-z_1}{f+z_1}\right)=q\pi$$

前面已经证明 $z_1<0$，$z_2>0$，因此 $z_2-z_1=L$ 为原球面腔腔长。利用反三角函数公式 $\arctan x-\arctan y=\arctan\dfrac{x-y}{x+y}$，上式可以化简为

$$\frac{2\pi}{\lambda}L+(m+n+1)\arctan\frac{fL}{f^2-z_1z_2}=q\pi \tag{4-93}$$

再利用反三角函数公式 $\arctan x=\arccos\dfrac{1}{\sqrt{1+x^2}}$，$g_1=1-\dfrac{L}{R_1}$，$g_2=1-\dfrac{L}{R_2}$，并将（4-90）的结果代入式（4-93），化简整理得到

$$\frac{2\pi}{\lambda}L-(m+n+1)\arccos\sqrt{g_1g_2}=q\pi \tag{4-94}$$

将波长改写为频率的形式，可得谐振频率为

$$\nu_{mnq}=\frac{c}{\mu\lambda}=\frac{c}{2\mu L}\left[q+\frac{1}{\pi}(m+n+1)\arccos\sqrt{g_1g_2}\right] \tag{4-95}$$

由于谐振频率公式中出现了因子 $\arccos\sqrt{g_1g_2}$，因此频率简并现象比对称共焦腔要弱得多，读者可自行分析。

同理，圆形镜一般稳定球面腔的谐振频率为

$$\nu_{mnq}=\frac{c}{2\mu L}\left[q+\frac{1}{\pi}(m+2n+1)\arccos\sqrt{g_1g_2}\right] \tag{4-96}$$

若令 $g_1=g_2=0$，则 $\arccos\sqrt{g_1g_2}=\frac{\pi}{2}$，于是式（4－95）变为

$$\nu_{mnq}=\frac{c}{4\mu L}[2q+(m+n+1)]$$

上式正是对称共焦腔的谐振频率公式［式（4－25）］。由此可见，对称共焦腔不过是一般稳定球面腔的一个特例。

此外，一般稳定球面腔同一横模、两个相邻纵模的频率间隔和同一纵模、两个相邻的横模之间的频率间隔仍然可用式（4－26）及式（4－27）表示。

4.5　激光器的输出参数

4.5.1　激光器的输出功率

连续激光器在稳定工作时，由于激光工作物质的光放大作用、谐振腔内的损耗系数分布不均匀、各纵模的驻波效应，光场的横向高斯分布等因素，腔内光强分布不均匀，因此，精确计算各点的光强是一个非常复杂的问题，由谐振腔内的光强分布出发计算激光器的输出功率也就变得十分复杂。本节从增益饱和效应的角度出发，计算激光器在稳态工作时腔内的平均光强，并在此基础上计算激光器的输出功率。

1. 均匀增宽型介质激光器的输出功率

在谐振腔内工作介质为均匀增宽型物质的激光器中，通常只有一个纵模，这个纵模是满足谐振条件的纵模中增益系数最大的纵模，也就是谐振频率 ν_q 离中心频率 ν_0 最近的纵模。由于 $|\nu_0-\nu_q|$ 很小，因此，ν_q 的增益系数 $G(\nu_q)$

可以近似地用 ν_0 的增益系数代替：

$$G=\frac{G^0}{1+I/I_s} \tag{4-97}$$

式中：I 为激光器在稳态工作时腔内的平均光强；I_s 为激光工作介质的饱和光强；G^0 为激光工作介质的小信号增益系数。

1）稳定出光时激光器内诸参数的表达式

激光器在稳态下工作时，腔内诸参量也都达到了稳定。

（1）腔内最小光强 $I^+(0)$。

由部分反射镜 M_1 反射的、沿腔轴传播的光强 $I^+(0)$ 是腔内最弱的行波光强。因为随着 $I^+(0)$ 穿过增益介质，它将不断得到放大，使腔内任一点的光强都大于 $I^+(0)$（光强符号的上标"+"表示沿腔轴正方向传播；"-"表示沿腔轴负方向传播）。

（2）腔内最大光强 $I^-(2L)$。

$I^+(0)$ 在腔内往返放大一周，再回到反射镜 M_1 处时，光强已增大为 $I^-(2L)$，如图 4-19 所示，它是腔内行波光强值最大者，其与 $I^+(0)$ 的关系为

$$I^-(2L)=r_2 I^+(0)\mathrm{e}^{2L(G-a_{内})} \tag{4-98}$$

式中：r_2 为反射镜 M_2 的反射率；L 为腔长；$a_{内}$ 为谐振腔的内部损耗系数。

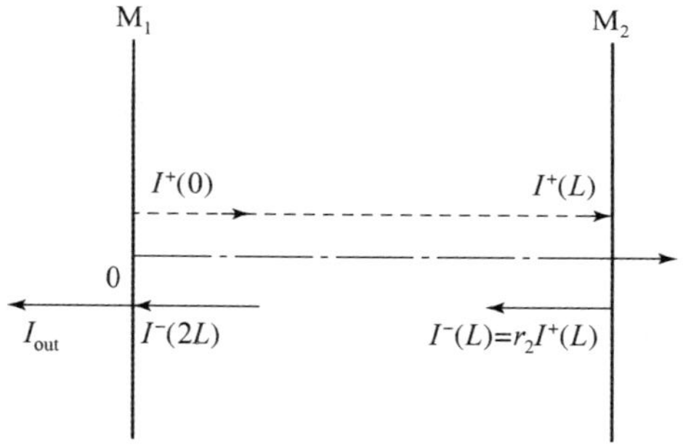

图 4-19 谐振腔内的光强

（3）输出光强 I_{out}。

最大光强 $I^-(2L)$ 在部分反射镜 M_1 上被分为三份，其中透射光部分就是激光器的输出光强，其值为

$$I_{out}=t_1 I^-(2L)=t_1 r_2 I^+(0)\mathrm{e}^{2L(G-a_{内})} \tag{4-99}$$

式中：t_1 为反射镜 M_1 的透射率。

（4）镜面损耗 I_h。

激光器的镜面损耗是三份中的一份。镜面损耗的表达式为

$$I_h=a_1 I^-(2L)=a_1 r_2 I^+(0)\mathrm{e}^{2L(G-a_{内})} \tag{4-100}$$

式中：a_1 为反射镜 M_1 的镜面损耗系数。

（5）最大最小光强、输出光强和镜面损耗之间的关系。

三份中剩下的一份被部分反射镜 M_1 反射回增益介质继续放大，这部分就是腔内的最小光强，可以表示为

$$I^+(0)=r_1I^-(2L)=r_1r_2I^+(0)\mathrm{e}^{2L(G-a_{内})} \tag{4-101}$$

式中：r_1 为反射镜 M_1 的反射率。

由能量守恒定律不难看出，式（4-98）~式（4-101）之间的关系为

$$I^-(2L)-I^+(0)=I_{\mathrm{out}}+I_{\mathrm{h}}=(a_1+t_1)I^-(2L) \tag{4-102}$$

（6）平均行波光强。

在腔内任一点 z 处都有两束传播方向相反的行波 $I^+(z)$ 和 $I^-(2L-z)$。在这两束行波的作用下，增益介质内的粒子数密度反转分布值会产生饱和效应，增益系数值也随之饱和。在腔内不同的 z 处，增益系数的值不同。近似地用平均光强 $2I$ 代替腔内光强 $I^+(z)+I^-(2L-z)$，用 $G=\dfrac{G^0}{1+2I/I_{\mathrm{s}}}=G_{阈}$ 作为腔内的平均增益系数，则由增益系数的表达式可以导出腔内平均行波光强为

$$I=\frac{I_{\mathrm{s}}}{2}\left(\frac{G^0}{G_{阈}}-1\right)=\frac{I_{\mathrm{s}}}{2}\left(\frac{G^0}{a_{总}}-1\right) \tag{4-103}$$

2）激光器的输出功率

激光器在理想情况下可以做到介质内部的损耗 $a_{内}\approx0$，还可把全反射镜 M_2 的镜面损耗都折合到部分反射镜 M_1 上。这样一来，对于全反射镜 M_2，有 $r_2\approx1$，$t_2\approx0$，$a_2\approx0$；对于部分反射镜 M_1，有 $r_1\approx1-(a_1+t_1)$。激光器的总损耗变为

$$\begin{aligned}a_{总}&=a_{内}-\frac{1}{2L}\ln r_1r_2\\&=-\frac{1}{2L}\ln[1-(a_1+t_1)]\end{aligned}$$

如果(a_1+t_1)很小，可以将 $\mathrm{In}[1-(a_1+t_1)]$用级数展开，取到一级近似，则有

$$a_{总}=\frac{a_1+t_1}{2L} \tag{4-104}$$

在上述条件下，式（4-103）表示的激光器内行波的平均光强为

$$I=\frac{I_{\mathrm{s}}}{2}\left(\frac{2LG^0}{a_1+t_1}-1\right) \tag{4-105}$$

激光器的输出光强也可表示为

$$I_{\text{out}} = t_1 I = \frac{I_s}{2} t_1 \left(\frac{2LG^0}{a_1 + t_1} - 1 \right) \tag{4-106}$$

若激光束的平均截面为 A，则激光器的输出功率为

$$P = AI_{\text{out}} = \frac{1}{2} t_1 I_s A \left(\frac{2LG^0}{a_1 + t_1} - 1 \right) \tag{4-107}$$

式（4－107）就是由均匀增宽型增益介质构成的激光器的输出功率 P 与激光器各量之间的关系式。

3）输出功率与诸参量之间的关系。

（1）输出功率与饱和光强的关系。

激光器的输出功率 P 与饱和光强 I_s 成正比。

（2）输出功率与光束截面的关系。

光束截面 A 大的激光器，其输出功率 P 也大。高阶横模的光束截面要比基模的大，一般来说，输出高阶横模的激光器，其输出功率要比同型号的输出基模的激光器的输出功率大。

（3）输出功率与输出反射镜的透射率的关系。

部分反射镜的透射率 t_1 的选取对激光器输出功率的影响很大。设计激光器时总是希望其输出功率大、镜面损耗小，以使光波在腔中往返一次所获得的光能量的绝大部分用于激光器的输出，即希望式（4－102）能变成以下形式：

$$I^-(2L) - I^+(0) = (a_1 + t_1) I^-(2L) \approx t_1 I^-(2L)$$

这就要求 t_1 尽可能大，a_1 尽可能小，使 $t_1 \gg a_1$。但是由式（4－104）可以看出，t_1 不能过大，因为 t_1 过大会使增益系数的阈值 $G_{阈}$ 升高，如果介质的双程增益系数 $2LG^0$ 不够大，那么将会导致腔内光强减小，反而使输出功率降低，严重时甚至会使腔内不能形成激光。当然，t_1 也不能过小，因为 t_1 过小虽然能使增益系数的阈值降低、腔内光强增强，但是随着腔内光强的增强，镜面损耗 $a_1 I^-(2L)$ 也将增大，这使光波在介质中往返一次所增加的光能量中用于损耗的部分增多，并未实现增加输出的预期效果。为了使激光器有最大的输出功率，必须使部分反射镜的透射率取最佳值。最佳值可以通过对式（4－107）求极值得到，即令 $\mathrm{d}P/\mathrm{d}t_1 = 0$，则

$$\frac{1}{2} AI_s \left(\frac{2LG^0}{a_1 + t_1} - 1 \right) + \frac{1}{2} t_1 AI_s \left(-\frac{2LG^0}{(a_1 + t_1)^2} \right) = 0$$

解得

$$t_1 = (2LG^0 a_1)^{1/2} - a_1 = \sqrt{a_1}\left(\sqrt{2LG^0} - \sqrt{a_1} \right) \tag{4-108}$$

这就是最佳透射率的表达式。在此透射率下，激光器的输出功率为

$$P=\frac{1}{2}I_sA\sqrt{a_1}(\sqrt{2LG^0}-\sqrt{a_1})\left(\frac{2LG^0}{\sqrt{2LG^0a_1}}-1\right)$$
$$=\frac{1}{2}I_sA(\sqrt{2LG^0}-\sqrt{a_1})^2 \quad (4-109)$$

实际工作中总是先用实验方法确定最佳透射率，再由式（4-108）估算镜面损耗的大小。

2. 非均匀增宽型介质激光器的输出功率

在非均匀增宽型介质中，频率为 ν 的光波只能使速度为 $\pm v_z$ 的粒子数密度反转分布值饱和，对其他速度的粒子数密度反转分布值几乎无影响。所以非均匀增宽型介质对腔内各纵模的增益系数仅受本纵模光强的影响，基本上与其他纵模的光强无关。这是非均匀增宽型介质与均匀增宽型介质的不同之处。因此，在由非均匀增宽型介质构成的激光器中，对其各个纵模的讨论可以分别独立地进行。

1）稳定出光时激光器内诸参数的表达式

在稳定出光时，腔内各参量也达到稳定，其中一部分参量与均匀增宽介质中的情况相似，具体如下。

最大光强：

$$I^-(2L,\nu)=r_2I^+(0,\nu)\mathrm{e}^{2L(G-a_{内})} \quad (4-110)$$

输出光强：

$$I_{out}(\nu)=t_1I^-(2L,\nu)=t_1r_2I^+(0,\nu)\mathrm{e}^{2L(G-a_{内})} \quad (4-111)$$

镜面损耗：

$$I_h(\nu)=a_1I^-(2L,\nu)=a_1r_2I^+(0,\nu)\mathrm{e}^{2L(G-a_{内})} \quad (4-112)$$

最小光强：

$$I^+(0,\nu)=r_1I^-(2L,\nu)=r_1r_2I^+(0,\nu)\mathrm{e}^{2L(G-a_{内})} \quad (4-113)$$

以上各参量对腔内各纵模都适用。光波在非均匀增宽型介质激光器腔内的传播情况如图 4-20 所示。

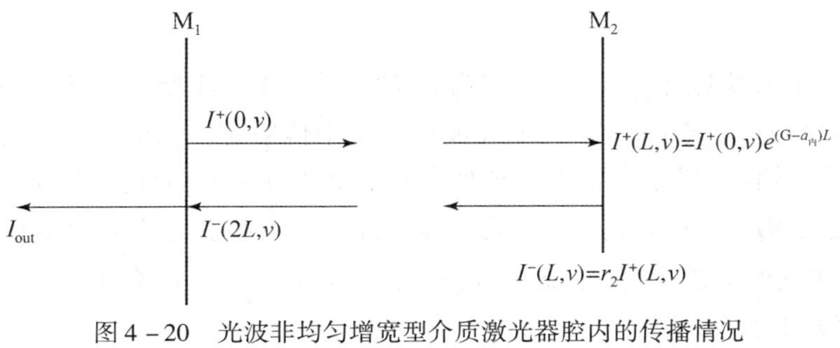

图 4-20　光波非均匀增宽型介质激光器腔内的传播情况

非均匀增宽型介质对光波的增益系数随频率 ν 的改变而改变。下面分两种情况进行讨论，即光波的频率 ν 为介质的中心频率 ν_0，以及光波的频率 ν 不在介质的中心频率处。

光波的频率 ν 不在非均匀增宽介质的中心频率处时会发生“对称烧孔”现象。当频率为 ν 的光波沿腔轴的正方向传播时，将使沿腔轴方向运动的速度为 v_z 的粒子数密度反转分布值饱和；当该光波经反射镜反射后沿着腔轴的反方向传播时，又使介质中速度为 $-v_z$ 的粒子数密度反转分布值饱和。这样，光波在腔内传播时，将有两部分粒子（速度为 v_z 的粒子和速度）为 $-v_z$ 的粒子对它的放大做出贡献。也就是说，频率为 ν 的光波，$I^+(\nu,z)$ 和 $I^-(\nu,2L-z)$ 的两束光在 $G-\nu$ 曲线上 ν_0 的两侧对称地“烧”了两个孔，非均匀增宽激光器的“烧孔效应”如图 4-21 所示。对每一个孔起饱和作用的分别是 $I^+(\nu,z)$ 或 $I^-(\nu,2L-z)$，而不是两者之和。

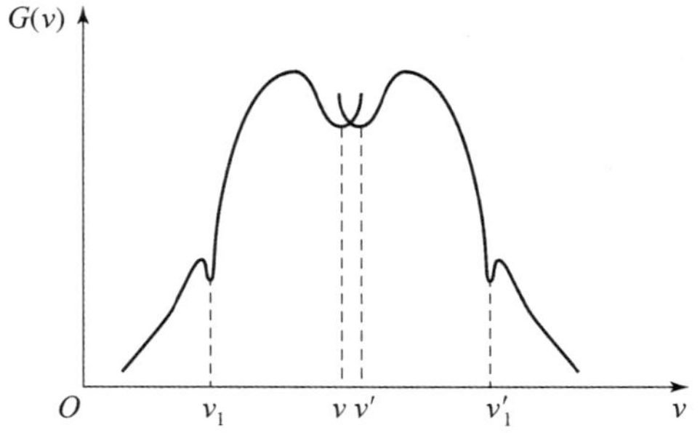

图 4-21　非均匀增宽激光器的“烧孔效应”

腔内不同位置的光强不同，取 I 作为该行波的平均光强，当增益不太大时 $I\approx I^+\approx I^-$，则介质对光波的平均增益系数为

$$G_{\mathrm{D}}(\nu)=\frac{G_{\mathrm{D}}^0(\nu)}{\sqrt{1+\dfrac{I}{I_{\mathrm{s}}}}}=G_{阈} \tag{4-114}$$

式（4-114）就是非均匀增宽型介质对非中心频率光波的增益系数的表达式。

对频率为线型函数的中心频率为 ν_0 的光波，增益系数的表达式将不同于式（4-114）。中心频率为 ν_0 的光波在介质中传播时，无论沿腔轴正方向传播还是沿腔轴负方向传播，都只能使介质中速度为 $v_z=0$ 的这部分粒子数密度反转分布值饱和。也就是说，I^+ 和 I^- 同时使 $v_z=0$ 的这部分粒子对中心频率为 ν_0 的光波的增益有贡献，此时腔内的光强为 I^++I^-。故介质对中心频率为 ν_0 的光波的增益系数为

$$G_{\mathrm{D}}(\nu_0)=\frac{G_{\mathrm{D}}^0(\nu_0)}{\sqrt{1+\dfrac{I^+ + I^-}{I_{\mathrm{s}}}}}=G_{阈} \tag{4-115}$$

若用平均光强 $2I$ 来代替 $I^+(z,\nu_0)+I^-(2L-z,\nu_0)$，则光波在腔中的平均增益系数可表示为

$$G_{\mathrm{D}}(\nu_0)=\frac{G_{\mathrm{D}}^0(\nu_0)}{\sqrt{1+\dfrac{2I}{I_{\mathrm{s}}}}}=G_{阈} \tag{4-116}$$

显而易见，形式上与介质对中心频率为 ν 的光波的增益系数［式（4－114）］不同。若令腔内各频率光强相等，都等于 I_{s}，那么中心频率为 ν_0 的光波所获得的增益系数为 $G_{\mathrm{D}}(\nu_0)=G_{\mathrm{D}}^0(\nu_0)/\sqrt{3}$，它比 ν_0 附近的中心频率为 ν 的光波的增益系数 $G_{\mathrm{D}}(\nu_0)=G_{\mathrm{D}}^0(\nu_0)/\sqrt{2}$的值还要小一些。反之，若增益系数的阈值都相等，则 ν_0 光波的平均光强为

$$I(\nu_0)=\frac{1}{2}I_{\mathrm{s}}\left\{\left[\frac{G_{\mathrm{D}}^0(\nu_0)}{G_{阈}}\right]^2-1\right\} \tag{4-117}$$

中心频率为 ν 的光波的平均光强为

$$I(\nu)=I_{\mathrm{s}}\left\{\left[\frac{G_{\mathrm{D}}^0(\nu)}{G_{阈}}\right]^2-1\right\} \tag{4-118}$$

腔内中心频率为 ν_0 的光波的光强要比 ν_0 附近各频率光波的光强都弱。

2）激光器的输出功率

（1）单频激光器的输出功率。

若腔内只允许存在一个谐振频率，且 $\nu\neq\nu_0$，同时激光器工作在理想情况下，有 $a_{内}\approx0$，$r_2\approx1$，$a_{总}=\dfrac{a_1+t_1}{2L}$，此时腔内的平均光强可以由式（4－114）导出：

$$I(\nu)=I_{\mathrm{s}}\left\{\left[\frac{2LG_{\mathrm{D}}^0(\nu)}{a_1+t_1}\right]^2-1\right\} \tag{4-119}$$

激光器的输出光强为

$$I_{\mathrm{out}}(\nu)=t_1I(\nu)=t_1I_{\mathrm{s}}\left\{\left[\frac{2LG_{\mathrm{D}}^0(\nu)}{a_1+t_1}\right]^2-1\right\} \tag{4-120}$$

若中心频率为 ν 的光束的截面为 A，则激光器的输出功率为

$$P(\nu)=AI_{\mathrm{out}}(\nu)=At_1I(\nu)=At_1I_{\mathrm{s}}\left\{\left[\frac{2LG_{\mathrm{D}}^0(\nu)}{a_1+t_1}\right]^2-1\right\} \tag{4-121}$$

式（4－121）对线宽范围内除 ν_0 频率外的一切频率的光波都适用。如果谐

振腔内单纵模的频率为 ν_0，那么该激光器腔内平均光强可由式（4－116）导出：

$$I(\nu_0)=\frac{1}{2}I_s\left\{\left[\frac{2LG_D^0(\nu_0)}{a_1+t_1}\right]^2-1\right\} \tag{4-122}$$

激光器的输出光强为

$$I_{out}(\nu_0)=\frac{1}{2}t_1I_s\left\{\left[\frac{2LG_D^0(\nu_0)}{a_1+t_1}\right]^2-1\right\} \tag{4-123}$$

若频率为 ν_0 的光束截面为 A，则激光器的输出功率为

$$P(\nu_0)=\frac{1}{2}At_1I_s\left\{\left[\frac{2LG_D^0(\nu_0)}{a_1+t_1}\right]^2-1\right\} \tag{4-124}$$

对比式（4－121）和式（4－124）可以看出，虽然介质在中心频率处的小信号增益系数 $G_D^0(\nu_0)$ 要比其他任何频率的小信号增益系数 $G_D^0(\nu_0)$ 都大，但是，由于在输出功率的表达式中出现了系数1/2，因此该激光器对中心频率为 ν_0 的光波的输出功率 $P(\nu_0)$ 要比它对 ν_0 附近各频率光波的输出功率 $P(\nu)$ 还要低。如果使单纵模输出的激光器的谐振频率由小到大逐渐变化，对应每一个频率为 ν 的光波，它都在增益系数 $G(\nu)$ 曲线上对称地“烧”两个宽度约为 $(1+I/I_s)^{1/2}\Delta\nu$ 的孔，如图4－21所示。而在输出功率 $P(\nu)$ 曲线上，对应于中心频率为 ν 的光波的输出功率为 $P(\nu)$。随着频率逐渐接近于 ν_0，输出功率也逐渐增大。当频率 ν 在

$$\nu_0-\left(1+\frac{I}{I_s}\right)^{1/2}\frac{\Delta\nu}{2}<\nu<\nu_0+\left(1+\frac{I}{I_s}\right)^{1/2}\frac{\Delta\nu}{2}$$

范围内时，该光波在增益系数 $G(\nu)$ 曲线上对称“烧”的两个孔发生了重叠，这意味着参与对中心频率为 ν 的光波进行增益放大的粒子数开始减少，因此，输出功率将不再随 $G_D^0(\nu)$ 的增大而增大。随着 ν 与 ν_0 的距离越来越小，$G(\nu)$ 曲线上两个孔的重叠部分越来越大，输出功率也逐渐减小，直至 $\nu=\nu_0$，$G(\nu)$ 曲线上的两个孔完全重合，输出功率降至一个极小值。$P(\nu)$ 曲线在中心频率 ν_0 处出现一个凹陷，称为兰姆凹陷。$P(\nu)$ 曲线与兰姆凹陷如图4－22所示。兰姆凹陷的中心频率为 ν_0，宽度大致为均匀增宽的线宽 $\Delta\nu$。当激光管内气体压力增大时，碰撞增宽使 $\Delta\nu$ 增大，这将使兰姆凹陷变宽、变浅，甚至会消失。兰姆凹陷与管中气压的关系如图4－23所示，图中 $P_3>P_2>P_1$。输出功率的兰姆凹陷常被作为一种稳频的方法用于稳频技术中。

（2）多频激光器的输出功率。

对腔长比较长的激光器，通常腔内可以允许有多个纵模存在。如果相邻两个纵模的频率间隔大于烧孔的宽度，并且各频率的烧孔都是彼此独立的，那么在该激光器中，每个纵模的各参数与其他纵模不存在时相同，具体如下。

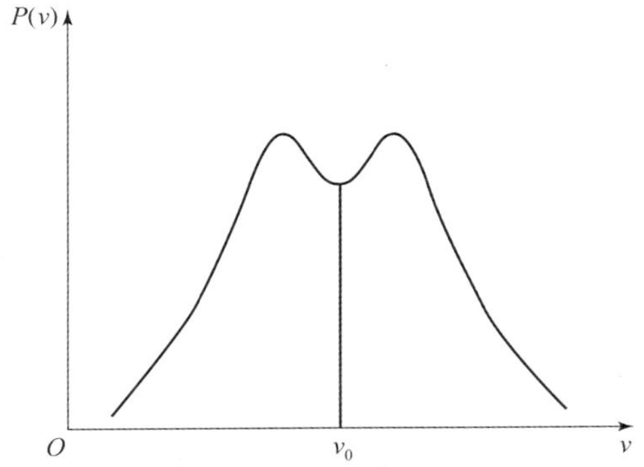

图 4－22　$P(\nu)$ 曲线与兰姆凹陷

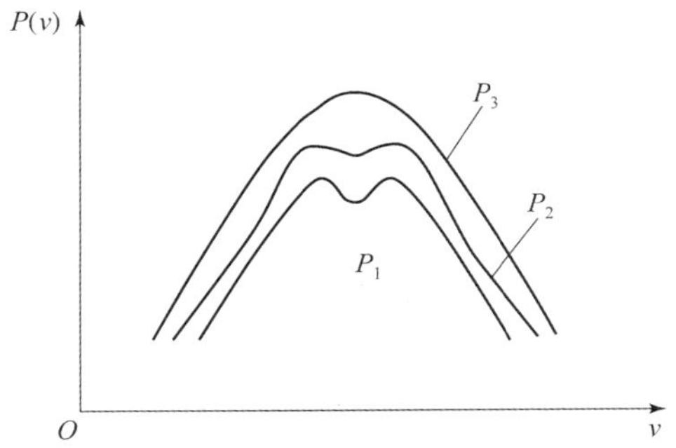

图 4－23　兰姆凹陷与管中气压的关系

平均光强：

$$I(\nu)=\begin{cases} I_s\left\{\left[\dfrac{2LG_D^0(\nu)}{a_1+t_1}\right]^2-1\right\} & (\nu\neq\nu_0) \\ \dfrac{1}{2}I_s\left\{\left[\dfrac{2LG_D^0(\nu)}{a_1+t_1}\right]^2-1\right\} & (\nu=\nu_0) \end{cases} \tag{4-125}$$

输出功率：

$$P(\nu)=\begin{cases} At_1I_s\left\{\left[\dfrac{2LG_D^0(\nu)}{a_1+t_1}\right]^2-1\right\} & (\nu\neq\nu_0) \\ \dfrac{1}{2}At_1I_s\left\{\left[\dfrac{2LG_D^0(\nu)}{a_1+t_1}\right]^2-1\right\} & (\nu=\nu_0) \end{cases} \tag{4-126}$$

则多频激光器的输出功率为

$$P=\sum_{i=1}^{N}P(\nu_i) \tag{4-127}$$

式中：i 为纵模序数；N 为腔内纵模总数；$P(\nu_i)$ 由式（4－126）给出。

如果腔内各纵模的频率 ν 对称地分布在 ν_0 的两侧，即有一个纵模频率 $\nu=\nu_0+b$，也必有另一个纵模频率 $\nu'=\nu_0-b$，那么，当激光器工作在理想情况下时，纵模 ν 的增益系数为

$$G(\nu)=\frac{G_D^0(\nu)}{\sqrt{1+\dfrac{I(\nu)+I(\nu')}{I_s}}}=\frac{G_D^0(\nu)}{\sqrt{1+\dfrac{2I}{I_s}}}=G_{阈} \tag{4-128}$$

纵模 ν 在腔内的平均行波光强为

$$\bar{I}(\nu)=\frac{1}{2}I_s\left\{\left[\frac{2LG_D^0(\nu)}{a_1+t_1}\right]^2-1\right\} \tag{4-129}$$

纵模 ν 的输出功率为

$$P(\nu)=\frac{1}{2}At_1I_s\left\{\left[\frac{2LG_D^0(\nu)}{a_1+t_1}\right]^2-1\right\} \tag{4-130}$$

该多频激光器的输出功率仍然由式（4-127）表示，但 $P(\nu_i)$ 则由式（4-130）给出。

4.5.2 光学参量

4.5.1 节描述了连续激光器稳定工作时的输出功率。连续激光器具有稳定的工作状态，即稳态。连续激光器中各能级的粒子数及腔内辐射场均具有稳定分布。对于连续运转的激光器，常用其单位时间输出的能量（功率）来表示激光的能量水平。在谈到它的输出能量时，只有明确时间间隔才有意义，能量等于功率和时间的乘积。而脉冲激光器是指激光器开启后，只在一个很短的时间间隔内有能量输出，其余时间均无激光；或者每隔一定时间输出一个激光脉冲，并形成一串脉冲。本书的第 7 章和第 8 章将详细介绍超短脉冲激光器的构造及其应用。事实上，飞秒、皮秒或纳秒脉冲激光通常输出的是周期性脉冲串，而不是单个脉冲，周期性脉冲串示意如图 4-24 所示。

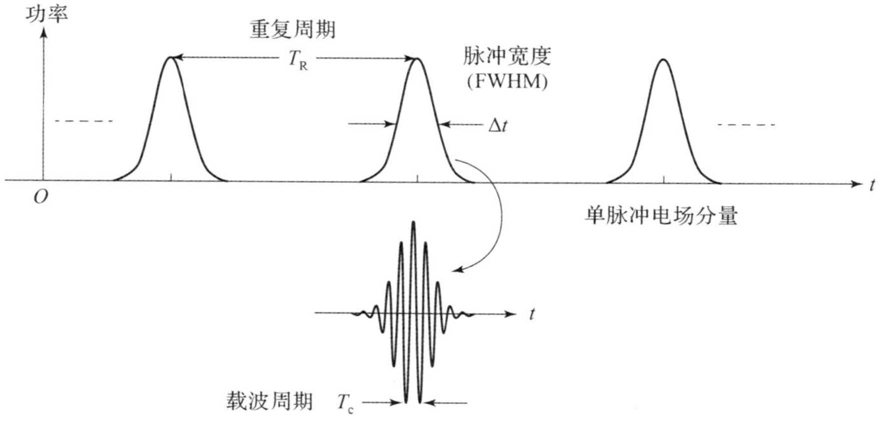

图 4-24　周期性脉冲串示意

图 4-24 中，T_R 为脉冲串的重复周期，则重复频率 $f_R=1/T_R$。Δt 为单个脉冲的脉宽［定义半峰全宽（full width at half maxima，FWHM），占空比 $D=\Delta t/T_R$。T_c 为光脉冲载波的周期，载波频率 $f_c=1/T_c=c/\lambda_0$（其中 c 为光速，λ_0 为脉冲的中心波长］，周期数 $N_c=\Delta t/T_c$。设脉冲串的平均功率为 P_{avg}。

已知上述参量，就可以估算单脉冲的参量。

单脉冲能量（J）：

$$U = P_{avg} T_R = P_{avg} / f_R \tag{4-131}$$

单脉冲峰值功率（W）：

$$P_{peak} = U / \Delta t = P_{avg} T_R / \Delta t \tag{4-132}$$

单脉冲峰值强度（W/cm^2）：

$$I_{peak} = P_{peak} / A_{eff} \tag{4-133}$$

单脉冲峰值电场（V/cm）：

$$E_{peak} = \sqrt{2\eta_0 I_{peak}} = \sqrt{2\eta_0 P_{peak} / A_{eff}} \tag{4-134}$$

式中：A_{eff}为激光脉冲的有效截面积；η_0 为真空阻抗，$\eta_0 = 377\Omega$。

4.5.3 激光器的线宽极限

第 1 章已经说明，普通光源发光的谱线具有一定宽度。造成线宽的原因很多，其中主要有：能级的有限寿命造成了谱线的自然宽度，发光粒子之间的碰撞造成了谱线的碰撞宽度（或压力宽度），发光粒子的热运动造成了谱线的多普勒宽度。这三种原因一般是同时起作用的，实际的谱线线型是它们共同作用的结果。这样的谱线称为发光物质的荧光谱线，其线宽称为荧光线宽。

对于一个激光器来说，当它在稳定工作时，其增益正好等于总损耗。这时的理想情况是损耗的能量在腔内的受激过程中得到了补充，而且在受激过程中产生的光波与原来的光波有相同的相位，所以新产生的光波与原来的光波相干叠加，使腔内光波的振幅始终保持恒定，相应地就有无限长的波列，故线宽应为 0。如果激光器是单模输出，那么它输出的谱线应该是落在荧光线宽 $\Delta\nu_F$ 范围内的一条“线”，荧光谱线理想的单色激光谱线如图 4－25 所示。

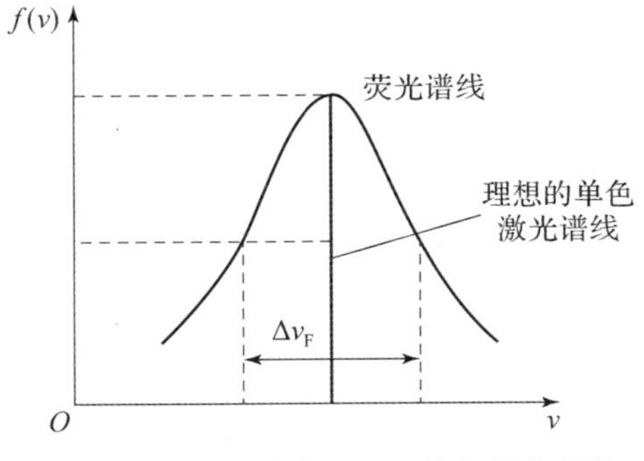

图 4－25　荧光谱线理想的单色激光谱线

实际上线宽不可能等于 0。激光的谱线虽然极窄，但仍然有一定宽度。造成激光线宽的原因是多方面的。

首先是内部的原因：在理想的激光器中完全忽略了激活介质的自发辐射。而一个实际的激光器，尽管它的自发辐射相对于受激辐射来说是极其微弱的，但它毕竟存在，而且在激光器的输出功率中也贡献有它极其微小的一个份额。这一份额是非相干的辐射功率，而受激辐射过程贡献的是相干的辐射功率。这样，激光器的增益就应该包括受激过程和自发过程两部分的贡献。在振荡达到平衡时，激光器内的能量平衡，介质的受激辐射增益与自发辐射增益之和等于腔的总损耗，因此受激辐射的增益应略小于总损耗。这样，对于受激辐射的相干光来说，每一个波列都存在一定的衰减，正是这种衰减造成了一定的线宽，这是问题的一方面。另一方面，腔内自发辐射又产生前后相位无关的波列，这些波列和相干的波列的光强相叠加，使腔内的光强保持稳定。这样一段一段、互相独立的自发辐射的波列也会造成一定的线宽。以上两方面因素造成了由于存在自发辐射而引起的激光线宽。激光的极限线宽如图 4 – 26 所示，曲线 1 是衰减的相干光的谱线，曲线 2 是自发辐射本身的谱线，曲线 3 是总谱线。

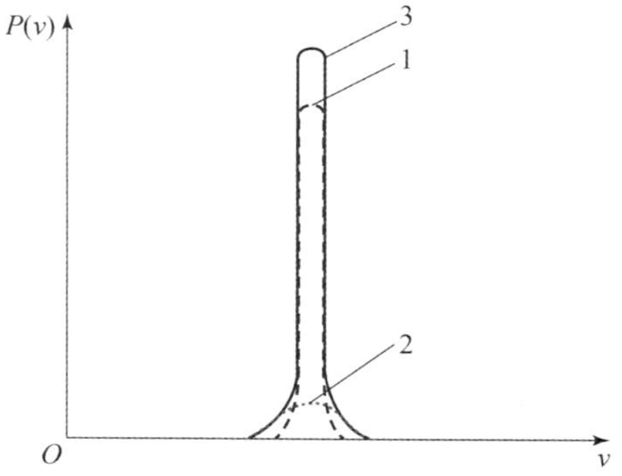

图 4 – 26　激光的极限线宽（见彩图）

如果激光器的输出功率增大，就说明腔内辐射场的能量密度也变大了，而受激辐射概率正比于辐射场能量密度，自发辐射的概率却不变，因此受激辐射所占的比例相应地增大，激光振荡谱线的宽度也随之变窄。这就是说，增大激光器的输出功率可以减小由自发辐射引起的激光线宽，理论计算表明此激光线宽和激光器输出功率成反比。

理论计算还指出，单纯由腔内自发辐射引起的激光谱线宽度远小于 1Hz。例如，腔长 $L=1\text{m}$，单程损耗 $a_{总}\approx 1\%$，每端输出 1mW 的氦 – 氖激光器发出的 0.6328μm 谱线的宽度约为 5×10^{-4}Hz，这是个极其微小的线宽，实验测得的激光线宽远远大于这个数值。这说明造成激光线宽的还有其他较自发辐射影响更大的因素。尽管如此，对于自发辐射造成激光线宽的分析还是十分有意义的。因为自发辐射在任何激光器中都存在，所以这种因素造成的激光线宽无法排除。也就是说，这种线宽是消除了其他各种使激光线宽增加的因素，最终可以达到的最小线宽，所以称为线宽极限。

影响激光稳定性的一些因素，如温度的波动、机械的振动、大气压力和湿度的变化、空气的对流、损耗的波动、增益的波动、荧光中心频率漂移等，是产生激光线宽的外部原因。因为当激光的频率不稳定而发生变化和漂移时，激光振荡就不会是等幅、连续的正弦振荡，它必然会形成一定的频率分布，因而出现一定的谱线宽度。实验表明，稳频度较高的氦－氖激光器输出的谱线宽度约为几十赫兹，普通的氦－氖激光器可达 10^4Hz 的数量级（其荧光线宽约为 10^9Hz 的数量级）；而固体激光器和半导体激光器的谱线宽度更宽，一般都在 10^6Hz 以上。

4.5.4　光束质量的品质因子 M^2

在激光技术及其应用领域，以及激光器的设计和生产过程中，光束质量是衡量激光光束优劣的一项重要指标。因此，光束质量的定义和测试是激光研究的重要内容之一。但是，长期以来，光束质量都没有确切的定义，也未建立标准的测量方法，这给科研和应用带来了不便。

在激光的发展过程中，针对不同的应用目的，人们曾用多种参数来评价光束质量，如聚焦光斑尺寸、远场发散角等。但由于激光束经过光学系统后，束腰半径和发散角均会发生改变，且减小束腰半径必然会使发散角增大，因此单独使用发散角或束腰半径来评价光束质量是不科学的。为了克服常用的光束质量评价方法的局限性，近年来国际光学界提出了一种表征激光光束质量的参量——品质因子 M^2，并已由国际标准化组织（International Organization for Standardization，ISO）推荐试用。

光束质量是激光束可聚焦程度的度量。描述激光光束品质的 M^2 因子的定义式为

$$M^2 = \frac{w\theta}{w_0\theta_0} \tag{4-135}$$

式中：w 和 w_0 分别为实际光束和基横模高斯光束的束腰半径；θ 和 θ_0 分别为实际光束和基横模高斯光束的远场发散角。从定义中可以看出，M^2 因子是以理想高斯光束，即基横模 TEM_{00} 为比较标准的。

在讨论基横模高斯光束的特性时，得到其束腰半径 w_0 和远场发散角 θ_0 的表达式如下：

$$\begin{cases} w_0 = \sqrt{\dfrac{\lambda L}{2\pi}} \\ \theta_0 = \sqrt{\dfrac{2\lambda}{\pi L}} \end{cases}$$

式中：λ 为光波波长；L 为激光器的腔长。不难看出，基横模高斯光束的束腰半径和远场发散角的乘积为一个常量

$$w_0\theta_0 = \lambda/\pi \tag{4-136}$$

即使采用各种光学变换方法，如聚焦或准直来减小束腰半径或者压缩远场发散角，$w_0\theta_0$ 也总是为一个常量，因此束腰半径与远场发散角的乘积反映了基横模高斯光束的固有特性，这样就避免了只用光斑尺寸或只用发散角作为光束品质判据所带来的不确定性。作为比较的标准，基横模高斯光束的 $M^2=1$，此为 M^2 因子的极小值。也就是说，基横模（TEM_{00}模）高斯光束有最好的光束品质。

基横模高斯光束是共焦腔中自再现模所满足的积分方程在近轴近似下的一个特解，从该积分方程出发还可以导出一系列其他解。对方形镜共焦腔求解该积分方程可以得到高斯光束的多模解，称为厄米－高斯光束，其场分布由厄米多项式与高斯函数的乘积来描述。由厄米－高斯函数表征的高阶高斯光束用 TEM_{mn}来表示，m 和 n 分别为场在 x 方向和 y 方向的节线数，不同 m 和 n 的模具有不同的横向场分布，称为横模。当 $m=0$，$n=0$ 时，对应 TEM_{00} 模式，称为基横模。可以证明，在基横模高斯光束中，$z=z_0$ 处的光斑半径 w 的平方刚好是其横坐标的平方在基横模模场分布下平均值的 4 倍，因此可以类似地定义高阶厄米－高斯光束的光斑半径，高阶厄米－高斯光束在 x 方向和 y 方向上的振幅分布可以表示为

$$F_m(X) = C_m H_m(X)\mathrm{e}^{-\frac{X^2}{2}}\left(X = \frac{\sqrt{2}x}{w_{00}(z)}\right)$$

$$F_n(Y) = C_n H_n(Y)\mathrm{e}^{-\frac{Y^2}{2}}\left(Y = \frac{\sqrt{2}y}{w_{00}(z)}\right)$$

式中：$w_{00}(z)$为基横模高斯光束的光斑半径。则高阶厄米－高斯光束在 x 方向和 y 方向上的光斑半径 $w_m(z)$和 $w_n(z)$可以表示为

$$w_m^2(z) = \frac{4\int_{-\infty}^{\infty} F_m(X)x^2F_m^*(X)\mathrm{d}X}{\int_{-\infty}^{\infty} |F_m(X)|^2\mathrm{d}X}$$

$$w_n^2(z) = \frac{4\int_{-\infty}^{\infty} F_n(Y)y^2F_n^*(Y)\mathrm{d}Y}{\int_{-\infty}^{\infty} |F_n(Y)|^2\mathrm{d}Y}$$

利用厄米多项式的正交归一化性质：

$$\int_{-\infty}^{\infty} e^{-X^2} H_m(X) H_n(X) \mathrm{d}X = 2^m \sqrt{\pi} m! \delta_{mn}$$

可以得到

$$\int_{-\infty}^{\infty} F_m(X) F_m^*(X) \mathrm{d}X = 2^m \sqrt{\pi} \mid C_m \mid^2 m!$$

再利用厄米多项式的递推公式：

$$XH_m(X) = \frac{1}{2} H_{m+1}(X) + mH_{m-1}(X)$$

可以得到

$$4\int_{-\infty}^{\infty} F_m(X) x^2 F_m^*(X) \mathrm{d}X = 2^m \sqrt{\pi} \mid C_m \mid^2 (2m+1) m! w_{00}^2(z)$$

结合以上分析可以计算得到高阶厄米 - 高斯光束在 x 方向和 y 方向上的光斑半径的平方，表示如下：

$$\begin{cases} w_m^2(z) = (2m+1) w_{00}^2(z) & (4-137\text{a}) \\ w_n^2(z) = (2n+1) w_{00}^2(z) & (4-137\text{b}) \end{cases}$$

式（4 - 137）将高阶厄米 - 高斯光束的光斑半径的平方与其阶数联系起来。当 $m \neq n$ 时，x 方向上的光斑半径不等于 y 方向上的光斑半径，并且 m、n 越大，高阶厄米 - 高斯光束的光斑半径越大，其场分布在空间上也就越发散。

对于厄米 - 高斯光束的远场发散角，仍然采用与基横模高斯光束一样的定义式，因此在 x 和 y 方向上高阶厄米 - 高斯光束的远场发散角分别为

$$\theta_m = \lim_{z\to\infty} \frac{w_m(z)}{z} = \sqrt{2m+1} \lim_{z\to\infty} \frac{w_{00}(z)}{z} = \sqrt{2m+1}\theta_0 \qquad (4-138\text{a})$$

$$\theta_n = \lim_{z\to\infty} \frac{w_n(z)}{z} = \sqrt{2n+1} \lim_{z\to\infty} \frac{w_{00}(z)}{z} = \sqrt{2n+1}\theta_0 \qquad (4-138\text{b})$$

对于高阶厄米 - 高斯光束，其光腰位于 $z=0$ 处，根据前面的分析容易得到高阶厄米 - 高斯光束在 x 和 y 方向上的 M^2 因子分别为

$$M_x^2 = 2m+1 \qquad (4-139\text{a})$$

$$M_y^2 = 2n+1 \qquad (4-139\text{b})$$

显然，高阶厄米 - 高斯光束的 M^2 因子大于基横模高斯光束的 M^2 因子。并且，随着模阶数 m 或 n 的增加，其光腰半径及发散角与基横模高斯光束相比偏差越来越大，光腰半径与远场发散角之积越大，光束质量也就越差。

对圆形镜共焦腔求解自再现模所满足的积分方程可以得到高斯光束的多模解，称为拉盖尔 - 高斯光束，其场分布由拉盖尔多项式与高斯函数的乘积来描述。由拉盖尔 - 高斯函数所表示的高阶高斯光束也用 TEM_{mn} 来表示，但

该处的 m 表示光束沿径向的节线圆的数目，n 表示光束沿辐角方向的节线数目，其横模图形可参考图 4－3（e）～（g）。在此直接给出拉盖尔－高斯光束的光斑半径 $w_{mn}(z)$ 和远场发散角 θ_{mn} 的表达式：

$$w_{mn}(z)=\sqrt{m+2n+1}\,w_{00}(z) \tag{4-140a}$$

$$\theta_{mn}=\sqrt{m+2n+1}\,\theta_0 \tag{4-140b}$$

显然，拉盖尔－高斯光束的 M^2 因子为

$$M^2=m+2n+1 \tag{4-141}$$

同样，随着模阶数 m 或 n 的增加，其光腰半径及发散角与基模高斯光束相比偏差越来越大，光腰半径与远场发散角之积越大，光束质量也就越差。

因此，对实际光束来说 $M^2\geqslant1$，M^2 因子的值越大，光束质量越差。并且 M^2 因子克服了常用光束质量评价方法的局限，用 M^2 因子作为评价标准对激光器系统进行质量监控及辅助设计等具有十分重要的意义。

本章重点总结与复习

（1）分析激光器作为光源与普通光源的主要区别。

（2）阐述激光三要素各自作用。

（3）分析自再现模的定义。

（4）阐述激光横模、纵模的定义和相互之间的关联。

（5）阐述纵模间隔的调节方法和用途。

（6）分析什么是对称共焦腔，分析其特点。

（7）了解单程相移和单程附加相移的定义。

（8）掌握镜面上基模的“光斑有效截面半径”含义。

（9）掌握激光出射的谐振频率如何用 m、n、q 表示。

（10）掌握高斯光束的传播特性和计算公式。

（11）分析计算“任意一个满足稳定性条件的球面腔只可唯一地与一个共焦腔等价”。

（12）阐述激光器的线宽极限定义和造成线宽的原因。

习　题

1. 腔长为 0.5m 的氩离子激光器，发射中心频率 $\nu_0=5.85\times10^{14}$Hz，荧光线

宽 $\Delta\nu=6\times10^{8}$Hz，试问它可能存在几个纵模？相应的 q 值为多少？（设 $\mu=1$）

2. He－Ne 激光器的中心频率 $\nu_0=4.74\times10^{14}$Hz，荧光线宽 $\Delta\nu=1.5\times10^{9}$Hz，腔长 $L=1$m。试问可能输出的纵模数为多少？为获得单纵模输出，腔长最长为多少？

3. 连续工作的 CO_2 激光器输出功率为 50W，聚焦后的基模有效截面直径为 50μm。计算：（1）每平方厘米平均功率（50W 为有效截面内的功率）；（2）试与氩弧焊设备（10^4W/cm^2）及氧乙炔焰（10^3W/cm^2）比较，分别为它们的多少倍？

4. （1）计算腔长为 1m 的共焦腔基横模的远场发散角（设 $\lambda=632.8$nm）；并求 10km 处的光斑面积；（2）有一普通探照灯，设发散角为 2°，则 1km 远处的光斑面积多大？

5. 激光的远场发散角 θ（半角）还受到衍射效应的限制，它不能小于激光通过输出孔时的衍射极限角 $\theta_{衍}$（半角）$=1.22\lambda/d$。在实际应用中远场发散角常用爱里斑衍射极限角来近似。试计算腔长为 30cm 的氦－氖激光器，所发射波长 $\lambda=632.8$nm 的远场发散角和以放电管直径 $d=2$mm 为输出孔的衍射极限角。

6. 一高斯光束束腰半径 $w_0=0.2$mm，$\lambda=0.6328$μm，现用一焦距 f 为 3cm 的短焦距透镜聚焦，已知腰粗 w_0 离透镜的距离为 60cm，在几何光学近似下求聚焦后光束腰粗。

7. 已知波长 $\lambda=0.6328$μm 的两高斯光束的束腰半径 w_{10}，w_{20} 分别为 0.2mm，50μm，试问它们的远场发散角分别为多少？后者是前者的几倍？

8. 一共焦腔（对称）$L=0.40$m，$\lambda=632.8$nm，求（1）束腰半径；（2）离腰 56cm 处的光束有效截面半径。

9. 考虑一用于氩离子激光器的稳定球面腔，波长 $\lambda=0.5145$μm，腔长 $L=1$m，腔镜曲率半径 $R_1=1.5$m，$R_2=4$m。试计算光腰尺寸和位置、两镜面上的光斑尺寸，并画出等效共焦腔的位置。

10. 设计一对称光学谐振腔，波长 $\lambda=10.6$μm，两反射镜间距 $L=2$m，若选择凹面镜曲率半径 $R=L$，试求镜面上光斑尺寸。若保持 L 不变，选择 $R\gg L$，并使镜面上的光斑尺寸 $w_s=0.3$cm，问此时镜的曲率半径和腔中心光斑尺寸多大？

第 5 章

激光输出特性的控制技术

5.1 激光器输出的选模

选模（mode selection）是激光器设计中实现特定模式（纵模或横模）输出的关键技术，其核心目的是抑制非目标模式，确保激光器在单一模式（如单纵模）下稳定工作。激光器输出的选模技术就是激光器选频技术。大多数激光器在为了得到较大的输出能量而增加增益介质的长度时，不可避免地导致谐振腔变长，而长腔结构会降低模式筛选能力，这就使激光器的输出是多模的。然而，基横模（TEM_{00}模）相较于高阶模，具有亮度高、发散角小、径向光强分布均匀以及振荡频率单一等显著优势，拥有极佳的时间和空间相干性。因此，输出单一基横模的激光器是极为理想的相干光源，在激光干涉计量、测距、加工、光谱分析及信息技术等众多领域的激光应用中，都发挥着关键作用。为契合这些应用需求，需通过多种措施限制激光振荡模式，抑制多模激光器中多数谐振频率的作用，进而达到单模单频的激光输出效果。

激光器的选模技术可分为选频技术与选模技术两种：选频技术是通过筛选谐振腔内的纵模频率，抑制多纵模竞争，进而显著提升激光的频率纯度与时间相干性（窄线宽特性），因此常被称为“选频技术”，是光通信、精密测量等领域的核心需求。而选模技术通过限制空间模式分布，优先激发基横模（TEM_{00}模），改善激光的光强均匀性，从而提升光束亮度。

5.1.1 激光单纵模的选取

1. 均匀增宽型谱线的纵模竞争

在均匀增宽型介质中，所有激活粒子的光谱响应具有完全一致的频率依赖性，当强光通过此类介质时，受激辐射过程显著消耗反转粒子数，导致增益系数随光强增加而下降。均匀增宽的核心特性在于其增益饱和的全局性：无论入射光频率是否接近中心频率 ν_0，整个增益曲线均按相同比例衰减，而谱线线型、线宽及中心频率均保持不变。

当激光谐振腔长度较大时，均匀加宽增益曲线的带宽内可能容纳多个纵模（如频率为 ν_{q-1}、ν_q、ν_{q+1} 的 3 个相邻纵模，如图 5－1 所示）。若各纵模的小信号增益系数 $g^0(\nu)$ 均高于阈值增益系数 $g_{阈}$，则初始阶段所有模式均可起振，光强同步增强。随着光强增大，增益介质因受激辐射消耗反转粒子数，增益曲线整体下移。当增益曲线下降至临界状态 1 时，ν_{q+1} 对应的增益系数 $g(\nu_{q+1})$ 降至阈值，其光强 I_{q+1} 达到峰值后因净增益为 0 而逐渐衰减至熄灭；而 ν_{q-1} 和 ν_q 因增益系数仍高于阈值，光强继续增长。随后，增益曲线进一步下移至状态 2，ν_{q-1} 的增益系数也触及阈值，其光强经历类似于 ν_{q+1} 的过程后消失。最终，仅剩中心频率 ν_q 的纵模满足 $g(\nu_q) > g_{阈}$，实现单纵模稳态输出。这种通过增益的饱和效应，使某个纵模逐渐把其他纵模的振荡抑制下去，最后只剩下该纵模（增益谱带中心）的振荡的现象叫作“纵模竞争”。

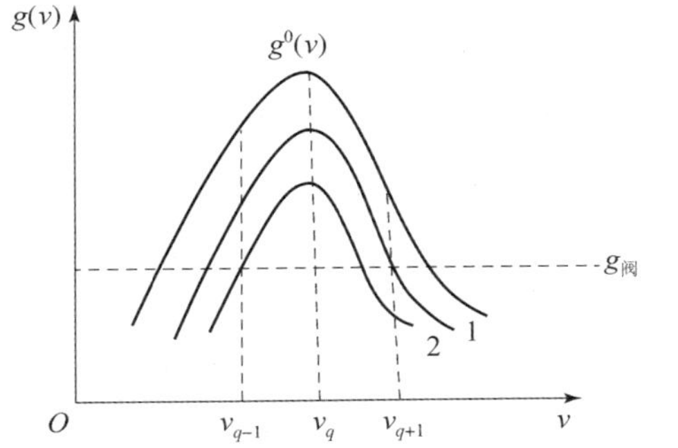

图 5－1　均匀加宽激光器中的模竞争

这说明，在均匀加宽激光器中，多个满足起振条件的纵模在振荡过程中相互竞争，但在达到稳态工作点时，只有振荡频率最靠近中心频率 ν_0 的纵模能够维持振荡。

2. 非均匀增宽型谱线的多纵模振荡

在非均匀增宽型介质中，不同粒子群对增益谱线的贡献具有频率特异性，其整体增益曲线表现为多个独立子谱线的叠加（高斯线型）。当某一纵模的光强增强时，受激辐射仅消耗与该模式频率匹配的粒子群，导致增益曲线在对应频率处产生局部凹陷（“烧孔效应”），而其他频率的增益几乎不受影响。若谐振腔长度较大，相邻纵模间隔远小于增益带宽，则多个纵模的小信号增益系数 $g^0(\nu)$ 可同时超过阈值增益系数 $g_{阈}$。由于各纵模依赖不同的粒子群获取增益，且烧孔位置互不重叠，这些模式能够独立建立振荡，最终形成多纵模共存输出。

3. 激光单纵模的选取

高单色性与长相干长度（如 He－Ne 激光器的相干长度可达数十米）是精密干涉测量、光频标定等应用的核心需求，这要求激光器严格工作于单纵模状态。然而，许多非均匀增宽气体激光器（如 CO_2、He－Ne 激光器）因多普勒效应导致增益谱线展宽，且纵模间隔常远小于增益带宽，使多个纵模的小信号增益系数同时超过阈值，引发多纵模共存振荡。为此，需通过选频技术主动抑制非目标模式，常用的选频方法有如下几种。

1）短腔法

短腔法是实现单纵模输出的基础技术，其核心原理是通过缩短谐振腔长度 L，显著增大纵模间隔 $\Delta\nu = c/2nL$，使激光增益带宽 $\Delta\nu$ 内仅容纳一个纵模。例如，对于 He－Ne 激光器，若将腔长缩短至 10cm，纵模间隔 $\Delta\nu \approx 1.5\text{GHz}$，此时增益带宽（增益带宽约 1.5GHz）内仅允许单一纵模振荡。

短腔法虽然简单，但是由于腔长缩短而导致输出功率受限，因此对于那些需要大功率单纵模输出的应用场合是不合适的，此外，有些激光输出谱线荧光宽度很宽，若要加大到足够的纵模间宽度，必使腔长缩到很短，导致激光介质的工作长度相应变短，以至于难以实现粒子数反转而不能输出激光。

2）法布里－珀罗标准具法

在外腔激光器的谐振腔内，我们可以沿近似垂直于腔轴的方向插入法布里－珀罗（F－P）标准具（图 5－2）。该标准具是由高透射率材料制成的，两端面经精密研磨平行并镀有高反射膜，而且其透射峰频率满足多光束干涉条件：

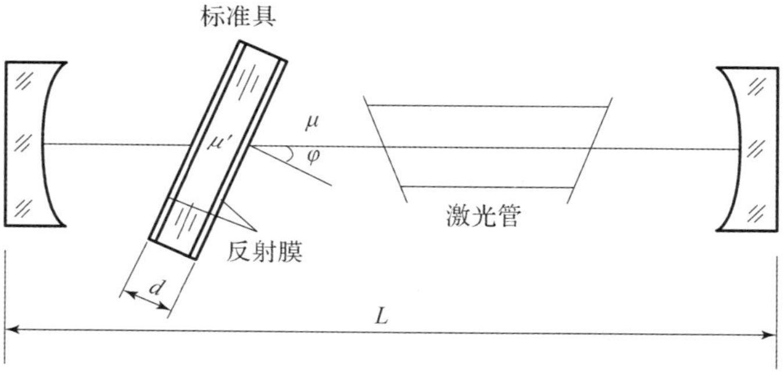

图 5－2　法布里－珀罗标准具

$$\nu_m = \frac{mc}{2d\sqrt{\mu'^2 - \mu^2 \sin^2\varphi}} \tag{5-1}$$

式中：c 为真空中的光速；μ 为腔外气体折射率；μ' 为标准具材料的折射率；d 为标准具厚度；φ 为标准具法线与谐振腔轴线之间的微小倾角；m 为正整

数；相邻透射峰的频率间隔（获得最大透射率时）为

$$\Delta\nu_m = \frac{c}{2d\sqrt{\mu'^2 - \mu^2\sin^2\varphi}} \tag{5-2}$$

把这样的标准具插入激光器腔内，就可以起到选频的作用。因为这时产生激光振荡的频率，不仅需要符合谐振条件，还需要对标准具有最大的透射率。比较 $\Delta\nu_m$ 与谐振腔的纵模频率间隔 $\Delta\nu_{纵}$（式 5－3）。当标准具厚度 $d \ll L$（腔长）时，其自由光谱范围 $\Delta\nu_m$（式（5－2））远大于谐振腔的纵模间隔，从而确保激光增益带宽内仅存在一个透射峰 ν_m。通过微调标准具与腔轴的夹角 φ，可使该透射峰精确对准目标纵模频率 ν_q，而其他纵模因远离透射峰导致损耗剧增。最终，仅纵模频率为 ν_q 的纵模满足振荡条件，达到选模的目的。即

$$\Delta\nu_{纵} = \frac{c}{2\mu L} \tag{5-3}$$

由于高选模的标准具总会带来透射损失，因此这种方法对于低增益的激光器（He－Ne 激光器）不太合适，但对于高增益的激光器（如 CO_2 激光器）则十分有效。

5.1.2　激光单横模的选取

在前面已经指出，激光振荡的必要条件是增益系数 g 必须超过总损耗系数 $\alpha_{总}$，其中损耗包含与横模阶数相关的衍射损耗及模式无关的其他损耗（如输出损耗、介质吸收等）。横模选择的本质在于确保基横模 TEM_{00} 满足振荡阈值，同时通过增大高阶横模的衍射损耗抑制其起振。由于高阶模（如 TEM_{10}、TEM_{01}）的衍射损耗随阶次升高迅速增加，只须抑制最低阶高阶模的振荡，即可阻断所有更高阶模式的增益积累。在实际设计中，通过优化谐振腔参数（如菲涅耳数、镜面曲率）或引入空间滤波元件（如光阑），可显著提升基模的净增益优势，从而在输出中剔除高阶模的干扰，保障激光光束的高空间相干性与能量集中度。例如，在固体激光器中插入孔径匹配基模光斑的光阑，既能维持 TEM_{00} 模的有效振荡，又可通过几何截断高阶模的扩展场分布，最终实现单横模输出。又如，在光纤激光器中，可以将光纤弯曲盘起来，其弯曲外侧电磁波的相速度会随曲率的增大而升高，当局部相速度超过光纤材料中的光速时，部分能量通过辐射损耗逸出纤芯，这种由弯曲引发的模式能量泄漏称为弯曲损耗。其次，其强度与模式阶次正相关。因此，选择合适的弯曲半径可以抑制高阶模式传输，达到基膜输出的目的。

1. 衍射损耗

在激光谐振腔中，基横模（TEM_{00}）以高斯光束形式传播，其横向光强分布满足

$$I(\rho)=I_0\exp\left(-\frac{2\rho^2}{w_1^2}\right) \tag{5-4}$$

式中：ρ 为镜面上某点与腔轴之间的距离，$\rho=\sqrt{x^2+y^2}$；w_1 为镜面光斑半径。腔的衍射损耗如图 5-3 所示。

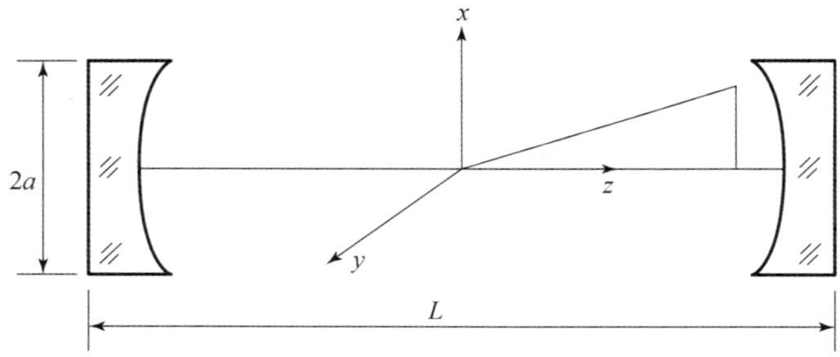

图 5-3　腔的衍射损耗

理论上光场延伸至无限远处。由于反射镜或增益介质孔径的物理限制，部分光能在反射时逸出腔外，形成衍射损耗。单程衍射损耗定义为射到镜面之外损失功率与射到镜面总功率的比值 $\delta_D=\phi'/\phi$，ϕ'是由镜面半径 a 积分到 ∞ 得到损耗掉的光功率，ϕ 是由 0 到 ∞ 积分得到的总光功率。于是基横模高斯光束单程衍射损耗为

$$\delta_D=\exp\left(-\frac{2a^2}{w_1^2}\right) \tag{5-5}$$

式中：a 为镜面半径。此式表明，孔径越大或基模光斑尺寸 w_1 越小，衍射损耗越低；而高阶模由光斑扩展（w_1 随阶次增大）导致损耗显著升高，这一特性成为横模选择的物理基础。为量化衍射效应，引入菲涅耳数

$$N=\frac{a^2}{L\lambda} \tag{5-6}$$

与其直接关联损耗公式为

$$\delta_D=\exp(-2\pi N) \tag{5-7}$$

菲涅耳数越大（如增大孔径或缩短腔长），衍射损耗越小。菲涅耳数是表征谐振腔衍射损耗的特征参量。

2. 小孔光阑法选取单横模

利用小孔光阑选取基横模（TEM_{00}）是激光器横模选择的核心方法之一，

其原理基于基模与高阶模的光场分布特性。基模光斑半径最小且呈高斯分布，而高阶模（如 TEM_{10}、TEM_{01}）的光场横向扩展范围随阶次递增。通过在谐振腔内插入半径与基模光斑尺寸相近的小孔光阑（通常略大于光束有效截面半径 $w(z)$），基模可近乎无损耗通过，而高阶模被抑制，从而实现模式筛选。对于气体激光器（如 He – Ne 激光器），可直接利用放电毛细管的管径作为天然光阑，其尺寸与基模匹配时可高效抑制高阶模；而固体激光器因增益介质体积较大，须额外设置腔内或腔外光阑。如图 5 –4 所示。

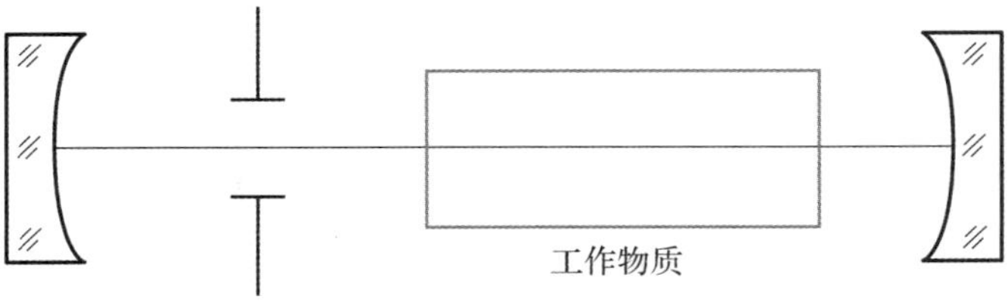

图 5 –4　小孔光阑法

3. 聚焦光阑法选取单横模

聚焦光阑法是一种兼顾选模效率与功率提升的创新设计，通过在谐振腔内引入共焦透镜组与小孔光阑的协同结构，优化激光模式与能量输出的平衡。具体现实中，透镜组将腔内光束聚焦压缩，形成高强度光斑区域，并在焦平面处设置小孔光阑。平行于腔轴的基模光束经透镜聚焦后可通过小孔维持稳定振荡，而偏离轴线的高阶模因发散角增大被光阑阻截。此方法通过扩展光束在增益介质中的空间分布（如增大模体积），显著提升激活介质的利用率，同时保留光阑的横模筛选功能。相较于传统光阑法，聚焦光阑法既避免了对介质体积的过度限制，又通过轴向模式约束抑制高阶横模，成为高功率单横模激光器的关键技术之一，如图 5 –5 所示。但是，在这种方法中，光阑所在处是焦点位置，会因能量过度集中而损伤光阑材料。

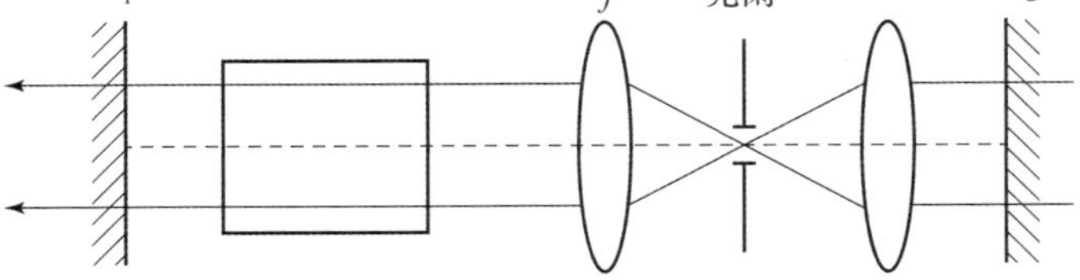

图 5 –5　聚焦光阑法

除光阑限模外，激光横模选择还可通过多种结构设计实现：凹凸腔利用高阶模的高几何损耗特性，通过衍射损耗差异自然筛选基模；调 Q 选模结合调 Q 脉冲的瞬态增益竞争，优先激发低阶横模；腔内望远镜系统则通过光束压缩与扩束优化模场匹配，增强基模的增益优势，获得热稳定性很好的激光输出。

5.2 激光器的稳频

在上节中我们讨论了激光器的选模，单纵模激光器虽通过选模技术实现单频输出，但其振荡频率仍会由于环境扰动、热效应等因素在增益线宽范围内发生偏移，此现象称为频率漂移。稳频技术的核心目标是通过抑制可控干扰因素，最大限度提升激光频率的稳定性与复现性。

频率稳定度：表征单次连续运行中频率的短期或长期波动，定义为 $S=\frac{\Delta\nu}{\nu}$，其中 $\Delta\nu$ 为频率漂移，ν 为振荡频率。短期稳定度（采样时间小于1s）反映瞬时噪声，长期稳定度（数分钟至数小时）体现系统漂移。

频率复现度：描述不同时空条件下频率的一致性，定义为 $R=\delta\nu/\nu$，$\delta\nu$ 可来自同台设备重复运行、同型号设备差异或不同设计激光器的跃迁频率偏差。该指标对长度计量的基准统一（如光波长标准）至关重要。

在当前技术水平下，稳定度可普遍达 10^{-9} 量级，高性能系统可达 $10^{-13}\sim10^{-11}$；复现度通常为 10^{-7}，高性能系统可达到 $10^{-12}\sim10^{-10}$。

5.2.1 影响频率稳定的因素

激光的单色性体现为极小的线宽比（$\Delta\nu/\nu$），理论上受限于自发辐射噪声的量子极限，但实际应用中受环境扰动影响，频率漂移量远超理论值。在精密干涉测量、光频标定及量子光学等领域，需通过稳频技术抑制频率波动。单纵模激光器的谐振频率由腔长 L 与折射率 μ 共同决定，其公式可以简化为

$$\nu=\frac{qc}{2\mu L} \tag{5-8}$$

而温度起伏、机械振动、介质粒子数反转波动及大气条件变化均会引起 ΔL 与 $\Delta\mu$，导致频率相对变化为

$$\frac{\Delta\nu}{\nu}=-\left(\frac{\Delta L}{L}+\frac{\Delta\mu}{\mu}\right) \tag{5-9}$$

式中：负号表示 ν 的变化趋势与 L、μ 的变化趋势正好相反。

以硬玻璃腔体的氦氖激光器为例，当温度变化 ±1℃时，腔长形变引发的频率偏移可达 $\Delta\nu\approx1500\text{MHz}$，对应稳定度仅 3×10^{-6}（$\nu_0\approx4.74\times10^{14}\text{Hz}$），频

率偏移量已接近甚至超过多普勒增益线宽（约 1.5GHz），如此显著的频率偏移会使激光频率在增益线宽内剧烈波动，无法保证频率的一致性和可靠性，无法满足计量需求。为此，需通过电子伺服系统实时监测频率偏差并反馈调节腔长，将激光频率锁定至参考基准。典型方法包括基于增益曲线特性的兰姆凹陷稳频及以分子吸收线为参考的饱和吸收稳频。这些方法通过动态补偿环境扰动，将稳定度提升至 $10^{-15} \sim 10^{-9}$ 量级，为前沿科学装置提供高相干光源。

5.2.2 稳频方法概述

稳频方法可分为两类，一类是主动式稳频，另一类是被动式稳频。

1. 主动式稳频

主动稳频技术的核心原理是通过闭环反馈系统将激光频率锁定至稳定参考频率，从而抑制频率漂移。具体而言，系统首先将单频激光器的输出频率与预设参考频率进行实时比对，当检测到频率偏离时，鉴别器生成与偏差量成正比的误差信号，该信号经放大后驱动执行机构（如压电陶瓷）调节谐振腔长度，迫使激光频率回归参考频率。

根据参考频率的选取方式，此类方法可分为两类：一类是基于原子跃迁中心频率，把激光频率锁定到跃迁的中心频率上。例如，兰姆凹陷法通过气体放电管增益曲线的中心凹陷锁定频率，塞曼效应法则借助磁场分裂谱线的对称性实现稳定，此类方法结构简单、成本低，可实现约 10^{-9}量级的稳定度，满足常规精密测量需求，但其复现度通常限于 10^{-7} 量级。另一类是基于外部的参考频率来实现稳频。此类方法将频率锁定至外部原子或分子的吸收线（如碘分子（I_2^{127}，I_2^{129}）对 He－Ne 激光器 632.8nm 谱线的强吸收峰，或甲烷（CH_4）分子对 3.39μm 谱线的吸收特性），此类方法虽需复杂的光路设计，却能实现更高的精度，达到 10^{-11}以上的稳定度与复现度，部分系统的短期稳定度可达 5×10^{-15}，复现度达 3×10^{-14}，成为光钟、超精密光谱学等尖端领域的核心技术基础。

2. 被动式稳频

在激光稳频技术中，通过材料热特性调控谐振腔稳定性是一种基础手段。一种常见策略是选用超低热膨胀系数的材料制作腔体间隔器，或通过热膨胀系数为负值的材料按特定比例组合，使温度变化引起的腔长形变相互抵消。此类方法可有效抑制热漂移引起的频率波动，适用于对稳频精度要求不高的工程场景。若在精密控温环境中结合高性能声学与热隔离装置，则可显著提升系统稳定性。例如，在实验室条件下，波长为632.8nm的氦氖激光器通过超低膨胀腔体与多级温控设计，实现了短期频率波动小于20Hz（对应稳定度达10^{-13}量级），为光频计量与量子传感提供了高可靠光源。此类技术虽需复杂环境控制，但其在极端精密场景中展现出不可替代的核心价值。

5.2.3 兰姆凹陷稳频

1962年，诺贝尔奖得主兰姆在氦氖激光器理论研究中发现了一个颠覆预期的现象：当激光频率与原子跃迁共振时，输出功率非但未达峰值，反而在中心频率处坍缩成凹陷（后称“兰姆凹陷”）。这一反常现象源于多普勒展宽与饱和效应的共同作用——高速运动的原子因速度分布形成“光谱烧孔”，导致增益曲线中心被“蚀刻”出深谷。为验证理论，本勒特团队在实验中首次采用同位素纯化的Ne^{22}气体，成功观测到随功率增大的凹陷深化现象。这一发现不仅揭示了激光与物质相互作用的非线性本质，更催生了基于兰姆凹陷的稳频技术，使He－Ne激光器成为微米级精密测量的基准光源。

在He－Ne激光器中，它的谱线主要是非均匀增宽型的。而非均匀增宽型谱线的输出功率随频率变化呈现钟形曲线，但在中心频率ν_0处因空间烧孔效应形成深度凹陷（兰姆凹陷），使微小频率偏移即可引起显著功率变化。基于此特性，可通过闭环反馈系统将激光频率锁定在ν_0附近。通过实时监测激光输出光强变化，构建高灵敏腔长自动补偿系统，将激光频率精确锁定于原子跃迁中心频率ν_0。其核心结构如图5－6所示：反射镜与支架间安装压电陶瓷元件（如锆钛酸铅，压电伸缩系数约10^{-7}/V），该元件接收稳频器输出的调整电压，通过内外表面电极驱动伸缩以动态调节腔长。稳频器根据光强反馈信号生成控制电压，当激光频率偏离ν_0时，电压幅值与极性随误差信号变化，使腔长反向变化，最终实现频率稳定。

兰姆凹陷法稳频的方框图如图5－6所示。稳频系统通过压电陶瓷的双重电信号驱动实现频率锁定，初始阶段施加可调直流电压（零至几百伏）调节腔长，使激光频率初步接近中心频率ν_0；随后叠加小幅交流搜索信号（频率$f\approx1$kHz，幅值约0.1V），进而压电陶瓷开始伸缩，使腔长L以频率f做周期性振动（导致激光频率ν也以相同频率f小幅波动）。当激光频率偏离ν_0时，如温度漂移导致腔长伸长，频率移至ν_A，输出功率的周期性变化（ΔP）与频率调制信号（$\Delta\nu$）形成特定相位关系：若频率高于ν_0，ΔP与$\Delta\nu$反相；若低于ν_0，则相位相同。

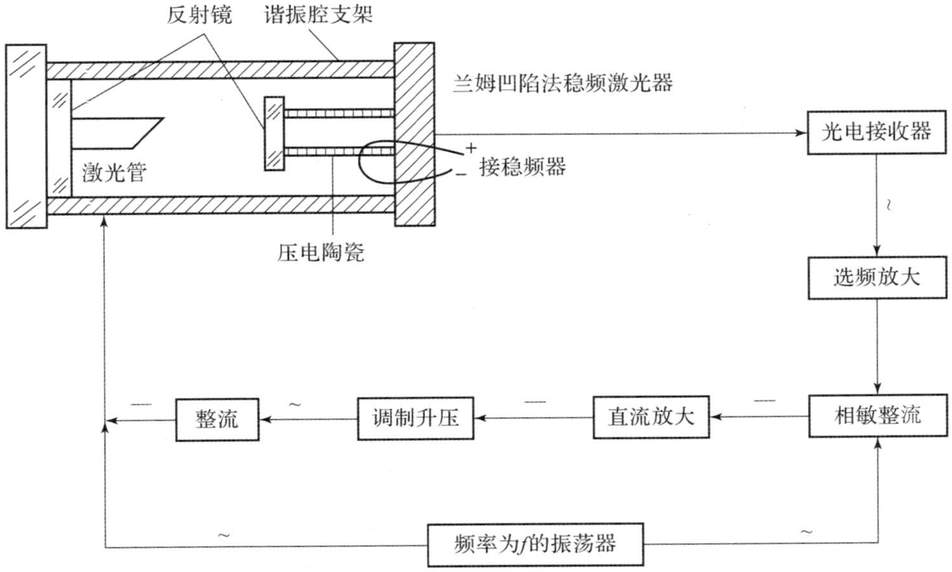

图 5－6 兰姆凹陷法稳频方框图

光电接收器将功率波动转换为电信号，经选频放大（中心频率f）提取误差信号。该信号输入相敏整流器，与原始搜索信号进行相位比对：同相时输出正直流电压，反相时输出负直流电压，电压幅值与频率偏移量成正比。误差电压经直流放大器和调制器的调制升压，最后经过整流器放大至数百伏，驱动压电陶瓷伸缩，反向补偿腔长的变化，迫使激光频率回归ν_0。

由图 5－7 可知，当激光频率ν位于中心频率ν_0附近时，无论其偏向ν_0的高频或低频侧，输出功率P均在增大。此时，功率的波动信号ΔP表现为频率为$2f$的二次谐波（f为搜索信号频率）。由于选频放大器的通带仅针对基频f设计，$2f$信号无法通过电路处理，导致误差信号缺失，反馈环路自动关闭，压电陶瓷停止调节腔长。这一机制使激光频率被强制锁定在ν_0处，形成稳态工作状态。

由以上讨论可知，通过这套系统，可以对腔长变化进行自动补偿，达到稳频的目的。但是在这种方法中，还有一些问题需要注意，不然会影响稳频的效果。

（1）在兰姆凹陷稳频方法中，激光频率的变化是通过输出功率的变化来显示的，如果光强本身起伏很大，则很难实现稳频。因此，在这样的稳频措施中，激光器的激励电源必须是稳压和稳流的。

（2）氖同位素的谱线差异对兰姆凹陷的观测至关重要。自然氖气中Ne^{20}与Ne^{22}的跃迁中心频率相差约 890MHz（$\nu_{22}-\nu_{20}$），混合气体的增益曲线重叠

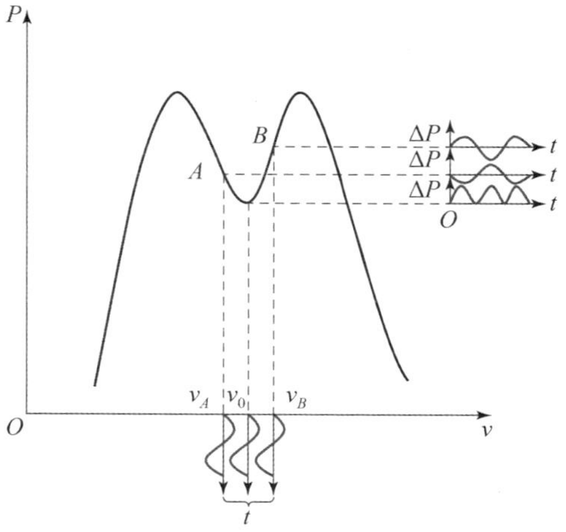

图 5－7　稳频原理

会导致兰姆凹陷消失（图 5－8）。因此，稳频激光管必须采用单一同位素（如 Ne^{20}或 Ne^{22}），且同位素丰度需高于 99.8%。若存在杂质同位素，兰姆凹陷两侧斜率则不对称：斜率较大的一侧误差信号幅值显著高于另一侧，导致锁定频率偏离中心 ν_0。这种非对称性会引入系统性偏差，使稳频精度从理论值 10^{-9}降至 10^{-7}量级。

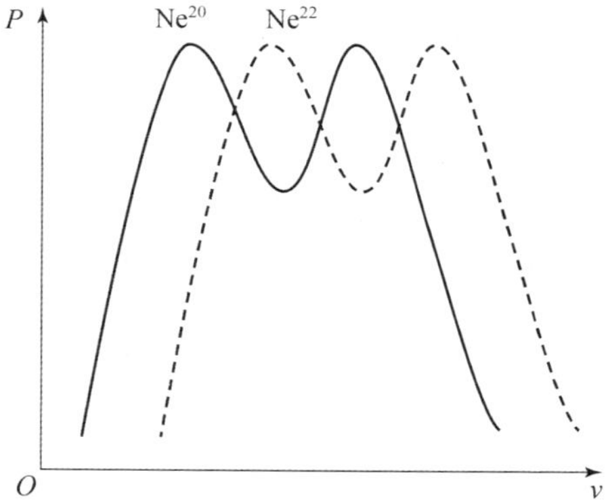

图 5－8　不同同位素的兰姆凹陷

（3）激光频率的稳定性与兰姆凹陷中心两侧的斜率密切相关，斜率越大，误差信号对频率偏移的灵敏度越高，稳频系统的锁定精度越优。为提升稳定度，需通过增强兰姆凹陷的深度以增大斜率，其本质是优化增益介质的空间烧孔效应。对于已封装的激光管（如 He－Ne 激光器），可通过调节放电电流参数实现凹陷深度调控：增大电流可强化粒子数反转分布，加深凹陷深度至最佳值（通常约为输出功率峰值的 1/8）。

5.2.4　饱和吸收稳频

兰姆凹陷稳频法虽能通过原子跃迁中心频率实现短期稳定，但由于参考频率本身易受介质温度、放电电流等参数影响，长期频率复现度通常限于 10^{-7} 量级。为突破这一限制，发展出基于外界频率基准的饱和吸收稳频技术。

饱和吸收法稳频激光器的基本结构如图 5－9 所示。相比兰姆凹陷稳频装置，饱和吸收稳频装置在激光谐振腔内增加了吸收管，并且在吸收管内充入了特定的气体，此气体会在激光谐振频率处有一个强的吸收线。例如，氦氖激光器 632.8nm 波长对应充入碘蒸气或氖气，3.39μm 的波长对应充入甲烷，其吸收线中心频率与激光跃迁频率精确重合。而且，吸收管内所充气体的气压很低，受气压以及放电条件的影响很小，故而吸收线的中心频率很稳定。当激光频率偏离吸收线中心时，饱和吸收效应在吸收介质中产生非线性色散，通过探测透射光强的反饱和特性生成误差信号，反馈调节腔长锁定频率。相较于兰姆凹陷法，该方法将复现度提升至 10^{-12} 量级。

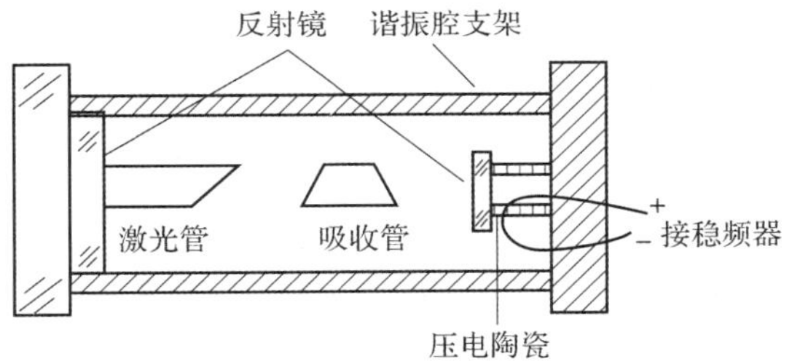

图 5－9　饱和吸收法稳频激光器的基本结构

与激光输出功率的兰姆凹陷相似，吸收介质的吸收谱线中心频率 ν_0 处也会出现类似兰姆凹陷的窄带吸收凹陷（图 5－10）。其物理根源与非均匀增宽介质的速度选择吸收特性相关。对于沿激光传播方向（z 轴）运动的原子，仅有轴向速度 $v_z=0$ 的原子群能够与频率为 ν_0 的光场共振吸收；而在偏离中心频率（$\nu\neq\nu_0$）时，满足 $\nu_z=\pm(\nu-\nu_0)c/\nu_0$ 的两组原子可参与吸收过程。这种速度选择效应导致中心频率处的吸收系数 $A(\nu)$ 显著降低，形成凹陷。这种现象则称为“饱和吸收”。

由于吸收管内的压强很低，碰撞增宽很小，因此吸收线中心形成的凹陷比激光管中兰姆凹陷的宽度要窄得多（可以相差 1～2 个数量级）。

激光在谐振腔内的净增益由激光管的增益 $G(\nu)$ 与吸收管的吸收 $A(\nu)$ 共同决定，即 $G(\nu)_{净}=G(\nu)-A(\nu)$，仅当 $G(\nu)_{净}>0$ 时才能形成有效振荡。若吸收介质在除中心频率 ν_0 外的宽频范围内显著抑制增益（图 5－11（a）），

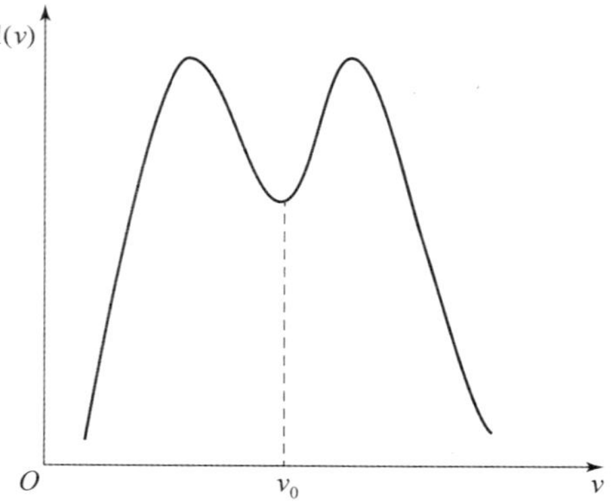

图 5 – 10　吸收曲线

则仅 ν_0 附近满足净增益为正，迫使激光频率锁定于吸收线中心；反之，若吸收普遍弱于增益（图 5 – 11（b）），全谱线范围内均可振荡，但由于 ν_0 处吸收最小，净增益在此处形成尖锐峰值，此现象称为反转兰姆凹陷。

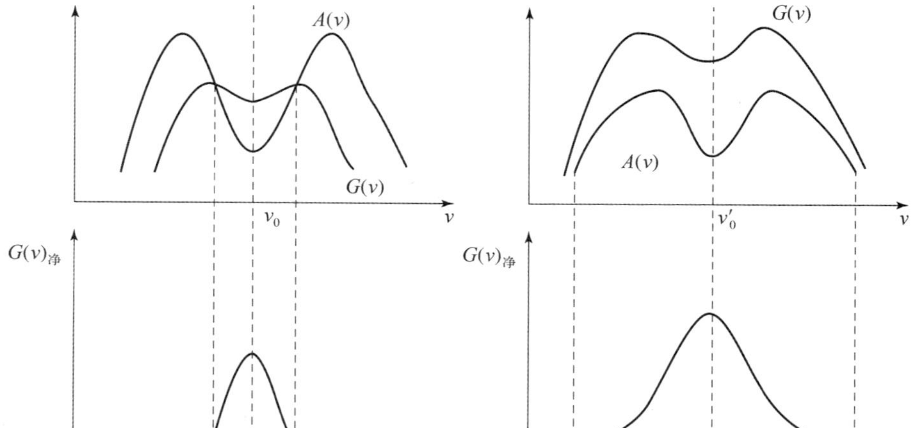

图 5 – 11　反转兰姆凹陷

相比兰姆凹陷，反转兰姆凹陷的宽度更窄，所以其中心频率两侧曲线的斜率更大，这样就可以减小搜索信号的幅度，以提升频率的稳定性。这种方法将频率稳定度提升至 $10^{-13} \sim 10^{-11}$ 量级。同时，吸收介质（如碘蒸汽、甲烷）的原子跃迁中心频率受环境扰动影响极小，使长期频率复现度突破 $10^{-12} \sim 10^{-10}$，较兰姆凹陷法提升 4 ~ 5 个量级。因此，饱和吸收法在精密测量方面具有重要的意义。

5.3　激光调制技术

5.3.1　电光调制

电光调制的物理基础是电光效应，即某些晶体在外加电场的作用下，其折射率将发生变化，当光波通过此介质时，其传输特性就会发生改变，这种现象称为电光效应。电光效应已被广泛用来实现对光波（相位、频率、偏振态和强度等）的控制，并被制成各种光调制器件、光偏转器件和电光滤波器件等。

1. 电光效应

光波在介质中的传播规律受介质折射率分布情况的制约，而折射率的分布又与其介电常数密切相关。相关理论和实验均已证明：介质的介电常数与晶体中的电荷分布有关，当晶体被施加电场后，将引起束缚电荷的重新分布，并可能导致离子晶格的微小形变，其最终结果将引起介电常数的变化，而且这种改变随电场的大小和方向的不同而变化（只有在弱电场情况下，才可把它近似视为与场强无关的物理常数）。折射率变化与外加电场成线性关系的称为线性电光效应或普克尔效应；与电场的平方成比例关系的称为二次电光效应或克尔效应。在一般情况下，二次电光效应要比线性电光效应弱得多，故在此只讨论线性电光效应。

1）电致折射率变化

对电光效应的分析和描述有两种方法：一种是电磁理论方法，其数学推导相当繁复；另一种是用几何图形——折射率椭球体的方法，这种方法直观、方便，故通常采用这种方法。

在折射率主轴坐标系中，由如下方程描述：

$$\frac{x^2}{n_x^2}+\frac{y^2}{n_y^2}+\frac{z^2}{n_z^2}=1 \tag{5-10}$$

式中：x、y、z 均为介质的主轴方向，也就是说，在晶体内沿着这些方向的电位移 D 和电场强度 E 是互相平行的；n_x、n_y、n_z 均为折射率椭球体的主折射率。利用该方程可以描述光场在晶体中的传播特性。由此可知，晶体加外电场之后对光场传播规律的影响，也可以借助折射率椭球方程参量的改变来进行分析。下面以常用的 KDP（磷酸二氢钾，KH_2PO_4）晶体为例进行分析。

KDP 晶体属于四方晶系，42m 点群，是负单轴晶体，因此有 $n_x = n_y = n_o$，$n_z = n_e$，$n_o > n_e$，这一类晶体独立的电光系数表示正感应极化程度的量，只有 γ_{41} 和 γ_{63} 两个。经理论分析，可得加外电场 E 的折射率椭球方程：

$$\frac{x^2}{n_o^2}+\frac{y^2}{n_o^2}+\frac{z^2}{n_e^2}+2\gamma_{41}yzE_x+2\gamma_{41}xzE_y+2\gamma_{63}xyE_z=1 \tag{5-11}$$

由式（5－11）可以看出，外加电场导致了折射率椭球方程中交叉项的出现，这说明加电场后，椭球的主轴不再与 x、y、z 轴平行，因此，必须找出一个新的坐标系，使式（5－11）在该坐标系中主轴化，这样才能确定电场对光传播的影响。为了简单明确，将外加电场的方向平行于 z 轴，即 $E_z = E$，$E_x = E_y = 0$，于是式（5－11）变为

$$\frac{x^2}{n_o^2}+\frac{y^2}{n_o^2}+\frac{z^2}{n_e^2}+2\gamma_{63}xyE_z=1 \tag{5-12}$$

为了寻求一个新的坐标系(x',y',z')，使椭球方程不含交叉项，即

$$\frac{x^2}{n_{x'}^2}+\frac{y^2}{n_{y'}^2}+\frac{z^2}{n_{z'}^2}=1 \tag{5-13}$$

式中：x'、y'、z' 均为加电场后椭球主轴的方向，通常称为感应主轴；$n_{x'}$、$n_{y'}$、$n_{z'}$ 均为新坐标系中的主折射率，也就是椭球主轴的半长度，这些值与外加电场有关。由于式（5－12）中的 x、y 是对称的，故可将 x、y 坐标绕 z 轴旋转 α，于是从 x、y 到 x'、y'的变换关系为

$$\begin{cases} x = x'\cos\alpha - y'\sin\alpha \\ y = x'\sin\alpha + y'\cos\alpha' \end{cases} \tag{5-14}$$

将式（5－14）代入式（5－12），可得

$$\left(\frac{1}{n_o^2}+\gamma_{63}E_z\sin2\alpha\right)x'^2+\left(\frac{1}{n_o^2}-\gamma_{63}E_z\sin2\alpha\right)y'^2+\frac{1}{n_e^2}z'^2+2\gamma_{63}E_zx'y'\cos2\alpha=1 \tag{5-15}$$

令交叉项为零，即 $\cos2\alpha = 0$ 得 $\alpha = 45°$，则方程式变为

$$\left(\frac{1}{n_o^2}+\gamma_{63}E_z\right)x'^2+\left(\frac{1}{n_o^2}-\gamma_{63}E_z\right)y'^2+\frac{1}{n_e^2}z'^2=1 \tag{5-16}$$

这就是 KDP 晶体沿 z 轴加电场后的新椭球的方程，加电场后椭球的形变如图 5－12 所示。其椭球主轴的半长度由下式决定：

$$\begin{cases} \dfrac{1}{n_{x'}^2}=\dfrac{1}{n_o^2}+\gamma_{63}E_z \\ \dfrac{1}{n_{y'}^2}=\dfrac{1}{n_o^2}-\gamma_{63}E_z \\ \dfrac{1}{n_{z'}^2}=\dfrac{1}{n_e^2} \end{cases} \tag{5-17}$$

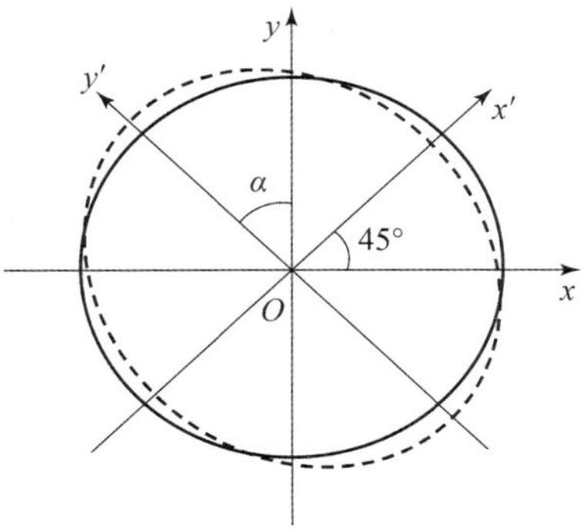

图 5-12　加电场后椭球的形变

由于 γ_{63} 很小（约 10^{-10} m/V），一般是 $\gamma_{63}E_z \ll \frac{1}{n_o^2}$，利用微分式 $d\frac{1}{n^2} = -\frac{2}{n^3}dn$，即 $dn = -\frac{n^3}{2}d\frac{1}{n^2}$，得到

$$\begin{cases} \Delta n_x = -\frac{1}{2}n_o^3\gamma_{63}E_z \\ \Delta n_y = \frac{1}{2}n_o^3\gamma_{63}E_z \\ \Delta n_z = 0 \end{cases} \tag{5-18}$$

$$\begin{cases} n_{x'} = n_o - \frac{1}{2}n_o^3\gamma_{63}E_z \\ n_{y'} = n_o + \frac{1}{2}n_o^3\gamma_{63}E_z \\ n_{z'} = n_e \end{cases} \tag{5-19}$$

由此可见，KDP 晶体 z 轴加电场时，由单轴晶体变成双轴晶体，折射率椭球的主轴绕 z 轴旋转了 45°，此旋转角度与外加电场的大小无关，其折射率的变化与电场成正比，式（5-18）中的 Δn 值称为电致折射率变化，这是利用电光效应实现光调制、调 Q、锁模等技术的物理基础。

2）电光相位延迟

在实际应用中，电光晶体总是沿着相对光轴的某些特殊方向切割而成的，一般为圆柱形或长方体形，而且外加电场沿着某一主轴方向加到晶体上，常用的方式有两种：一种是电场方向与通光方向一致，称为纵向电光效应；另一种是电场方向与通光方向垂直，称为横向电光效应。仍以 KDP 晶体为例，沿晶体 z 轴加电场后，其折射率椭球的截面如图 5-13 所示。如果光波沿 z 轴方向传播，则其双折射特性取决于椭球与垂直于 z 轴的平面相交所形成的椭圆，在式（5-16）中令 $z'=0$，得到该椭圆的方程为

$$\left(\frac{1}{n_{\mathrm{o}}^2}+\gamma_{63}E_z\right)x'^2+\left(\frac{1}{n_{\mathrm{o}}^2}-\gamma_{63}E_z\right)y'^2=1 \tag{5-20}$$

这个椭圆的一个象限如图 5-13 所示。它的长、短半轴分别与 x'轴、y'轴重合，x'轴和 y'轴也就是两个分量的偏振方向，相应的折射率为 $n_{x'}$和 $n_{y'}$，由式（5-17）决定。

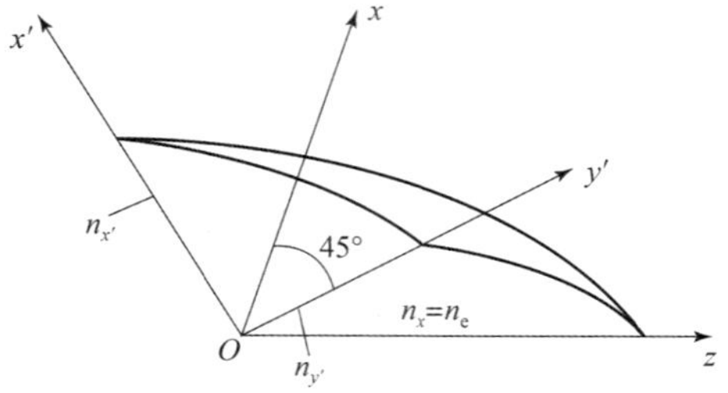

图 5-13　折射率椭球的截面

当一束线偏振光沿 z 轴方向入射晶体，且 E 沿 x 轴方向进入晶体($z=0$)后分解为沿 x'轴和 y'轴方向的两个垂直偏振分量，由于两者的折射率不同，故相速也不同。当它们经过长度 l 之后，所走的光程分别为 $n_{x'}l$ 和 $n_{y'}l$。这样，两偏振分量的相位延迟分别为

$$\varphi_{n_{x'}}=\frac{2\pi}{\lambda}n_{x'}l=\frac{2\pi l}{\lambda}\left(n_{\mathrm{o}}+\frac{1}{2}n_{\mathrm{o}}^3\gamma_{63}E_z\right)$$

$$\varphi_{n_{y'}}=\frac{2\pi}{\lambda}n_{y'}l=\frac{2\pi l}{\lambda}\left(n_{\mathrm{o}}-\frac{1}{2}n_{\mathrm{o}}^3\gamma_{63}E_z\right)$$

因此，当这两个光波穿过晶体后将产生一个相位差：

$$\Delta\varphi=\varphi_{n_{x'}}-\varphi_{n_{y'}}=\frac{2\pi l}{\lambda}n_{\mathrm{o}}^3\gamma_{63}E_z=\frac{2\pi}{\lambda}n_{\mathrm{o}}^3\gamma_{63}U_z \tag{5-21}$$

由以上分析可知，这个相位延迟完全是由电光效应造成的双折射引起的，所以称为电光相位延迟。式（5-21）中 U_2 是沿 z 轴加的电压，$U_z=E_2l$；当电光晶体和通光波长确定后，相位差的变化仅取决于外加电压，即只要改变电压，就能使相位差呈比例地变化。

在式（5-21）中，当光波的两个垂直分量 $E_{x'}$和 $E_{y'}$的光程差为半个波长（相应的相位差为 π）时所须加的电压，称为半波电压，通常用 U_π 或 $U_{\lambda/2}$表示。由式（5-21）得到

$$U_{\lambda/2}=\frac{\lambda}{2n_{\mathrm{o}}^3\gamma_{63}}=\frac{\pi c}{\omega n_{\mathrm{o}}^3\gamma_{63}} \tag{5-22}$$

半波电压是表征电光晶体性能的一个重要参数，这个电压越小越好，特别是在宽频带、高频率的情况下，半波电压小，需要的调制功率就小。半波电压通

常可用静态法（加直流电压）测出，再利用式（5－22）计算出电光系数 Y_{63} 的值。

晶体的半波电压是波长的函数，KDP 晶体的 $U_{\lambda/2}$ 与 λ 的关系如图 5－14 所示。曰图 5－14 可见，在测定范围 400～700nm，这个关系是线性的。

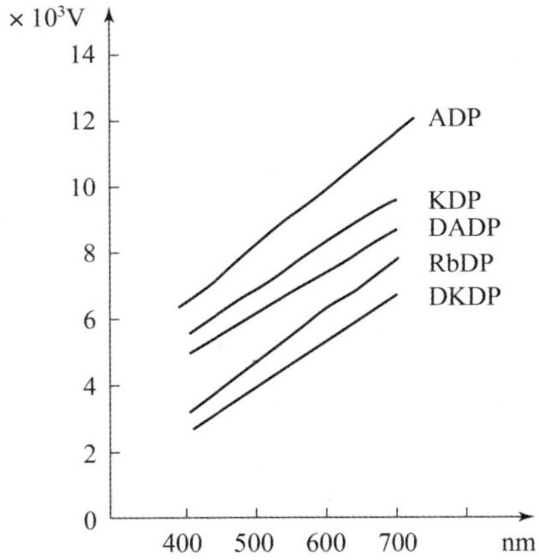

图 5－14　KDP 晶体的 $U_{\lambda/2}$ 与 λ 的关系

3）光偏振态的变化

根据上述分析可知，两个偏振分量间相速度的差异，会使一个分量相对于另一个分量存在相位差，而这个相位差的作用会改变出射光束的偏振态。由“物理光学”的知识可知，波片可作为光波偏振态的变换器，它对入射光偏振态的改变是由波片的厚度决定的，在一般情况下，出射光束的合成振动是一个椭圆偏振光，用公式表示为

$$\frac{E_{x'}^2}{A_1^2}+\frac{E_{y'}^2}{A_2^2}-\frac{2E_{x'}E_{y'}}{A_1A_2}\cos\Delta\varphi=\sin^2\Delta\varphi \tag{5-23}$$

现在有了一个与外加电压成正比变化的相位延迟晶体（相当于一个可调的偏振态变换器），就可以用电学方法将入射光波的偏振态变换成所需要的偏振态。为了说明这一点，下面考察几种特定情况下的偏振态变化。

（1）当晶体上未加电场时，$\Delta\varphi=2m\pi(m=0,1,2,\cdots)$，则式（5－23）可简化为 $\left(\frac{E_{x'}}{A_1}-\frac{E_{y'}}{A_2}\right)^2=0$ 即

$$E_{y'}=(A_2/A_1)E_{x'}=E_{x'}\tan\theta \tag{5-24}$$

这是一个直线方程，说明通过晶体后的合成光仍然是线偏振光，且与入射光的偏振方向一致，这种情况相当于一个“全波片”的作用。

（2）当晶体上加了电场（$U_{\lambda/4}$），使 $\Delta\varphi=\left(m+\frac{1}{2}\right)\pi$ 时，式（5－23）可简化为

$$\frac{E_{x'}^2}{A_1^2}+\frac{E_{y'}^2}{A_2^2}=1 \tag{5-25}$$

这是一个正椭圆方程，当 $A_1=A_2$ 时，其合成光就变成一个圆偏振光，这种情况相当于一个"1/4 波片"的作用。

(3) 当晶体上外加电场 $(U_{\lambda/2})$，使 $\Delta\varphi=(2m+1)\pi$ 时，式 (5-23) 可简化为

$$\left(\frac{E_{x'}}{A_1}+\frac{E_{y'}}{A_2}\right)^2=0$$

即

$$E_{y'}=-(A_2/A_1)E_{x'}=E_{x'}\tan(-\theta) \tag{5-26}$$

式 (5-26) 说明合成光又变成线偏振光，但偏振方向相对于入射光旋转了 2θ，晶体起到一个"半波片"的作用。

综上所述，电致双折射的作用是使一束入射的沿 x' 方向偏振的光波得到 y' 方向偏振分量，随着电压的增加，y' 方向的偏振分量增加，同时 x' 方向的偏振分量减小。当电压等于 $U_{\frac{\lambda}{2}}(\Delta\varphi=\pi)$ 时，偏振方向就变成与 y' 平行，如果在晶体的输出端放置一个与入射光偏振方向相垂直的偏振器，光束将无衰减地通过；而当 $U_z=0(\Delta\varphi=0)$ 时，出射光则会完全被偏振器挡住而不能通过；当晶体上所加电压在 $0\sim U_{\lambda/2}$ 间变化时，从检偏器输出的光强只是从晶体出射的椭圆偏振电矢量的 y' 向分量，就可以把偏振态的变化（偏振调制）变换成光强度的周期变化（强度调制）。

2. 纵向电光调制器

1) 调制器的组成

一个典型 KDP 晶体纵向电光（强度）调制器如图 5-15 所示。它由起偏器 P_1、调制晶体 K 和检偏器 P_2 等元件组成。P_1 和 P_2 的结构完全相同，起偏器的偏振方向平行于晶体的 x 轴，检偏器的偏振方向平行于晶体的 y 轴。此外，在光路上还放置了一个 1/4 波片。

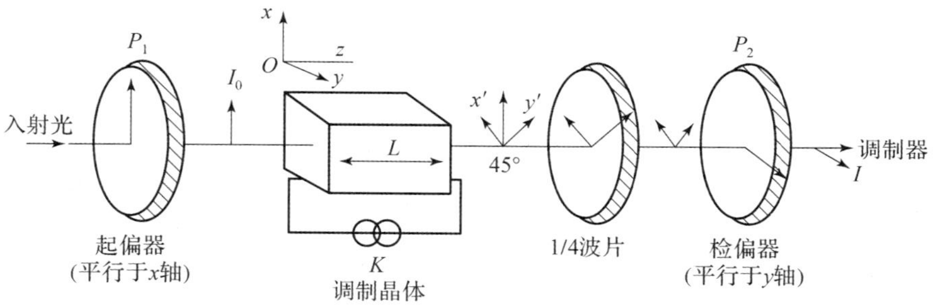

图 5-15　典型 KDP 晶体纵向电光调制器

调制晶体是电光调制器的核心部件，它按一定的方向加工成圆柱体状或长方体状。在纵向电光调制器中，因电场方向与通光方向平行，故通常是在晶体两端镀制环状电极，将欲调制的信号电压通过电极施加于晶体。

2）调制器的工作原理

入射光经起偏器 P，变成振动方向与 x 轴平行的线偏振光，进入晶体（$z=0$）后被分解为沿 x' 和 y' 方向的两个分量，其振幅$\left(\text{等于入射光振幅的}\frac{1}{\sqrt{2}}\right)$和相位都相等，记为

$$\begin{cases} e_{x'} = A\cos\omega_{c}t \\ e_{y'} = A\cos\omega_{c}t \end{cases}$$

或采用复数表示形式

$$\begin{cases} E_{x'}(0) = A \\ E_{y'}(0) = A \end{cases}$$

由于光强正比于电场的平方，因此，入射光强为

$$I_{i} = \alpha E \cdot E^{*} = \alpha(|E_{x'}(0)|^{2} + |E_{y'}(0)|^{2}) = 2\alpha A^{2} \tag{5-27}$$

当光通过长度为 L 的晶体，从出射面射出时，$E_{x'}$ 和 $E_{y'}$ 分量之间就产生了一个位相差 $\Delta\varphi$，则

$$\begin{cases} E_{x'}(L) = A \\ E_{y'}(L) = A\mathrm{e}^{-\mathrm{i}\Delta\varphi} \end{cases}$$

那么，通过检偏器后的总电场强度是 $E_{x'}(L)$ 和 $E_{y'}(L)$ 在 y 方向上的分量之和，即

$$(E_{y})_{0} = \frac{A}{\sqrt{2}}(\mathrm{e}^{-\mathrm{i}\Delta\varphi} - 1)$$

与之相应的出射光强（当 $\alpha=1$ 时）为

$$\begin{aligned} I &= [(E_{y})_{0}(E_{y}^{*})_{0}] = \frac{A^{2}}{2}[(\mathrm{e}^{-\mathrm{i}\Delta\varphi} - 1)(\mathrm{e}^{\mathrm{i}\Delta\varphi} - 1)] \\ &= 2A^{2}\sin^{2}\left(\frac{\Delta\varphi}{2}\right)^{*} \end{aligned} \tag{5-28}$$

将出射光强与入射光强相比，再考虑式（5-21）和式（5-22）的关系，便得到

$$T = \frac{I}{I_{i}} = \sin^{2}\frac{\Delta\varphi}{2} = \sin^{2}\frac{\pi}{2}\frac{U}{U_{\pi}} \tag{5-29}$$

式中：T 为调制器的透过率。根据上述关系可以绘出电光调制特性曲线，如图 5-16 所示。

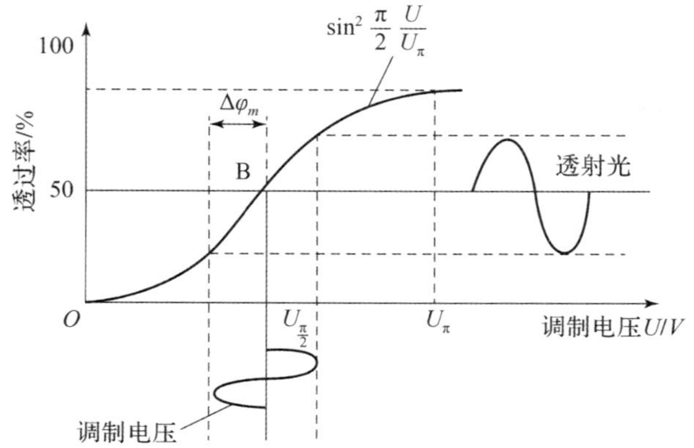

图 5 - 16　电光调制特性曲线（透过率随调制电压变化关系）

由图 5 - 16 可见，在一般情况下，调制器的输出特性与外加电压的关系是非线性的。若调制器工作在非线性部分，则调制光将发生畸变。为了获得线性调制，可以通过引入一个固定的 $\pi/2$ 相位延迟，使调制器的电压偏置在 $T=50\%$ 的工作点上。常用的办法有两种：①在调制晶体上除施加信号电压之外，再附加一个 $U_{\lambda/4}$ 的固定偏压，但此法会增加电路的复杂性，而且工作点的稳定性也较差；②在调制器的光路上插入一个 1/4 波片，其快慢轴与晶体主轴 x 成 45°，从而使 $E_{x'}$、$E_{y'}$ 之间产生 $\pi/2$ 的固定相位差。于是式（5 - 29）中的总相位差为

$$\Delta\varphi=\frac{\pi}{2}+\pi\frac{U_{\mathrm{m}}}{U_\pi}\sin\omega_{\mathrm{m}}t=\frac{\pi}{2}+\Delta\varphi_{\mathrm{m}}\sin\omega_{\mathrm{m}}t$$

式中：$\Delta\varphi_{\mathrm{m}}$ 为相应于外加调制信号电压 U_{m} 的相位差，$\Delta\varphi_{\mathrm{m}}=\pi U_{\mathrm{m}}/U_\pi$。因此，调制器的透过率可表示为

$$T=\frac{I}{I_i}=\sin^2\left(\frac{\pi}{4}+\frac{\Delta\varphi_{\mathrm{m}}}{2}\sin\omega_{\mathrm{m}}t\right)=\frac{1}{2}[1+\sin(\Delta\varphi_{\mathrm{m}}\sin\omega_{\mathrm{m}}t)] \tag{5-30}$$

3. 横向电光调制器

横向电光调制器如图 5 - 17 所示。因为外加电场沿 z 轴方向，所以与纵向运用时一样，$E_x=E_y=0$，$E_z=E$，晶体的主轴 x、y 旋转 45°至 x'、y'，相应的三个主折射率如式（5 - 19）所示。但此时的通光方向与 z 轴相垂直，并沿着 y'方向入射（入射光偏振方向与 z 轴成 45°），进入晶体后将分解为沿 x'和 z 方向振动的两个分量，其折射率分别为 $n_{x'}$ 和 n_z；若通光方向的晶体长度为 L，厚度（两电极间距离）为 d，外加电场 $U=E_2d$，则从晶体出射两光波的相位差为

$$\Delta\varphi=\frac{2\pi}{\lambda}(n_{x'}-n_z)L=\frac{2\pi}{\lambda}\left[(n_{\mathrm{o}}-n_{\mathrm{e}})L-\frac{1}{2}n_{\mathrm{o}}^3\gamma_{63}\frac{L}{d}U\right] \tag{5-31}$$

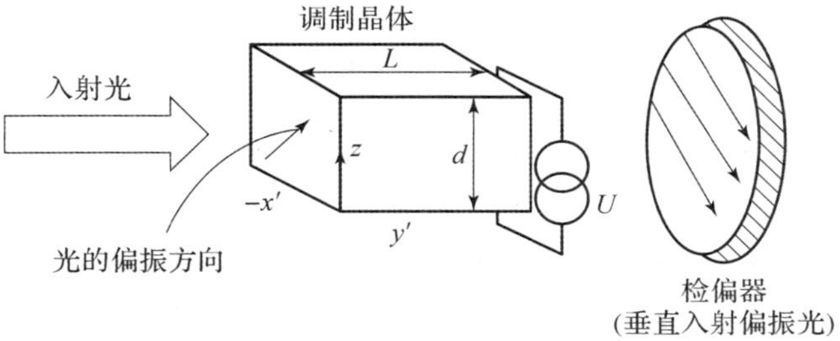

图 5-17　横向电光调制器

由此可知，KDP 晶体的 γ_{63} 横向电光效应使光波通过晶体后的相位差包括两项：第一项是与外加电场无关的由晶体本身的自然双折射引起的相位延迟，这一项对调制器的工作没有什么影响，但当晶体温度发生变化时还会带来不利的影响，因此应设法消除掉（进行补偿）；第二项是外加电场作用产生的相位延迟，它与外加电压 U 和晶体的尺寸（L/d）有关，适当地选择晶体尺寸可以降低其半波电压。

KDP 晶体横向电光调制器的主要缺点是存在自然双折射引起的相位延迟，这意味着在没有外加电场时，进入晶体的线偏振光分解的两偏振分量有相位差存在，当晶体的温度变化时，由于折射率 n_o 和 n_e 随温度的变化率不同，因此两光波的相位差会发生漂移。实验证明：KDP 晶体两折射率之差随温度变化而变化的变化率为 $\Delta(n_o - n_e)/\Delta T \approx 1.1\times10^{-5}$℃。如果将一块长度 $L=30$mm 的 KDP 晶体制成调制器，通过 632.8nm 的激光，若晶体温度变化 $\Delta T=1$℃，则 $\Delta(n_o-n_e)=1.1\times10^{-5}$，引起的附加相位差为

$$\Delta\varphi=\frac{2\pi}{\lambda}\Delta nL=\frac{2\pi}{0.6328\times10^{-6}}\times1.1\times10^{-5}\times0.03=1.1\pi(\text{rad})$$

因此，在 KDP 晶体横向调制器中，自然双折射的影响会导致调制发生畸变，甚至导致调制器不能工作。所以在实际应用中，除尽量采取一些措施（如散热、恒温等）以减小晶体温度的漂移之外，主要是采用一种“组合调制器”的结构予以补偿。常用的补偿方法有两种：一种是将两块几何尺寸几乎完全相同的晶体的光轴互成 90°排列串接，即一块晶体的 y' 轴和 z 轴分别与另一块晶体的 z 轴和 y' 轴平行，如图 5-18（a）所示；另一种是将两块晶体的 z 轴和 y' 轴互相反向平行排列，中间放置一块半波片，如图 5-18（b）所示。

这两种方法的补偿原理是相同的，外加电场沿 z 轴（光轴）方向，但在两块晶体中电场相对于光轴反向，当线偏振光沿 x' 轴方向入射第一块晶体时，电矢量分解为沿 z 方向的 e_1 光和沿 y' 方向的 o_1 光两个分量（为了便于说明，

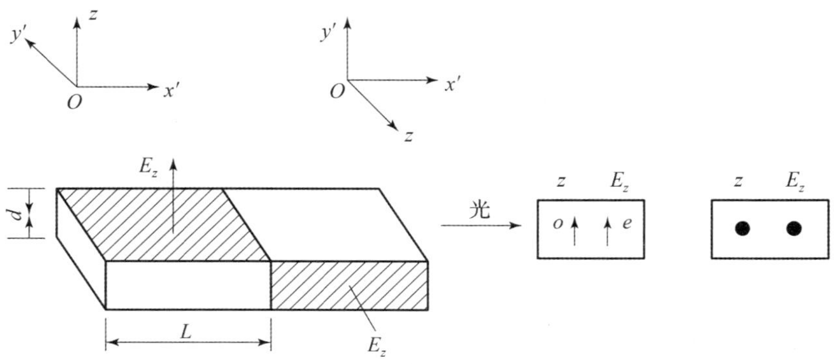

(a)

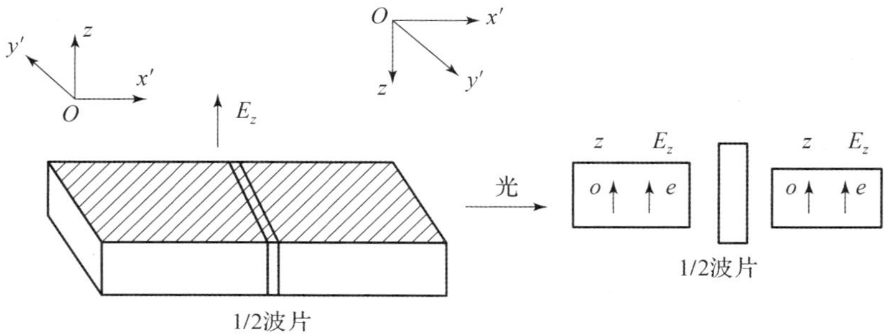

(b)

图 5－18 γ_{63}横向电光效应的两种补偿方式

图中将合在一起的 o 光和 e 光分开画)，当它们经过第一块晶体之后，两束光的相位差 $\Delta\varphi_1=\varphi_{y'}-\varphi_z=\dfrac{2\pi}{\lambda}\left(n_o-n_e+\dfrac{1}{2}n_o^3\gamma_{63}E_z\right)L$，经过 1/2 波片后，两束光的偏振方向各旋转 90°，由于第二块晶体的光轴与第一块晶体光轴反向，故进入第二块晶体后，原来的 e_1 光变成 o_2 光，原来的 o_1 光变成了 e_2 光，则它们经过第二块晶体后，其相位差为

$$\Delta\varphi_2=\varphi_z-\varphi_{y'}=\frac{2\pi}{\lambda}\left(n_e-n_o+\frac{1}{2}n_o^3\gamma_{63}E_z\right)L$$

于是，通过两块晶体之后的总相位差为

$$\Delta\varphi=\Delta\varphi_1+\Delta\varphi_2=\frac{2\pi}{\lambda}n_o^3\gamma_{63}\left(\frac{L}{d}\right)U_z \tag{5-32}$$

因此，若两块晶体的尺寸、性能及受外界影响完全相同，则自然双折射的影响即可得到补偿。根据式（5－32），当 $\Delta\varphi=\pi$ 时，半波电压为 $U_{\lambda/2}=\dfrac{\lambda}{2n_o^3\gamma_{63}}\dfrac{d}{L}$，其中$\dfrac{\lambda}{2n_o^3\gamma_{63}}$为纵向电光效应的半波电压，所以

$$(U_{\lambda/2})_{横}=(U_{\lambda/2})_{纵}\frac{d}{L}$$

可见，横向半波电压是纵向半波电压的 d/L 倍，减小 d 并增加长度 L 可以降低半波电压。但是这种方法必须用两块晶体，所以结构复杂，而且其尺寸加工要求极高。对于KDP晶体而言，若长度相差0.1mm，当温度变化1℃时，相位变化则为0.6°（对632.8nm波长），故对KDP晶体一般不采用横向调制方式。在实际应用中，由于砷化镓（GaAs）晶体（$n_o=n_e$）和铌酸锂（$LiNbO_3$）晶体（x 方向加电场，z 方向通光）均无自然双折射的影响，故多采用横向调制。

4. 电光相位调制

电光相位调制器原理如图5－19所示，它由起偏器和KDP电光晶体组成。起偏器的偏振轴平行于晶体的感应主轴 x'（或 y'），电场沿 z 轴方向加到晶体上，此时入射晶体的线偏振光不再分解成沿 x'、y' 两个分量，而是沿着 x'（或 y'）轴一个方向偏振，故外加电场不改变出射光的偏振状态，仅改变其相位，相位的变化为

$$\Delta\varphi_{x'}=-\frac{\omega_c}{c}\Delta n_{x'}L \tag{5-33}$$

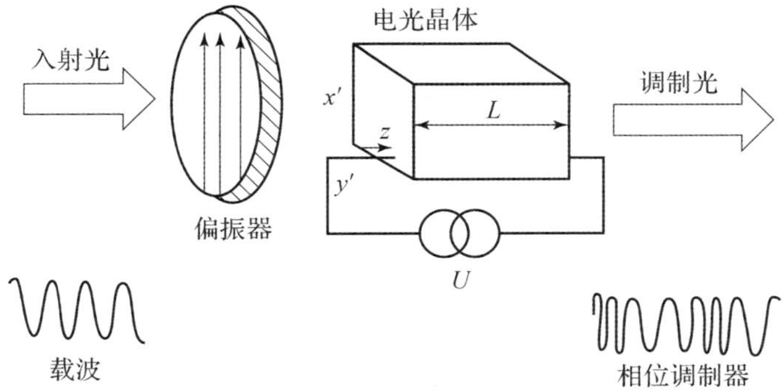

图5－19　电光相位调制原理

因为光波只沿 x' 方向偏振，相应的折射率为 $n_{x'}=n_o-\frac{1}{2}n_o^3\gamma_{63}E$。若外加电场 $E_z=E_m\sin\omega_m t$ 在晶体入射面（$z=0$）处的光场为 $e_{in}=A_c\cos\omega_c t$，则输出光场（$z=L$ 处）就变为

$$e_{out}=A_c\cos\left[\omega_c t-\frac{\omega_c}{c}\left(n_o-\frac{1}{2}n_o^3\gamma_{63}E_m\sin\omega_m t\right)L\right]$$

略去式中相角的常数项，因为它对调制效果没有影响，则上式可写成

$$e_{\text{out}} = A_c \cos(\omega_c t + m_\varphi \sin\omega_m t) \tag{5-34}$$

式中：m_φ 为相位调制系数，$m_\varphi = \dfrac{\omega_c n_o^3 \gamma_{63} E_m L}{2c} = \dfrac{\pi n_o^3 \gamma_{63} E_m L}{\lambda}$。

5. 电光偏转

电光偏转技术是激光应用（如激光显示、传真和光存储等）的基本技术之一，可以利用机械转镜、电光效应和声光效应等来实现。根据应用的目的不同可分为两种类型：一种是光的偏转角连续变化的模拟式偏转，它能描述光束的连续位移；另一种是不连续的数字式偏转，它是在选定空间的某些特定位置上使光离散。下面讨论电光偏转。

1）电光偏转的原理

电光偏转是利用电光效应来改变光束在空间的传播方向的，其原理如图 5－20 所示。晶体的长度为 L，厚度为 d，光束沿 y 方向入射晶体，如果晶体的折射率是坐标 x 的线性函数，则有

$$n(x) = n + \frac{\Delta n}{d}x \tag{5-35}$$

式中：n 为 $x=0$（晶体下面）处的折射率；Δn 为在厚度 d 上折射率的变化量。那么，在 $x=d$（晶体上面）处的折射率是线性函数 $n(x) = n + \Delta n$。

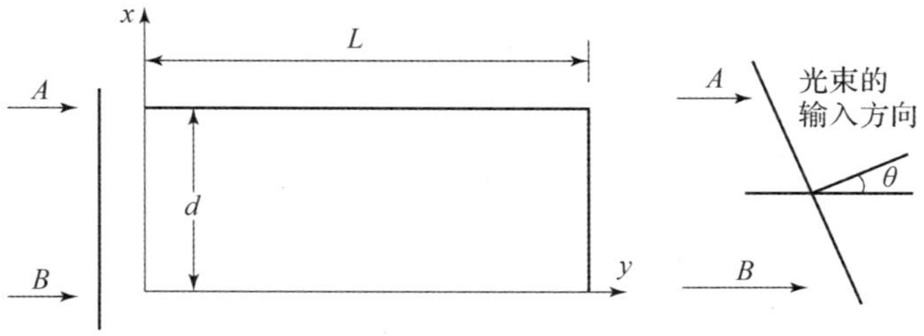

图 5－20　电光偏转原理图

当一平面波经过晶体时，光波的上部（A 线）和下部（B 线）所“经受”的折射率不同，通过晶体所需的时间也不同，分别为

$$T_A = \frac{L}{c}(n + \Delta n)$$

$$T_B = \frac{L}{c}n$$

由于通过晶体的时间不同而导致光线 A 相对于 B 要落后一段距离，即

$$\Delta y = \frac{c}{n}(T_A - T_B) = L\frac{\Delta n}{n}$$

这就意味着光波到达晶体出射面时，其波阵面相对于传播轴线偏转了一个小

角度，其偏转角（在输出端晶体内）为

$$\theta' = -\frac{\Delta y}{d} = -L\frac{\Delta n}{nd} = -\frac{L}{n}\frac{\mathrm{d}n}{\mathrm{d}x}$$

式中用折射率的线性变化率$\frac{\mathrm{d}n}{\mathrm{d}x}$代替了$\frac{\Delta n}{d}$，那么光束射出晶体后的偏转角 θ 可根据折射定理 $\sin\theta/\sin\theta' = n$ 求得。设 $\sin\theta \approx \theta \ll 1$，则

$$\theta = \theta' n = -L\frac{\Delta d}{d} = -L\frac{\mathrm{d}n}{\mathrm{d}x} \tag{5-36}$$

式中：负号是由坐标系引进的，即 θ 由 y 转向 x 为负。由以上讨论可知，只要晶体在电场的作用下，沿某些方向的折射率发生变化，那么当光束沿着特定方向入射时，就可以使光束发生偏转。其偏转角的大小与晶体折射率的线性变化率成正比。

双 KDP 楔形棱镜偏转器如图 5－21 所示。它由两块 KDP 直角棱镜组成，棱镜的 3 个边分别沿 x'、y'和 z 轴方向，但两块晶体的 z 轴反向平行，其他两个轴的方向均相同，电场沿 z 轴方向，光线沿 y'方向传播且沿 x'方向偏振。在这种情况下，上部的 A 线完全在上棱镜中传播，“经历”的折射率为

$$n_{\mathrm{A}} = n_{\mathrm{o}} - \frac{1}{2}n_{\mathrm{o}}^3\gamma_{63}E_z$$

而在下棱镜中，由于电场相对于 z 轴反向，故 B 线“经历”的折射率为

$$n_{\mathrm{B}} = n_{\mathrm{o}} + \frac{1}{2}n_{\mathrm{o}}^3\gamma_{63}E_z$$

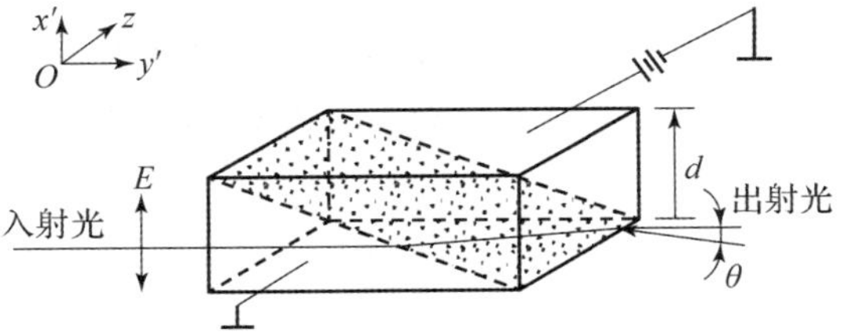

图 5－21　双 KDP 楔形棱镜偏转器

于是上、下折射率之差($\Delta n = n_{\mathrm{B}} - n_{\mathrm{A}}$)为 $n_{\mathrm{o}}^3\gamma_{63}E_z$，将其代入式（5－36），得

$$\theta = \frac{L}{d}n_{\mathrm{o}}^3\gamma_{63}E_z \tag{5-37}$$

例如，取 $L = d = h = 1\mathrm{cm}$，$\gamma_{63} = 10.5\times10^{-12}\mathrm{m/V}$，$n_{\mathrm{o}} = 1.51$，$U = 1000\mathrm{V}$，则得 $\theta = 35\times10^{-7}\mathrm{rad}$。可见，电光偏转角是很小的，很难达到实用的要求。为了使偏转角加大，而电压又不致太高，常将若干个 KDP 棱镜在光路上串联在一起，构成长为 mL、宽为 d、高为 h 的多级棱镜偏转器，如图 5－22 所示。

图中，两端有两块顶角为 $\beta/2$ 的直角棱镜，中间有几块顶角为 β 的等腰三角棱镜，它们的 z 轴垂直于图面，棱镜的宽度与 z 轴平行，前后相邻的两个棱镜的 z 轴反向，电场沿 z 轴方向。

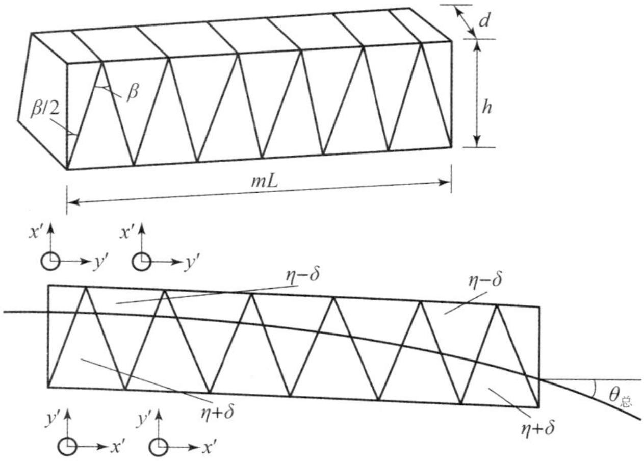

图 5－22　多级棱镜偏转器

各棱镜的折射率交替地为 $n_o-\Delta n$ 和 $n_o+\Delta n$，其中 $\Delta_n=\frac{1}{2}n_o^3\gamma_{63}E_z$。故光束通过偏转器后，总的偏转角为每级（一对棱角）偏转角的 m 倍，即

$$\theta_{总}=m\theta=\frac{mLn_o^3\gamma_{63}U}{dh} \tag{5-38}$$

一般 m 取 4～10，$\theta_{总}$ 大小为几分。m 不能无限增加的主要原因是激光束有一定的尺寸，而 h 的大小有限，光束不能偏出 h 之外。

由于实际的光束都有一定的远场发散角 θ_b，因此对偏转器质量指标评价的主要品质因数不是偏转角 θ 的绝对大小，而是偏转角 θ 超过 θ_b 的倍数，即二者的比值

$$N=\frac{\theta}{\theta_b} \tag{5-39}$$

式中：N 为在电场作用下，在聚焦平面上可分辨的光斑点数，它是评价偏转器优劣的基本参数。为了求得 N，假定晶体置于高斯光束（基模）的束腰 ω_0 处，则光束的远场发散角为

$$\theta_b=\frac{\lambda}{\pi\omega_0} \tag{5-40}$$

此光束可以通过高度为 $h\geqslant2\omega_0$ 的晶体。因此，由式（5－39）可得分辨点数为

$$N=\frac{mL\pi n_o^3\gamma_{63}}{2\lambda}E_z \tag{5-41}$$

由式（5 - 41）可以看出，若晶体上加半波电压 U_π，且 $L = d$，则可分辨点数 $N = m$。

2）电光数字式偏转

电光数字式偏转是由电光晶体和双折射晶体组合而成的，原理如图 5 - 23 所示。图中，S 为 KDP 电光晶体；B 为方解石双折射晶体（分离棱镜），它能使偏振光分成互相平行的两束光，其间隔 b 为分裂度，ε 为分裂角（也称离散角），γ 为入射光法线方向与光轴间的夹角。KDP 电光晶体 S 的 x 轴（或 y 轴）应平行于双折射晶体 B 的光轴与晶面法线所组成的平面。若一束入射光的偏振方向平行于 S 的 x 轴（对于 B 而言，相当于 o 光），当 S 上未加电压时，光波通过 KDP 电光晶体 S 之后偏振态不变，则它通过 B 时方向仍保持不变；当 S 上加了半波电压时，入射光的偏振面将旋转 90°而变成 e 光。因为不同偏振方向光波对光轴的取向不同，其传输的光路也是不同的，所以此时通过 B 的 e 光相对于入射方向就偏折了 ε，从 B 出射的 e 光与 o 光相距 b。由物理光学的知识可知，当 n_o 和 n_e。确定后，对应的最大分裂角为 $\varepsilon_{max} = \arctan \dfrac{n_e^2 - n_o^2}{2n_e n_o}$。以方解石为例，其 $\varepsilon_{max} \approx 6°$（在可见光和近红外光波段）。上述电光晶体和双折射晶体就构成了一个一级数字偏转器，入射的线偏振光根据电光晶体上加和不加半波电压而占据两个“地址”中的一个，分别代表“0”和“1”状态。若把 n 个这样的数字偏转器组合起来，就能做到 n 级数字式偏转。三级数字式光偏转移如图 5 - 24 所示，图中为使入射光分离为 2^3 个偏转点的情况。光路上的短线“I”表示偏振面与纸面平行，“·”表示与纸面垂直。最后射出的光线中“1”表示某电光晶体上加了电压，“0”表示未加电压。

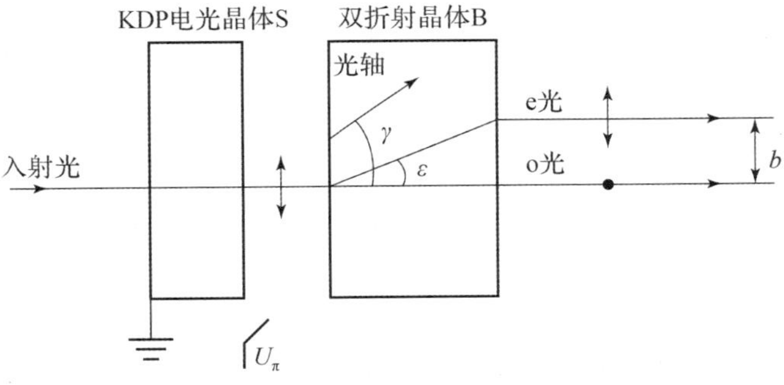

图 5 - 23　电光数字式偏转的原理

要使可控位置分布在二维方向上，只要用两个彼此垂直的 n 级偏转器组合起来就可以实现，进而得到 $2^n \times 2^n$ 个二维可控位置。

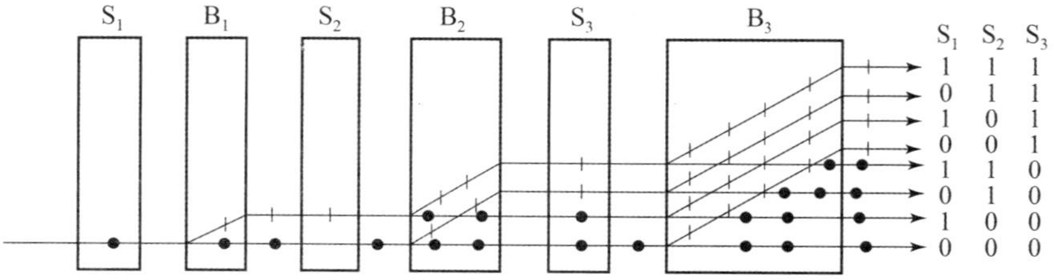

图 5－24　三级数字式光偏转移

5.3.2　声光调制

1. *声光效应*

介质中存在弹性应力或应变时，介质的光学性质（折射率）将发生变化，这就是弹光效应。当超声波在介质中传播时，由于超声波是一种弹性波，将引起介质的疏密交替变化（或者说引起弹性形变），弹光效应将导致介质光学性质发生变化，从而影响光在其中的传播特性。通常把超声波引起的弹光效应称为声光效应。

1）弹光效应

当晶体材料受外应力的作用产生形变时，分子间相互应力的改变会导致介质密度的变化，从而引起介电常数（折射率）的改变，这就是弹光效应的物理起因。理论上，可将弹光效应引起的折射率变化写成统一的表达式：

$$\Delta n = -\frac{1}{2}n^3\boldsymbol{PS}$$

式中：$\boldsymbol{P}$ 为应变弹光系数张量；$\boldsymbol{S}$ 为应变张量。

2）声光衍射

超声波是一种弹性波，当它通过介质时，介质中的各点将出现随时间和空间周期性变化的弹性应变。由于弹光效应，介质中各点的折射率也会产生相应的周期性变化。当光通过有超声波作用的介质时，相位就会受到调制，其结果类似于它通过一个衍射光栅，光栅间距等于声波波长，光束通过这个光栅时要产生衍射，这就是通常观察到的声光效应。

按照超声波频率的高低和介质中声光相互作用长度的不同，由声光效应产生的衍射有两种常用的极端情况，即拉曼－奈斯（Raman－Nath）衍射和布拉格（Bragg）衍射。衡量这两种衍射的参量为

$$Q = 2\pi L\frac{\lambda}{\lambda_s^2} \tag{5-42}$$

式中：L 为声光相互作用的长度；λ 为通过声光介质的光波长；λ_s 为超声波长。当 $Q \ll 1$（实践证明，当 $Q \leq 0.3$）时，为拉曼－奈斯衍射；当 $Q \gg 1$（实际 $Q \geq 4\pi$）时，为布拉格衍射；当 $0.3 < Q < 4\pi$ 时，衍射现象较为复杂，通常声光器件不工作在这个范围内，故不进行讨论。

（1）拉曼－奈斯衍射。

①超声行波的情况。

假设频率为 Ω 的超声波是沿 z 方向传播的平面纵波，波矢为 K_s，超声行波如图 5－25 所示，在介质中将引起正弦形式的弹性应变为

$$S_{11} = S\sin(K_s z - \Omega t) \tag{5-43}$$

相应地，将引起折射率椭球的变化

$$\begin{aligned}\Delta n &= -\frac{1}{2}n_o^3 PS\sin(K_s z - \Omega t)\\ &= -(\Delta n)_M \sin(K_s z - \Omega t)\end{aligned} \tag{5-44}$$

式中：$(\Delta n)_M$ 为折射率变化的最大幅值，$(\Delta n)_M = n_o^3 PS/2$。该式表明，声光介质在超声波作用下，折射率沿 z 方向出现了正弦形式的增量，因此声光介质沿 z 方向的折射率分布为

$$n(zt) = n_o - (\Delta n)_M \sin(K_s z - \Omega t) \tag{5-45}$$

如果光通过这种折射率发生了变化的介质，就会产生衍射。

当超声波频率较低、声光作用区的长度较短、光线平行于超声波波面入射（垂直于超声波传播的方向入射）时，超声行波的作用可视为与普通平面光栅相同的折射率光栅。当频率为 ω 的平行光通过超声行波时，将产生图 5－26 所示的多级光衍射。

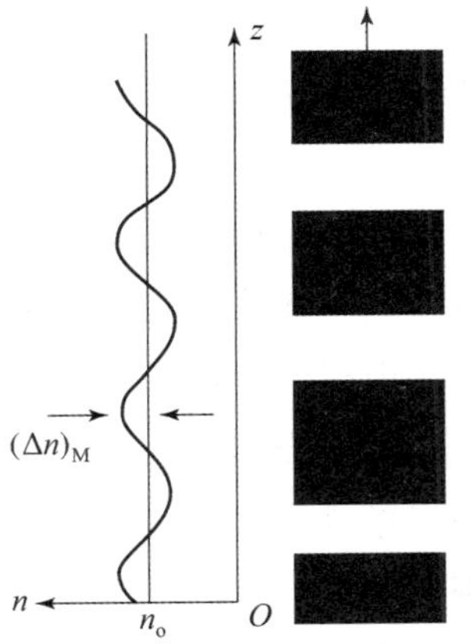

图 5－25　超声行波

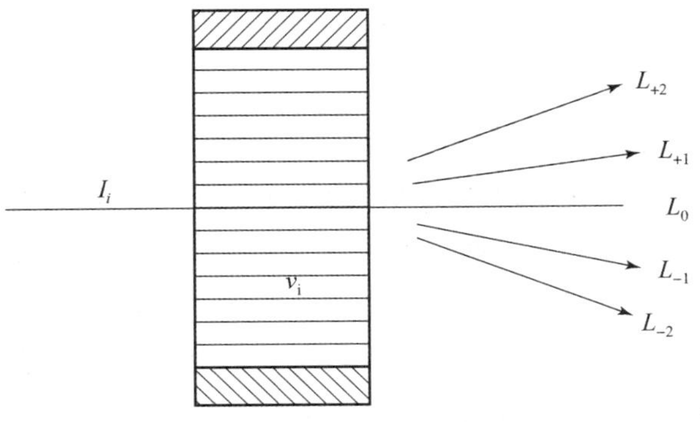

图 5－26　拉曼－奈斯多级光衍射

根据理论分析，各级衍射光的衍射角 θ 满足如下关系：

$$\lambda_s \sin\theta = m\lambda \quad (m=0, \pm 1, \cdots) \tag{5-46}$$

相应于第 m 级衍射的极值光强为

$$I_m = I_i J_m(V) \tag{5-47}$$

式中：I_i 为入射光强；V 为光通过声光介质后，折射率变化引起的附加相移，$V=2\pi(\Delta n)_M L/\lambda$；$J_m(V)$ 为第 m 阶贝塞尔函数，由于

$$J^2(V) = J^2_{-m}(V)$$

所以，在零级透射光两边，同级衍射光强相等，这种各级衍射光强的对称分布是拉曼－奈斯衍射的主要特征之一，相应的各级衍射光的频率为 $\omega + m\Omega$，即衍射光相对入射光存在一个多普勒频移。

②超声驻波的情况。

在光电子技术的实际应用中，声光介质中的超声波可能是一个声驻波，在这种情况下，介质中沿 z 方向的折射率分布为

$$n(zt) = n_o + (\Delta n)_M \sin\Omega t \sin K_s z \tag{5-48}$$

光通过这种声光介质时，其衍射极大的方位角 θ 仍满足

$$\lambda_s \sin\theta = m\lambda \quad (m=0, \pm 1, \cdots) \tag{5-49}$$

各级衍射光强将随时间变化，正比于 $J^2_m(V\sin\Omega t)$，以 2Ω 的频率被调制。这一点很容易理解，因为声驻波使得声光介质内各点折射率增量在半个声波周期内均要同步地由“＋”变到“－”（或由“－”变到“＋”），故在其越过零点的一瞬间，各点的折射率增量均为0，此时各点的折射率相等，介质变为无声场作用情况，相应的非零级衍射光强必为0。此外，理论分析指出，在声驻波的情况下，在零级和偶数级衍射的光束中，同时有频率为 $\omega, \omega \pm 2\Omega, \omega \pm 4\Omega, \cdots$ 的频率成分；在奇数级衍射的光束中，同时有频率为 $\omega \pm \Omega, \omega \pm 3\Omega, \omega \pm 5\Omega, \cdots$ 的频率成分。

（2）布拉格衍射。

以各向同性介质中的正常布拉格衍射为例，当声波频率较高，声光作用长度 L 较大，而且光束与声波波面间以一定的角度斜入射时，光波在介质中要穿过多个声波面，故介质具有“体光栅”的性质。当入射光与声波面夹角满足一定关系时，介质内各级衍射会相互干涉。在一定条件下，各高级次衍射光将互相抵消，只出现零级和＋1级（或－1级，视入射光的方向而定）衍射光，即产生布拉格衍射，如图5－27所示。因此，若能合理选择参数，超声能量足够强，便可使入射光能量几乎全部转移到＋1级或－1级衍射极值

上，光束能量可以得到充分利用，即利用布拉格衍射效应制成的声光器件可以获得较高的效率。

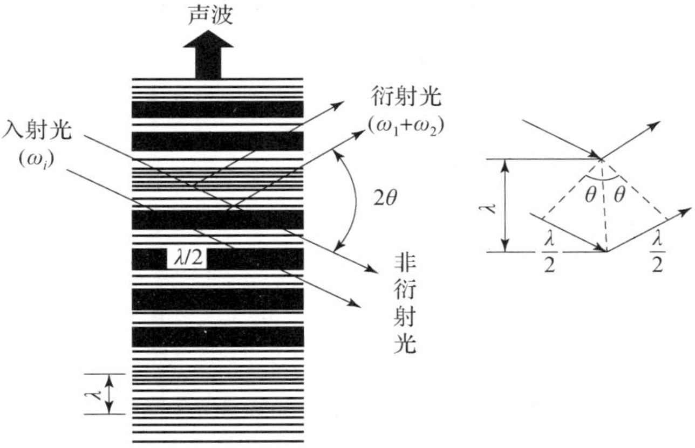

图 5－27　布拉格衍射

下面从波的干涉加强条件来推导布拉格方程。为此，可将声波通过的介质近似视为许多相距为 λ_s 的部分反射、部分透射的镜面。对于行波超声场，这些镜面将以速度 v_s 沿 x 方向移动（因为 $\omega_m \leqslant \omega_e$，所以在某一瞬间，超声场可近似地看成静止的，因而对衍射光的强度分布没有影响）。驻波超声场则完全是静止的，布拉格衍射产生条件的模型如图 5－28 所示。当平面波 1、2 以角度 θ_i 入射至声波场，在 B、C、E 各点处部分反射，产生衍射光 1′、2′、3′。各衍射光相干增强的条件是它们之间的光程差应为其波长的整倍数，或者说它们必须同相位。图 5－28（a）表示在同一镜面上的衍射情况，由 B、C 点反射的衍射光 1′、2′具有同相位的条件，其光程差 $AC-BD$ 等于光波波长的整数倍，即

$$x(\cos\theta_i - \cos\theta_d) = m\frac{\lambda}{n} \quad (m=0, \pm 1) \tag{5-50}$$

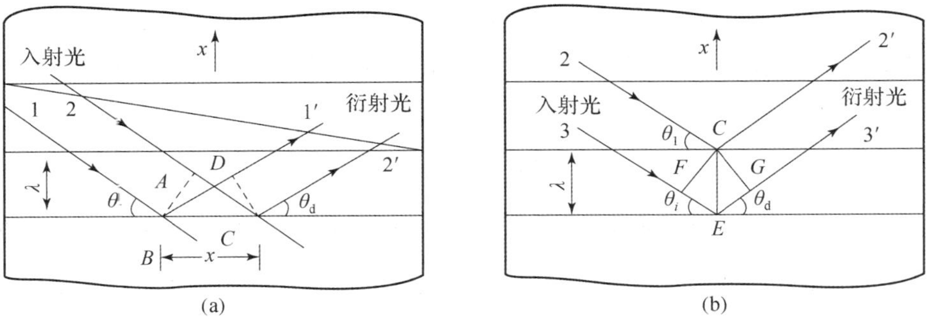

图 5－28　布拉格衍射产生条件的模型

要使声波面上所有点同时满足这一条件，只要使入射角等于衍射角即可。对于相距 λ_s 的两个不同镜面上的衍射情况，如图 5－28（b）所示，由 C、E 点反射的衍射光 2′、3′具有同相位的条件，其光程差 $FE+EG$ 必须等于光波波长的整数倍，即

$$\theta_i=\theta_d \tag{5-51}$$

$$\lambda_s(\sin\theta_i+\sin\theta_d)=\frac{\lambda}{n} \tag{5-52}$$

考虑到 $\theta_i=\theta_d$，有

$$2\lambda_s\sin\theta_B=\frac{\lambda}{n} \text{或} \sin\theta_B=\frac{\lambda}{2n\lambda_s}=\frac{\lambda}{2nv_s}f_s \tag{5-53}$$

式中：$\theta_i=\theta_d=\theta_B$，$\theta_B$ 称为布拉格角。可见，只有入射角 θ_i 等于布拉格角 θ_B 时，在声波面上衍射的光波才具有同相位，满足相干加强的条件，得到衍射极值，式（5－53）称为布拉格方程。例如，水中的声光布拉格衍射，设光波波长 $\lambda=0.5\mu m$，$n=1.33$，声波频率 $f_s=500MHz$，声速 $v_s=1.5\times10^3m/s$，则 $\lambda_s=\frac{v_s}{f_s}=3\times10^{-6}m$，从式（5－53）得到布拉格角为 $\theta_B\approx6\times10^{-2}rad=3.4°$。

下面简要分析布拉格衍射光强度与声光材料特性和声场强度的关系。根据推证，当入射光强为 I_i 时，布拉格声光衍射的 0 级和 1 级衍射光强的表达式可分别写成

$$I_0=I_i\cos^2\frac{V}{2},I_1=I_i\sin^2\frac{V}{2} \tag{5-54}$$

式中：V 为光波穿过长度为 L 的超声场所产生的附加相位延迟。V 可以用声致折射率的变化 Δn 来表示，即

$$V=\frac{2\pi}{\lambda}\Delta nL$$

$$I_1/I_i=\sin^2\frac{1}{2}\frac{2\pi}{\lambda}\Delta nL \tag{5-55}$$

设介质是各向同性的，由晶体光学可知，当光波和声波沿某些对称方向传播时，Δn 是由介质的弹光系数 $\boldsymbol{P}$ 和介质在声场作用下的弹性应变幅值 $\boldsymbol{S}$ 决定的，即

$$\Delta n=-\frac{1}{2}n^3\boldsymbol{PS} \tag{5-56}$$

式中：$\boldsymbol{S}$ 与超声驱动功率 P_s 有关，而超声驱动功率与换能器的面积（H 为换能器的宽度、L 为换能器的长度）有关，声速 v_s 与能量密度 $\frac{1}{2}\rho v_s^2\boldsymbol{S}^2$（$\rho$ 度是介质密度）有关，即

$$P_s = HLv_s \frac{1}{2}\rho v_s^2 \boldsymbol{S}^2 = \frac{1}{2}\rho v_s^3 \boldsymbol{S}^2 HL$$

因此

$$\boldsymbol{S} = \sqrt{2P_s / HL\rho v_s^3}$$

于是

$$\Delta n = -\frac{1}{2}n^3 \boldsymbol{P}\sqrt{\frac{2P_s}{HL\rho v_s^3}} = -\frac{1}{2}n^3 \boldsymbol{P}\sqrt{\frac{2I_s}{\rho v_s^3}} \tag{5-57}$$

式中：I_s 为超声强度，$I_s = P_s / HL$。

将式（5－57）代入式（5－55），便得到

$$\eta_s = \frac{I_1}{I_i} = \sin^2 \frac{\pi L}{\sqrt{2}\lambda}\sqrt{\frac{n^6 \boldsymbol{P}^2}{\rho v_s^3} I_s}$$

$$= \sin^2 \frac{\pi L}{\sqrt{2}\lambda}\sqrt{M_2 I_s} \tag{5-58}$$

或

$$\eta_s = \frac{I_1}{I_i} = \sin^2 \frac{\pi}{\sqrt{2}\lambda}\sqrt{\frac{L}{H}M_2 P_s} \tag{5-59}$$

式中：M_2 为声光介质的物理参数组合，$M_2 = n^6 \boldsymbol{P}^2 / \rho v_s^3$，是由介质本身性质决定的量，称为声光材料的品质因数（或声光优质指标），它是选择声光介质的主要指标之一。由式（5－59）可知：

（1）在超声功率 P_s，一定情况下，欲使衍射光强尽量大，则要求选择 M_2 大的材料，并且把换能器制成长而窄（L 大、H 小）的形式。

（2）当超声功率 P_s 足够大，使 $\frac{\pi}{\sqrt{2}\lambda}\sqrt{\frac{L}{H}M_2 P_s}$ 达到 $\frac{\pi}{2}$ 时，$I_1 / I_i = 100\%$。

（3）当 P_s 改变时，I_1 / I_i 也随之改变，因此通过控制 P_s（控制加在电声换能器上的电功率）就可以达到控制衍射光强的目的，实现声光调制。

2. 声光调制器

声光调制器是由声光介质、电声换能器、吸声（或反射）装置及外接电源（图中省略）等部分组成的，如图 5－29 所示。

1）声光介质

声光介质是声光互作用的场所。当一束光通过变化的超声场时，由于光和超声场的互作用，其出射光就具有随时间变化而变化的各级衍射光。利用衍射光的强度随超声波强度的变化而变化的性质，就可以制成光强度调制器。

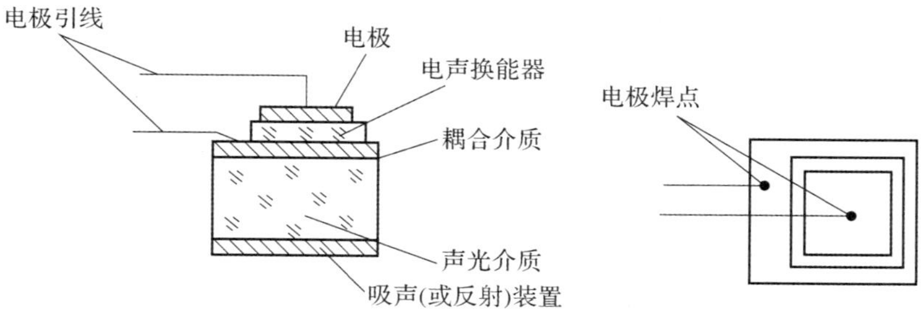

图 5-29 声光调制器结构

2）电声换能器（又称超声发生器）

电声换能器利用某些压电晶体（如石英、$LiNbO_3$ 等）或压电半导体（如硫化镉 CdS、氧化锌 ZnO 等）的反压电效应，在外加电场作用下产生机械振动而形成超声波，所以它起着将调制的电功率转换成声功率的作用。

3）吸声（或反射）装置

吸声（或反射）装置放置在超声源的对面，用于吸收已通过介质的声波（工作于行波状态），以免声波返回介质产生干扰；但要使超声场工作在驻波状态，则需要将吸声装置换成声反射装置。

4）驱动电源

驱动电源用以产生调制电信号施加于电声换能器的两端电极上，驱动声光调制器（换能器）工作。

对于声光调制器的工作原理，由前面的分析可知，无论是拉曼－奈斯衍射，还是布拉格衍射，其衍射效率均与附加相位延迟因子 $V=\frac{2\pi}{\lambda}\Delta nL$ 有关，而其中声致折射率差 Δn 正比于弹性应变幅值 S，如果声载波受到信号的调制使声波振幅随之变化，则衍射光强也将受相同调制信号的调制。

对于拉曼－奈斯衍射，工作声频率低于 10MHz，图 5-30（a）所示为拉曼－奈斯型声光调制器的工作原理，其各级衍射光强与 $J_m^2(V)$ 成比例，若取某一级衍射光作为输出，可利用光阑将其他级的衍射光遮挡，则从光阑孔出射的光束就是一个随 V 变化的调制光。如果 $V=\frac{2\pi}{\lambda}\Delta nL<2.4$，则可以获得线性调制。由于拉曼－奈斯衍射效率低，光能利用率也低，相互作用的长度 L 小，当工作频率较高时，最大允许长度过小，要求的声功率很高，因此拉曼－奈斯型声光调制器只限于低频工作，且只具有有限的带宽。

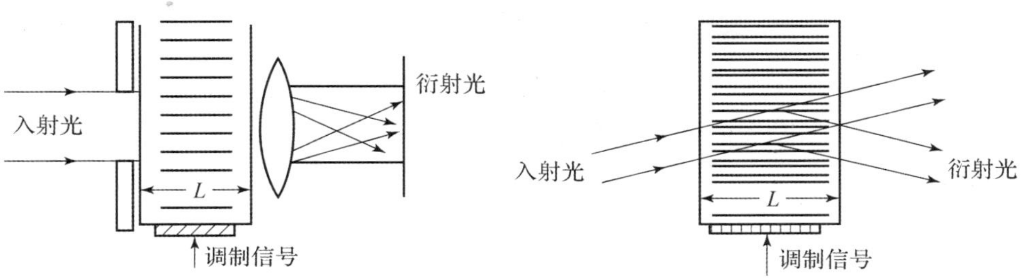

图 5－30　声光调制器

对于布拉格衍射，其衍射效率为

$$\eta_s = I_d / I_i = \sin^2 \frac{V}{2}$$

布拉格型声光调制器的工作原理如图 5－30（b）所示。在声功率 P_s（或声强 I_s）较小的情况下，衍射效率 η_s 随声强度 I_s 单调增加（成线性关系）：

$$\eta_s \approx \frac{\pi^2 L^2}{2\lambda^2 \cos^2\theta_B} M_2 I_s \tag{5-60}$$

因此，若对声强度加以调制，衍射光强也会相应受到调制。布拉格衍射必须使入射光束以布拉格角 θ_B 入射，同时在相对于声波阵面对称方向产生衍射光束时，布拉格衍射的效率才能令人满意。由于布拉格衍射效率高，且调制带宽可以很宽，故在实际应用中被广泛采用。

3. 声光偏转

声光效应的另一个重要用途是使光束偏转。声光偏转器的结构与布拉格型声光调制器的基本相同，不同之处在于调制器是改变衍射光的强度；而偏转器则是利用改变声波频率来改变衍射光的方向，使之发生偏转，既可以使光束连续偏转，也可以使分离的光点扫描偏转。

从声光布拉格衍射的理论分析可知，光束以 θ_i 入射介质产生衍射极值应满足布拉格条件：

$$\sin\theta_B = \frac{\lambda}{2n\lambda_s} \quad (\theta_i = \theta_d = \theta_B)$$

布拉格角一般很小，可写为

$$\theta_B \approx \frac{\lambda}{2n\lambda_s} = \frac{\lambda}{2nv_s} f_s \tag{5-61}$$

故衍射光与入射光间的夹角（偏转角）等于布拉格角 θ_B 的 2 倍，即

$$\theta = \theta_i + \theta_d = 2\theta_B = \frac{\lambda}{nv_s}f_s \tag{5-62}$$

由式（5－62）可以看出，改变超声波的频率 f_s，就可以改变其偏转角 θ，从而达到控制光束传播方向的目的，即超声波的频率改变 Δf_s 引起光束偏转角的变化为

$$\Delta\theta = \frac{\lambda}{nv_s}\Delta f_s \tag{5-63}$$

这可用声光偏转原理（图 5－31）及声光波矢关系予以说明。设声波频率为 f_s，声光衍射满足布拉格条件，则声光波矢图为闭合等腰三角形，衍射极值光束沿着与超声波面成 θ_d 角的方向。当声波频率变为 $f_s+\Delta f_s$ 时，则根据

$$k_s = \frac{2\pi}{v_s}f_s$$

的关系，声波矢量将有

$$\Delta k_s = \frac{2\pi}{v_s}\Delta f_s$$

的变化。由于入射角 θ_i 不变，衍射光波矢大小也不变，声光波矢图不再闭合。光束将沿着 OB 方向衍射，相应的光束偏转角为 $\Delta\theta$。因为 θ 和 $\Delta\theta$ 都很小，所以可近似地认为

$$\Delta\theta = \frac{\Delta k_s}{k_s} = \frac{\lambda}{nv_s}\Delta f_s$$

偏转角与声波频率的改变成正比。

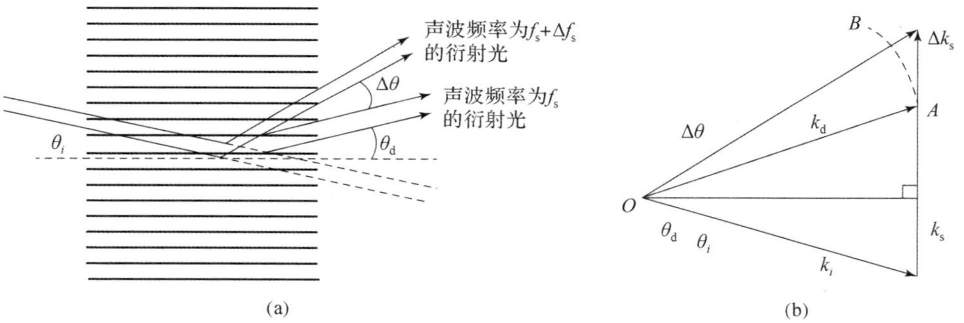

图 5－31　声光偏转原理

5.3.3　磁光调制

1. *磁致旋光效应*

磁光效应是磁光调制的物理基础。顺磁性、铁磁性和亚铁磁性材料等物质，其内部组成的原子或离子都具有一定的磁矩，由这些磁性原子或离

子组成的化合物具有很强的磁性，称为磁性物质。人们发现，在磁性物质内部有很多个小区域，在每个小区域内所有的原子或离子的磁矩都互相平行地排列，通常把这种小区域称为磁畴。因为各个磁畴的磁矩方向不同，所以其作用互相抵消，宏观上并不显示出磁性。若沿物体的某一方向外加磁场，则物体内各磁畴的磁矩就会从各个不同的方向转到磁场方向上，这样对外就显示出磁性。当光波通过这种磁化的物体时，其传播特性发生变化，这种现象称为磁光效应。磁光效应包括法拉第旋转效应、克尔效应和磁双折射（cotton－mouton）效应等。其中最主要的是法拉第旋转效应，它使一束线偏振光在外加磁场作用下的介质中传播时，偏振方向发生旋转，旋转角 θ 的大小与沿光束方向的磁场强度 B 和光在介质中传播的长度 L 的乘积成正比。

$$\theta = VBL \tag{5-64}$$

式中：V 为维尔德（Verdet）常数，它表示在单位磁场强度下线偏振光通过单位长度的磁光介质后偏振方向旋转的角度。

对于旋光现象的物理原因，菲涅耳曾提出一种唯象的解释。他认为，任何一个线偏振光都可以分解为频率相同、初相位相同的两个圆偏振光，其中：一个圆偏振光的电矢量顺时针方向旋转，称为右旋圆偏光；另一个圆偏振光的电矢量逆时针方向旋转，称为左旋圆偏光。这两个圆偏振光无相互作用地以略有不同的速度 $v_+ = c/n_R$ 和 $v_- = c/n_L$ 传播，它们通过厚度为 L 的介质后产生的相位延迟分别为

$$\begin{cases} \varphi_1 = \dfrac{2\pi}{\lambda} n_R L \\ \varphi_2 = \dfrac{2\pi}{\lambda} n_L L \end{cases} \tag{5-65}$$

它们通过介质后又合成为一线偏振光，通过介质后的光波的偏振方向相对于入射光旋转了一个角度，如图 5－32 所示。图中，z 表示入射介质的线偏振光的振动方向，将振幅 $\boldsymbol{A}$ 分解为左旋矢量 $\boldsymbol{A}_L$ 和右旋矢量 $\boldsymbol{A}_R$，假设介质的长度 L 使右旋光矢量 $\boldsymbol{A}_R$ 转回到原来的位置，此时左旋光矢量（由于 $v_L \neq v_R$）转到 $\boldsymbol{A}_L'$，于是合成的线偏振光 $\boldsymbol{A}'$ 相对于 λ 射光的偏振方向转了一个角度 θ，此值等于 δ 的一半，即

$$\theta = \frac{\delta}{2} = \frac{\pi}{\lambda}(n_R - n_L)L \tag{5-66}$$

可以看出，$\boldsymbol{A}'$ 的偏振方向将随着光波的传播向右旋转，称为右旋光效应。

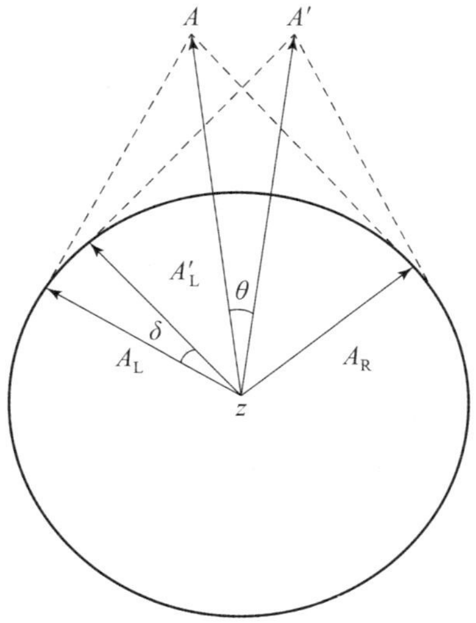

图 5－32　光通过介质后偏振方向旋转

磁致旋光效应的旋转方向仅与磁场方向有关，与光线传播方向的正逆无关，这是磁致旋光现象与晶体的自然旋光现象的不同之处。即当光束往返通过自然旋光物质时，因旋转角相等、方向相反而相互抵消；但当通过磁光介质时，只要磁场方向不变，旋转角朝一个方向增加。此现象表明磁致旋光效应是一个不可逆的光学过程，因此可利用其来制作光学隔离器或单通光闸等器件。

目前，最常用的磁光材料主要是钇铁石榴石（YIG）晶体，它在波长 1.2～4.5μm 之间的吸收系数很低（$\alpha \leqslant 0.03\text{cm}^{-1}$），而且有较大的法拉第旋转角。这个波长范围包括了光纤传输的最佳范围（1.1～1.5μm）和某些固体激光器的波长范围，因此有可能制作调制器、隔离器、开关、环形器等磁光器件。磁光晶体的物理性能随温度变化不大，不易潮解，调制电压低，这是它比电光、声光器件的优越之处。但是，当工作波长超出上述范围时，吸收系数急剧增大，致使器件不能工作。这表明它在可见光区一般是不透明的，只能用于近红外区和红外区，因此其应用受到很大的限制。

2. *磁光调制器*

磁光调制器的组成如图 5－33 所示。工作物质（YIG 或掺 Ga 的 YIG 棒）放在沿 z 轴方向的光路上，它的两端放置有起偏器、检偏器，高频螺旋形线圈环绕在 YIG 棒上，受驱动电源的控制，用来提供平行于 z 轴的信号磁场。为了获得线性调制，在垂直于光传播的 x 轴方向上加一恒定磁场 B_{dc}，其强度足以使晶体饱和磁化。工作时，高频信号电流通过线圈就会感生出平行于光线传播方向的磁场，入射光通过 YIG 晶体时，由于法拉第旋转效应，其偏振面发生旋转，旋转角与磁感应强度 B 成正比，因此，只要用调制信号控制磁感应强度的变化，就会使光的偏振面发生相应的变化。但这里加有恒定磁场 B_{dc} 且与通光方向垂直，故旋转角与 B_{dc} 成反比。于是，有

$$\theta = \theta_s \frac{B_0 \sin\omega_B t}{B_{dc}} L_0 \tag{5-67}$$

式中：θ_s 为单位长度饱和法拉第旋转角；$B_0 \sin\omega_B t$ 为调制磁场。如果再通过检偏器，就可以获得一强度变化的调制光。

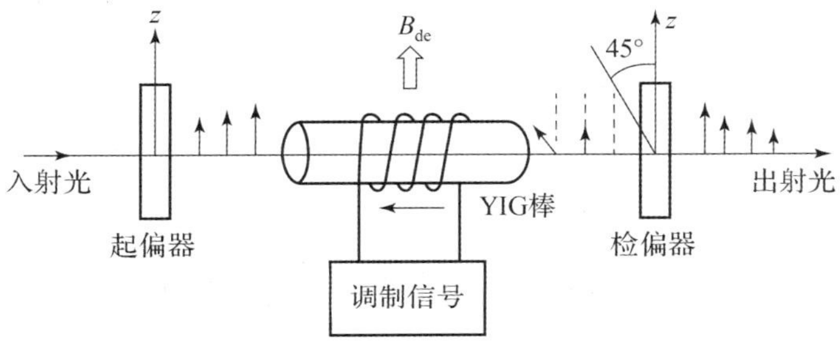

图 5-33　磁光调制器的组成

5.4　调 Q 技术

5.4.1　概述

调 Q 技术的出现和发展是激光技术与应用的一个重大进展。它是将激光的全部能量压缩到宽度极窄的脉冲中发射，从而使光源的峰值功率提高几个数量级的技术，这样强的相干辐射光与物质相互作用，就产生了一系列具有重大意义的现象和技术（如非线性光学的出现），同时也推动了激光测距、激光雷达、高速全息照相等应用技术的发展。

调 Q 技术自 1961 年出现以后，发展极为迅速，激光器的输出功率几乎每年增加一个数量级，脉冲宽度的压缩也取得很大进展。现在，想要获得峰值功率在兆瓦级以上、脉宽为纳秒级的激光脉冲已不困难。固体脉冲激光器输出的脉冲，其脉宽有几百微秒甚至几毫秒，其峰值功率也只有几十千瓦，这远远不能满足某些激光应用的要求［如激光脉冲测距要求高峰值功率（传播距离远）的窄脉冲］。调 Q 技术就是为了适应这类要求而发展起来的。

本节将介绍调 Q 技术的原理和方法，包括调 Q 激光器振荡过程的理论、用速率方程的方法对激光脉冲的输出特性进行分析，以及实现调 Q 技术采用的各种方法。

1. 脉冲固体激光器的输出特性

将普通的脉冲固体激光器输出的脉冲用示波器进行观察、记录，可以发现其波形并非一个平滑的光脉冲，而是由许多振幅、脉宽和间隔随机变化的尖峰脉冲组成的，如图 5－34（a）所示。每个尖峰的宽度为 0.1～1μs，间隔为数微秒，脉冲序列的长度大致与闪光灯泵浦持续时间相等。图 5－34（b）为观察到的红宝石激光器输出的尖峰，这种现象称为激光器弛豫振荡。

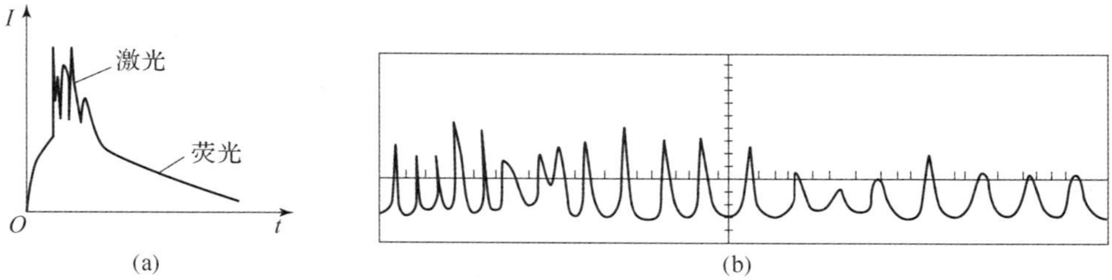

图 5－34　脉冲激光器输出的尖峰结构

产生弛豫振荡的主要原因：当激光器的工作物质被泵浦，上能级的粒子反转数超过阈值条件时，即产生激光振荡，使腔内光子数密度增加，发射激光。随着激光的发射，上能级粒子数被大量消耗，粒子反转数降低，当粒子反转数低于阈值水平时，激光振荡停止。此时，由于光束继续抽运，上能级粒子反转数重新积累，当超过阈值时，又产生第二个脉冲。如此不断重复上述过程，直到抽运停止。可见，每个尖峰脉冲都是在阈值附近产生的，因此脉冲的峰值功率较低。从这个作用过程可以看出，增大抽运能量无助于峰值功率的提高，只会使小尖峰的个数增加。

弛豫振荡产生的物理过程可以用图 5－35 来描述。它显示出了在弛豫振荡过程中腔内光子数 φ 和粒子反转数 Δn 的变化，每个尖峰都可以分为四个阶段。

在 t_1 时刻前，由于抽运作用，粒子反转数 Δn 增加，但尚未到达阈值 Δn_{th}，因而不能形成激光振荡。

第一阶段（$t_1 \sim t_2$）：激光振荡刚开始时，$\Delta n = \Delta n_{th}$，$\varphi = 0$；由于抽运作用，Δn 继续增加，与此同时，腔内光子数密度 φ 开始增加。由于 φ 的增加而使 Δn 减少的速率小于抽运使 Δn 增加的速率，Δn 一直增加到最大值。

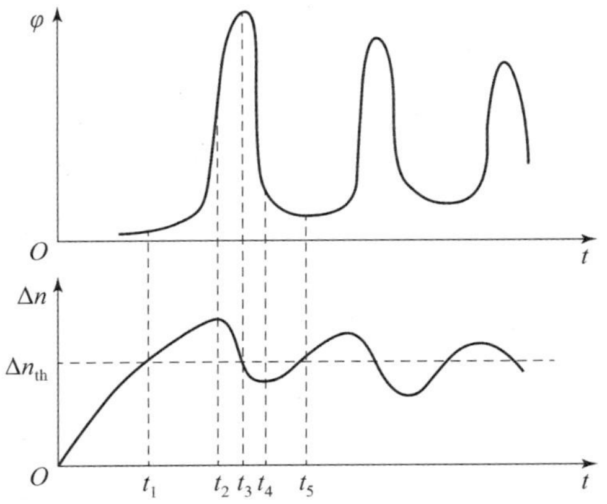

图 5-35　腔内光子数和粒子反转数随时间的变化

第二阶段（$t_2 \sim t_3$）：Δn 到达最大值后开始下降，但仍然大于 Δn_{th}，因此 φ 继续增长，而且增长速度非常迅速，达到最大值。

第三阶段（$t_3 \sim t_4$）：$\Delta n < \Delta n_{th}$，增益小于损耗，腔内光子数 φ 急剧减少。

第四阶段（$t_4 \sim t_s$）：光子数减少到一定程度，泵浦又起主要作用，于是 Δn 开始回升，到 t_s 时刻 Δn 又达到阈值 Δn_{th}，开始产生第二个尖峰脉冲。因为抽运过程的持续时间比每个尖峰脉冲宽度大得多，所以上述过程周而复始，产生一系列尖峰脉冲。

2. 调 Q 的基本原理

在激光技术中，用品质因数 Q 描述与谐振腔损耗有关的特性。Q 值定义为

$$Q = 2\pi\nu_0 \frac{\text{腔内存储的激光总能量}}{\text{每秒损耗的激光能量}}$$

式中：ν_0 为激光的中心频率。

设 W 为腔内存储的能量，δ 为光在腔内传播一个单程 L 时能量的损耗率，那么光在一个单程中的能量损耗为 δW。设 L 为谐振腔腔长，n 为介质折射率，c 为光速，则光在腔内走一单程所需的时间为 nL/c。由此，光在腔内每秒损耗的能量为$\frac{\delta W}{nL/c}$。这样，Q 值可表示为

$$Q = 2\pi\nu \frac{W}{\delta W c/nL} = \frac{2\pi nL}{\delta\lambda_0} \tag{5-68}$$

式中：λ_0 为真空中激光中心波长。

由式（5-68）可知，Q 值与谐振腔的损耗成反比，即损耗大，Q 值就

低，阈值高，不易起振；损耗小，Q 值就高，阈值低，易于起振。

调 Q 技术就是通过某种方法使腔的 Q 值随时间按一定规律变化的技术。在泵浦开始时使腔处于低 Q 值状态，即提高振荡阈值，不能形成振荡，上能级的反转粒子数就可以大量积累；当积累到最大值（饱和值）时，突然使腔的损耗减小，Q 值突增，迅速建立起激光振荡，在极短的时间内上能级的反转粒子数被消耗，转变为腔内的光能量，在腔的输出端以单一脉冲形式将能量释放出来，于是获得峰值功率很高的巨脉冲激光输出。

调 Q 激光脉冲建立过程如图 5－36 所示。图 5－36（a）表示灯电流（泵浦速率）随时间的变化；图 5－36（b）表示腔的 Q 值是时间的阶跃函数；图 5－36（c）表示粒子反转数 Δn 随时间的变化；图 5－36（d）表示腔内光子通量 φ 随时间的变化。

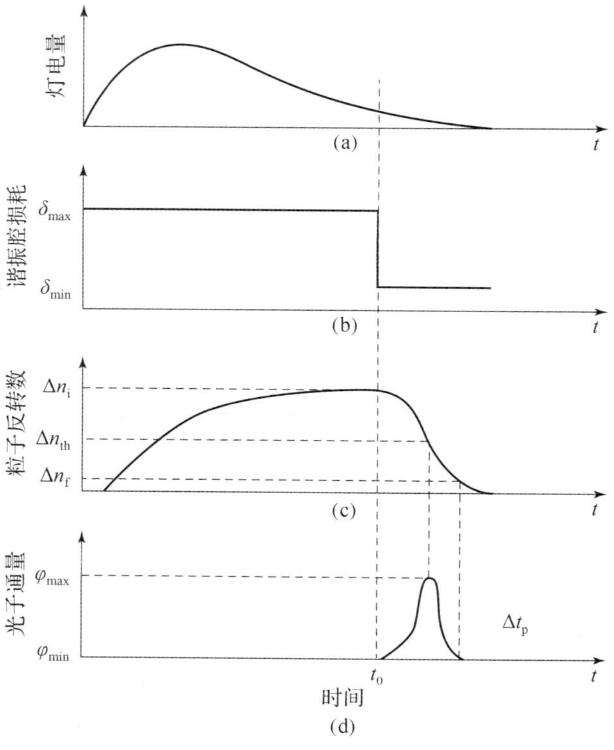

图 5－36　调 Q 激光脉冲建立过程

在泵浦过程的大部分时间里谐振腔都处于低 Q 值（Q_0）状态，故阈值很高而不能起振，从而激光上能级的粒子数不断积累，直至 t_0 时刻粒子数反转达到最大值 Δn_i，在这一时刻 Q 值突然升高（损耗下降），振荡阈值随之降低，于是开始建立激光振荡。由于 $\Delta n_i \gg \Delta n_t$（阈值粒子反转数），受激辐射增强非常迅速，激光介质存储的能量在极短的时间内转变为受激辐射场的能量，结果产生了一个峰值功率很高的窄脉冲。

由图 5－36 还可看出，调 Q 脉冲的建立需要一个过程。当 Q 值阶跃上升时，开始振荡，研究表明，在 $t=0$ 时刻，建立振荡后一个较长的过程中，腔内光子数 φ 增长缓慢，如图 5－37 所示，其值始终很小（$\varphi\approx\varphi_i$），受激辐射概率也很小，此时仍是自发辐射占优势。只有当振荡持续到 $t=t_D$ 点时，φ 增长到了 φ_D，雪崩过程才形成，φ 值迅速增大，受激辐射迅速超过自发辐射而占优势。因此，调 Q 脉冲从振荡开始建立到巨脉冲激光形成需要一定的延迟时间 Δt（也就是 Q 开关开启的持续时间）。光子数的迅速增长使 Δn_i 迅速减少，到 $t=t_p$ 时刻，$\Delta n_i=\Delta n_{th}$；光子数达到最大值 φ_{max}之后，由于 $\Delta n<\Delta n_{th}$，φ 迅速减少，此时 $\Delta n=\Delta n_f$，称为剩余粒子数密度。

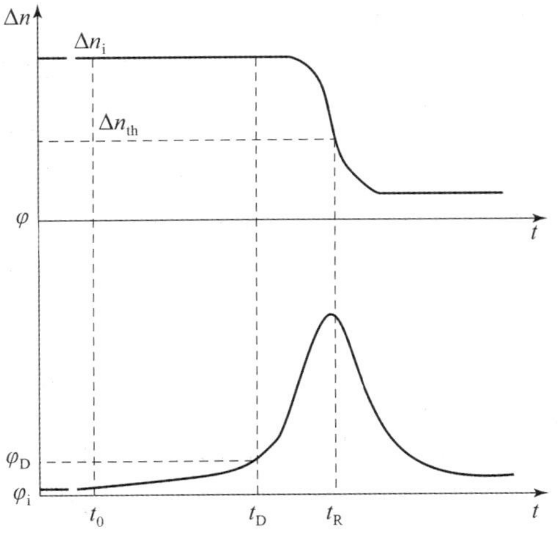

图 5－37　从开始振荡到脉冲形成的过程

研究表明，为了能在 Q 开关开启的持续时间 Δt 内形成激光，反转粒子数必须达到一定的值 $\Delta n_{th(Q-S)}$，即

$$\frac{\Delta n_{th(Q-S)}}{\Delta n_{th}}=1+\frac{\tau_c}{\Delta t}\ln\frac{\varphi_0}{\varphi_i} \tag{5-69}$$

式中：$\Delta n_{th(Q-S)}$为（调 Q 的）动态阈值反转粒子数；Δn_{th}为（调 Q 的）静态阈值反转粒子数；τ_c 为腔内光子寿命，$\tau_c=\dfrac{L}{\delta_0 c}$，其中 L 为谐振腔长，δ_0 为单程损耗；Δt 为 Q 开关开启持续时间。

可以看出，阈值动静比$\dfrac{\Delta n_{th(Q-S)}}{\Delta n_{th}}$与参数 τ_c、Δt 有关，而当 $\tau_c(\delta_0,L)$一定时，其只与 Δt 有关：Δt 越小，阈值动静比越大；反之，则阈值动静比越小。

由此可知，要改变其激光阈值条件，除了改变损耗 δ，还可以通过改变 Δt 来实现。

通常用调节谐振腔的损耗 δ 的方法来调节激光器的 Q 值，谐振腔的损耗包括反射损耗、吸收损耗、衍射损耗、散射损耗和输出损耗等。用不同的方法控制不同类型的损耗，可以形成不同的调 Q 技术。目前常用的有转镜调 Q 技术、声光调 Q 技术、电光调 Q 技术等。

5.4.2 转镜调 Q 技术

在激光器的谐振腔中，两反射镜的平行度直接影响谐振镜的 Q 值，转镜调 Q 技术就是通过改变反射镜的平行度来控制谐振腔的 Q 值的方法。

转镜调 Q 激光器如图 5－38 所示。它把脉冲激光器谐振腔的全反射镜用一直角棱镜取代，该棱镜安装在一个高速旋转电动机的转子上，由于它绕垂直于腔的轴线周而复始地旋转，构成一个 Q 值周期变化的谐振腔。当泵浦氙灯点亮后，由于棱镜面与腔轴不垂直，反射损耗很大，此时谐振腔的 Q 值很低，不能形成激光振荡。在这段时间内，工作物质在光石激励下，激光上能级反转粒子数大量积累，同时棱镜面也逐渐转到接近腔轴垂直的位置，谐振腔的 Q 值逐渐升高，在某一时刻形成激光振荡，并输出巨脉冲。这就是转镜调 Q 技术的工作原理。

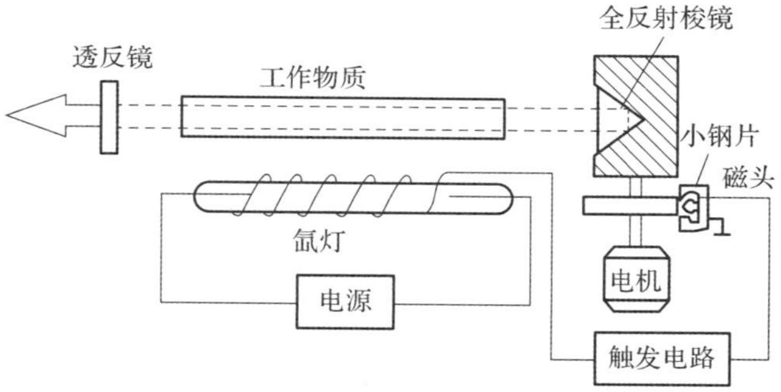

图 5－38　转镜调 Q 激光器

要使转镜调 Q 激光器获得稳定的最大功率输出，关键是准确地控制延迟时间。在氙灯点亮之后，需要经过一定的延迟时间保证反转粒子数达到极大值（饱和值），此时恰好等于棱镜转到成腔位置（两反射镜相平行的位置）所需要的时间，使之形成激光振荡，才能获得最大激光功率输出。因此，过早或过迟产生激光振荡都是不理想的。转镜调 Q 的运转过程如图 5－39 所示。

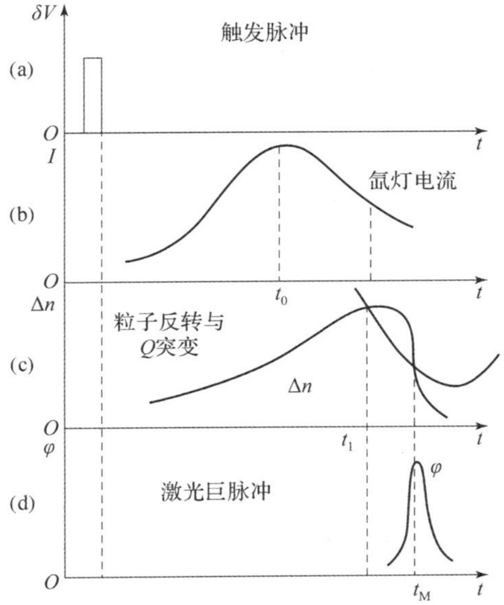

图 5－39　转镜调 Q 的运转过程

为了准确地控制延迟时间，通常采用如图 5－40 所示的延迟装置。它在棱镜架上装一块磁钢和棱镜一起高速旋转，当磁钢转到与磁头相切的位置时，磁头线圈就感应出脉冲信号，放大后经触发电路去点亮氙灯。磁头的位置可以调整，根据棱镜面的法线方向与谐振腔的轴线方向成 φ 时，磁钢正好通过磁头点亮氙灯来确定磁头位置。φ 为延迟角，与之对应的是延迟时间 t，若电动机的转速为 n，则有如下对应关系：

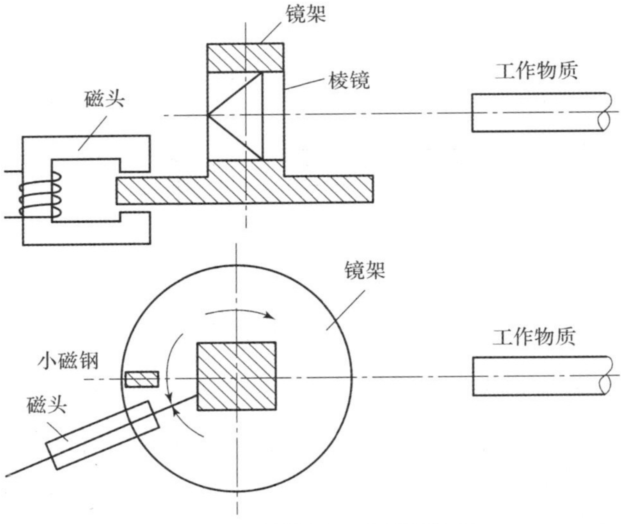

图 5－40　转镜调 Q 的延迟装置

$$t = 60\varphi/2n\pi \tag{5-70}$$

式中：t 的单位为 s；φ 的单位为 rad；n 的单位为 r/min。

延迟时间与工作物质上能级的粒子寿命、氙灯的放电波形以及谐振腔的结构有关。不同的工作物质最佳延迟时间不同，例如，红宝石的最佳延迟时间约为 1.5ms，钕玻璃的最佳延迟时间约为 250μs，YAG 的最佳延迟时间约为 120μs。在实际工作中可以根据氙灯波形和工作物质上能级寿命估算出延迟时间 t，再计算延迟角 φ，然后把棱镜面的法线方向置于偏离轴线 φ 角的位置，同时把磁头放置在面对小磁钢的位置上紧固，随后通过实验调整磁头位置，直到输出的激光最强为止。

5.4.3 声光调 Q 技术

声光调 Q 激光器的结构与前面介绍的声光调制器基本相同，它由声光介质、电声换能器、吸声材料和驱动电源组成，如图 5－41 所示。声光介质主要用熔融石英、玻璃、钼酸铅等，换能器常采用石英、铌酸锂等晶体制成，吸声材料常用铅橡胶或玻璃棉等。把声光 Q 开关器件插入谐振腔内，使其工作于布拉格衍射状态，则 1 级衍射光相对于零级光有 2θ 角的偏离，这一角度由 $2\theta = n\lambda/\lambda_s$ 确定。例如，当超声频率在 20～50MHz 时，石英对波长 1.06μm 的衍射角为 0.3°～0.8°，这一角度完全可以使 1 级衍射光偏离出谐振腔外。于是，当声光 Q 开关器件中存在超声场时，谐振腔处于高损耗、低 Q 值状态；撤去换能器的驱动电源时超声场消失，于是谐振腔又恢复高 Q 值状态。Q 值每交替变化一次，就会使激光器发射一个调 Q 脉冲。

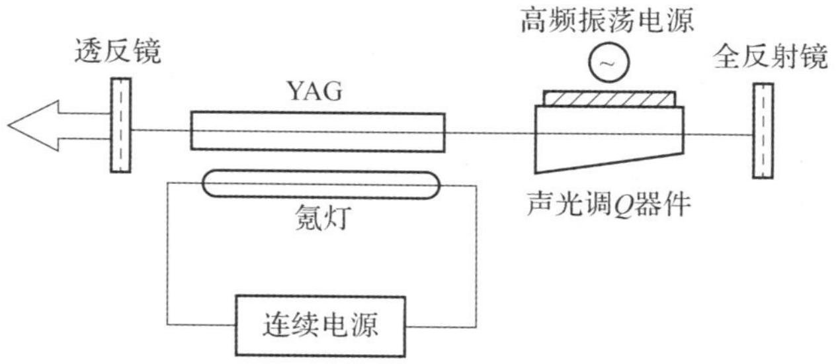

图 5－41　声光调 Q 激光器示意

对于前面介绍的转镜调 Q 技术，为了使工作物质存储的能量在短时间内以单一脉冲发射，Q 开关必须在短于激光脉冲建立的时间内完成由低 Q 值到高 Q 值的转变（阶跃式高频振荡电源变化）。声光 Q 开关断开时间主要由声波通过光束的渡越时间决定（电子开关时间不是主要决定因素）。以熔融石英为例，声波通过长度 1mm 需要约 200ns（声速为 5mm/μs），这一时间对于某些高增益的脉冲激光器来说太长。因此，声光 Q 开关一般用于增益较低的连续激光器，而且声光 Q 开关所需要的驱动调制电压很低（小于 200V），故容易实现对连续激光器调 Q 以获得高重复频率的脉冲输出。一般情况下其重复率可达 1 ~ 20kHz。

声光 Q 开关用于连续激光器时，需要用脉冲调制器产生频率为 f 的信号来调制高频振荡器的信号，因此声光介质中超声场出现的频率就是脉冲调制信号的频率，于是激光器输出重复率为 f 的调 Q 脉冲序列。为了能使激光工作物质上能级积累足够多的粒子，并且避免过多的自发辐射损耗，以便激光器在保证一定的峰值功率下得到最大的反转粒子数利用率，相邻两个脉冲的时间间隔 $1/f$ 大致要与激光工作物质的上能级寿命相等。如 Nd：YAG 激光器上能级寿命约为 230ns，因此选取调 Q 重复率 f 以 4 ~ 5kHz 为宜。在这种情况下，反转粒子数的利用率最高，可以获得峰值功率在 20 ~ 30kW 的调 Q 脉冲序列。重复频率过高或过低都会影响调 Q 的效果。

连续激光器高重复率声光调 Q 过程如图 5 – 42 所示。在这种情况下，泵浦速率 W_P 保持不变（图 5 – 42（a）），但谐振腔的 Q 值做周期性变化（图 5 – 42（b）），它的变化周期由脉冲调制信号频率 f 决定，输出一系列高重复率的调 Q 脉冲（图 5 – 42（c））。由于泵浦是连续的，谐振腔的 Q 值（也就是腔的损耗）以频率 f 从高 Q 态到低 Q 态做周期变化，故激光工作物质的反转粒子数也做相应的变化（图 5 – 31（d））。

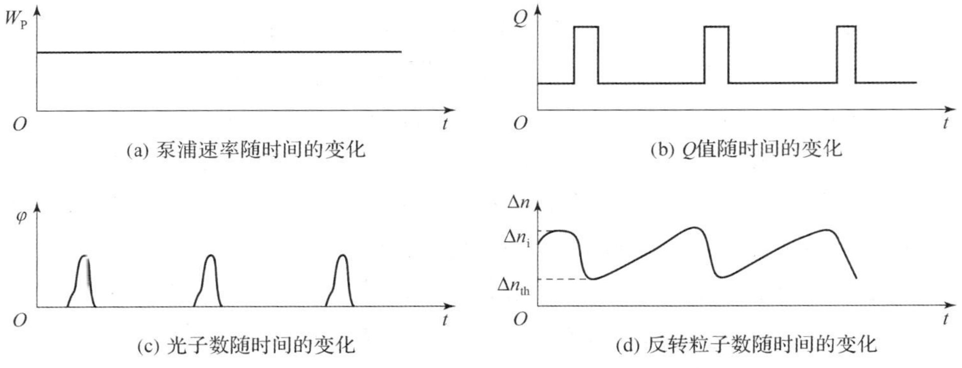

(a) 泵浦速率随时间的变化　(b) Q值随时间的变化

(c) 光子数随时间的变化　(d) 反转粒子数随时间的变化

图 5 – 42　连续激光器高重复率声光调 Q 过程

5.4.4　电光调 Q 技术

电光调 Q 技术是利用电光晶体的电光效应来实现调 Q 的。电光调 Q 激光器是在普通固体脉冲激光器的谐振腔内放置电光晶体构成的，如图 5 - 43 所示。其工作原理是通过控制腔内电光晶体上的外加电压，使入射偏振光的振动方向发生变化，从而人为地在腔内引入可控的等效反射损耗，达到调 Q 的目的。可见，电光调 Q 是一种特殊形式的电光调制。

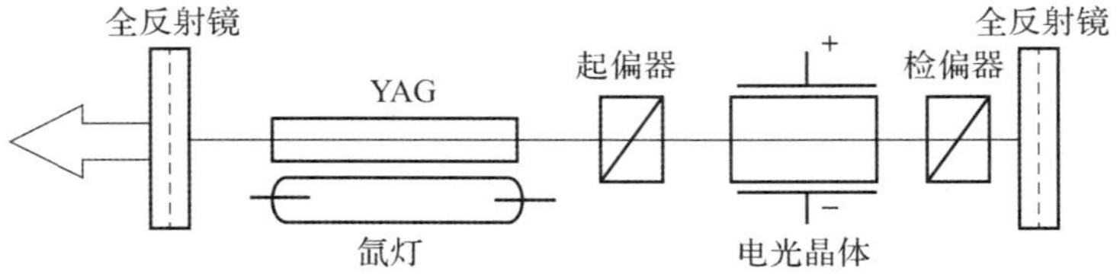

图 5 - 43　电光调 Q 激光器

电光调 Q 激光器的运转过程如图 5 - 44 所示。工作物质（如 YAG）在氙灯的激励下产生的受激辐射光通过起偏器后，变成线偏振光。若电光晶体上没有外加半波电压，则偏振光可以无损耗地通过电光晶体和检偏器。若电光晶体上外加半波电压，则线偏振光通过电光晶体后偏振面旋转 90°，不能通过检偏器。这相当于谐振腔内的反射损耗很大，激光器的 Q 值很低，阈值很高，受激辐射难以在腔内形成激光振荡，在氙灯光源的持续激励下，工作物质的上能级反转粒子数 $\Delta N(t)$ 不断积累。当反转粒子数达到最大时，瞬时去掉电光晶体上的外加电压，偏振光可以无损耗地通过检偏器。这相当于腔内的反射损耗 $\alpha(t)$ 瞬时下降，Q 值猛增，阈值反转粒子数 ΔN_{th} 很小。由于 Q 开关被迅速打开，在腔内雪崩似的建立起激光振荡，并产生一个激光巨脉冲 $\varphi(t)$。显然，电光调 Q 技术中有两个关键点：一个是当电光晶体加上半波电压时，应确保 Q 开关处于“关闭”状态；另一个点是精确控制电光晶体上外加电压的时间。这些都可以通过适当地设计激光器件和控制电路来解决。

在实际的电光调 Q 激光器中可以省掉检偏器，让起偏器兼作检偏器，此时电光晶体上外加 1/4 波长电压，以关闭 Q 开关。有些调 Q 激光器甚至把晶体制作成特殊的形式，使其兼作起偏器、电光晶体和检偏器。用 KDP 晶体制作的由单块 45°电光器件构成的电光调 Q 激光器如图 5 - 45 所示。

上述电光调 Q 激光器结构形式多样，它们的共同特点是用全反射镜和部分输出反射镜构成谐振腔，当激光器工作时，振荡和输出同时进行，这种激光器通常称为脉冲反射式（pulse reflected mode，PRM）调 Q 激光器。该激光器的激光振荡在 Q 开关打开后才开始建立，由于在腔内往返一次不可能把激光上能级的反转粒子全部耗尽，因此常需要往返 N 次，即需要经过 $2NL/c$ 的时间才能抽空全部反转粒子，将腔内激光能量全部输出，所以输出的激光脉冲宽度通常为几微秒，峰值功率为几十兆瓦。

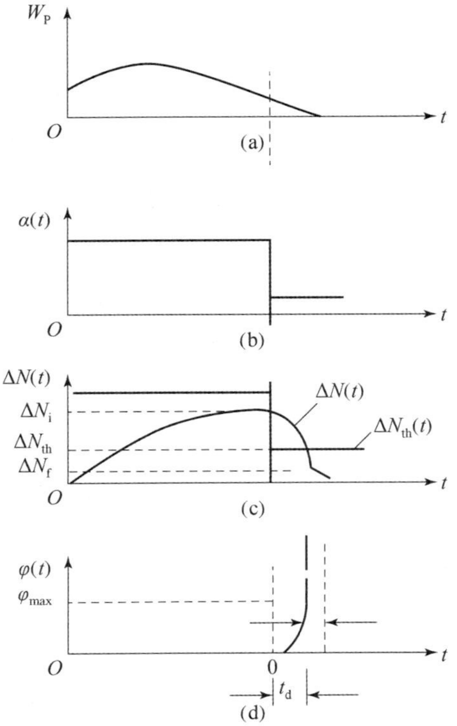

图 5-44　电光调 Q 的运转过程

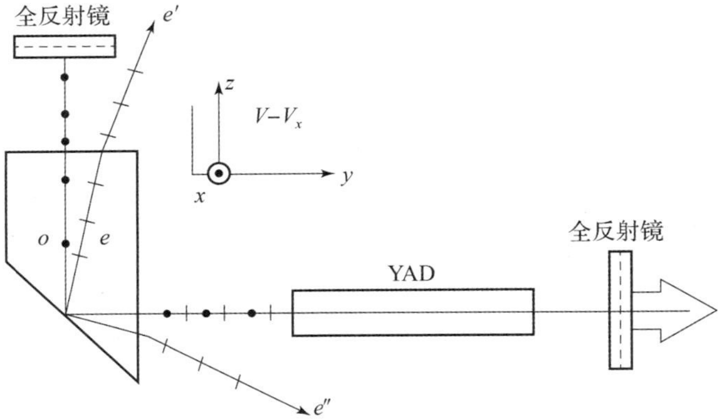

图 5-45　由单块 45°电光器件构成的电光调 Q 激光器

另一类电光调 Q 激光器是将 PRM 调 Q 激光器中的输出反射镜换成全反射镜，通过设置一个特殊的光学系统改变激光输出的路径。当谐振腔内形成最强的激光振荡时，使 Q 值突变，瞬时输出全部激光能量，这种激光器称为脉冲透射式（pulse transmitted mode，PTM）调 Q 激光器。在 PTM 调 Q 激光器中，只有当腔内的激光功率密度达到最大时，Q 开关才被打开，并耦合出全部能量，因此激光逸出腔外所需的最长时间为 $2L/c$。所以 PTM 调 Q 激光器输出的激光脉冲比 PRM 调 Q 激光器的更窄，脉宽通常可达 1 ~ 2ns。当然，要得到这样理想的结果，关键是要在激光脉冲形成的瞬间准确打开 Q 开关。

5.5 锁模技术

微观、瞬态物质世界的特性一直是人类研究世界、认识世界的目标。然而，人类的视力、分辨能力是有限的，就像肉眼看不见百万千米外的星际物质一样，它同样看不见分子的尺寸、纳秒量级的微观变化。但人们同样可以像研究远至光年的宇宙一样，通过技术手段研究似乎同样对人类“不可见”的微观、瞬态物质世界，这种方法的基础就是目前科技的前沿——飞秒技术，或称瞬态物理技术。

然而，更短的脉冲利用上述调 Q 技术无法实现。调 Q 脉冲的宽度下限为 L/c 的数量级（L 为谐振腔长度，c 为光速），对于一般的激光器脉冲宽度约为 10^{-9}s。为了得到更窄的脉冲，就必须利用锁模技术对激光束进行特殊调制，使光束中不同的振荡纵模具有确定的相位关系，从而使各个模式相干叠加得到超短脉冲。这种方式获得的激光脉冲宽度可以达到 10^{-14} ~ 10^{-11}s，相应地，也有更高的峰值功率。

超短脉冲技术的发展经历了主动锁模、被动锁模、同步泵浦锁模、碰撞锁模（colliding pulse mode - locking，CPM），以及 20 世纪 90 年代出现的加成脉冲锁模（additive pulse mode - locking，APM）、耦合腔锁模（coupled cavity mode - locking，CCM）、自锁模等阶段。自 20 世纪 60 年代实现激光锁模以来，锁模光脉冲宽度为 ps（10^{-12}s）量级；70 年代，脉冲宽度达到亚 ps（10^{-13}s）量级；到了 80 年代，则出现了一次飞跃，在理论和实践上都有一定的突破。1981 年，美国贝尔实验室的 Fork 等提出了碰撞锁模理论，并在六镜环形腔中实现了碰撞锁模，得到稳定的 90fs 的光脉冲序列。

5.5.1 多模激光器的输出特性

为了更好地理解锁模的原理，这里先讨论未经锁模的多纵模自由运转激光器的输出特性。腔长为 L 的激光器，其纵模 v_{q+1} 和 v_q 的频率间隔为：

$$\Delta v_L = v_{q+1} - v_q = c/2NL$$

自由运转激光器的输出一般包含若干个超过阈值的纵模，激光增益曲线与谐振腔纵模之间的相互作用关系如图 5－46 所示。这些模的振幅及相位都不固定，激光输出随时间的变化是它们无规则叠加的结果，是一种时间平均的统计值。

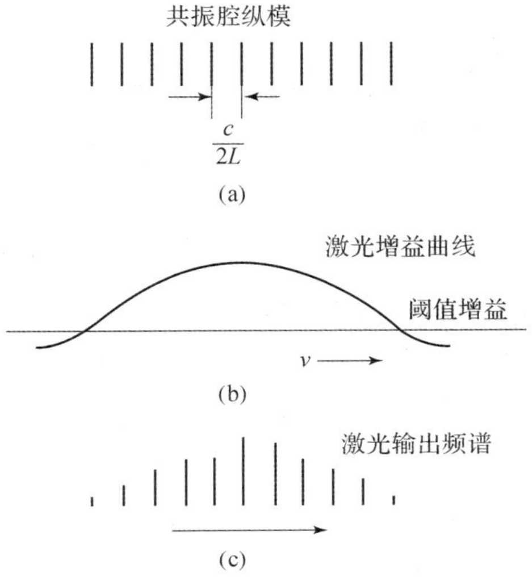

图 5－46　激光增益曲线与谐振腔纵模之间的相互作用关系

假设在激光工作物质的净增益线宽内包含有 N 个纵模，那么激光器输出的光波电场是 N 个纵模电场的和，即

$$E(t) = \sum_{q=0}^{N} E_q \cos(\omega_q t + \varphi_q) \tag{5-71}$$

式中：q 为激光器内 N 个振荡模中的纵模序数，$q=0,1,2,\cdots,N$；ω_q、φ_q 分别是纵模序数为 q 的模的角频率和相位；E_q 为纵模序数为 q 的场强。

在一般情况下，这 N 个纵模的相位 φ_q 之间是无关的，完全是独立的、随机的，可表示为 $\varphi_{q+1}-\varphi_q \neq$ 常数。另外，各纵模的相位本身受到激光工作物质及腔长的热变形、泵浦能量的变动等各种不规则扰动的影响，还会产生各自的漂移，即它们各自的相位在时间轴上是不稳定的，φ_q 本身并非常数，这样就破坏了各纵模之间的相干条件，所以激光输出的总光场是各个不同频率光场的无规则叠加的结果，其光场强度也随时间无规则地起伏。

非锁模和理想锁模激光器的信号结构如图 5－47 所示。

在频率域内，光脉冲可以写为

$$\nu(\omega) = a(\omega)\mathrm{e}^{-\mathrm{i}\varphi(\omega)} \tag{5-72}$$

式中：$a(\omega)$ 为幅度频谱；$\varphi(\omega)$ 为位相频谱。

当脉冲带宽 $\Delta\omega$ 比平均光频 ω_0 窄时，在时域内光脉冲可以写为

$$E(t) = A(t)\mathrm{e}^{\mathrm{i}[\varphi(t)-\omega_0 t]} \tag{5-73}$$

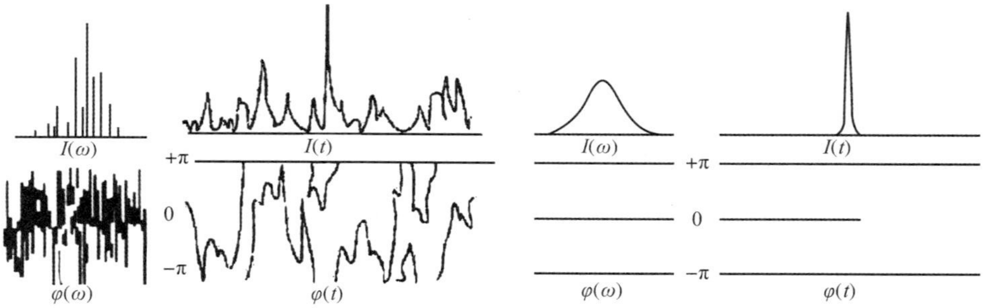

(a) 非锁模　　(b) 理想锁模

图 5 - 47　非锁模和理想锁模激光器的信号结构

式中：$A(t)$为脉冲的振幅；$\varphi(t)$为相位。

在图 5 - 47 中，假定激光器是以具有等频率间隔 $\Delta\omega$ 的 101 个离散纵模工作的，在时域内场图的重复周期为 $2\pi\Delta\omega$，对应于激光谐振腔的 2 倍渡越时间。由图 5 - 47（a）可知，当激光器处于自由运转时，在频谱范围内，其激光频谱由等间隔 $c/2L$ 的分离谱线组成，它们的振幅是无规则的，相位在 $-\pi\sim+\pi$ 之间随机分布；在时域内其相位也是在 $-\pi\sim\pi$ 之间无规则地起伏，而强度分布具有噪声特征。当用接收元件来探测非锁模激光器输出的光功率时，接收到的光强 $I(t)$ 是所有满足阈值条件的纵模光强的叠加。此时，某一瞬时的输出光强为

$$\begin{aligned} I(t) &= E^2(t) \\ &= \sum_q E_q^2\cos^2(\omega_q t+\varphi_q)+2\sum_q E_q^2 E_q\cos(\omega_q t+\varphi_q)\cos(\omega_{q'}t+\varphi_{q'}) \end{aligned} \tag{5-74}$$

收到的光强是在一段比$\dfrac{2\pi}{\omega_q}$大的时间 t_1 内的平均值，其平均光强为

$$\overline{I(t)}=\overline{E^2(t)}=\frac{1}{t_1}\sum_q\int_0^{t_1}E^2(t)\,\mathrm{d}t$$

因为

$$\frac{1}{t_1}\sum_q\int_0^{t_1}E_q^2\cos^2(\omega_q t+\varphi_q)\,\mathrm{d}t=\sum_q\frac{1}{2}E_q^2$$

$$\frac{1}{t_1}\sum_{q\neq q'}\int_0^{t_1}E_qE_{q'}\cos(\omega_q t+\varphi_q)\cos(\omega_{q't}t+\varphi_{q'})\,\mathrm{d}t=0$$

所以

$$\overline{I(t)}=\sum_{q=0}^{N}\frac{1}{2}E_q^2 \tag{5-75}$$

上式说明了平均光强是各个纵模光强之和。

如果采用适当的措施使这些各自独立的纵模在时间上同步，即把它们的相位相互联系起来，使之有一确定的关系，$\varphi_{q+1}-\varphi_q=$常数，就会出现一种与上述情况有质的区别的现象：激光器输出的将是脉宽极窄、峰值功率很高的光脉冲，如图5－47（b）所示。这就是说，该激光器各模的相位已按$\varphi_{q+1}-\varphi_q=$常数的关系被锁定，这种激光器称为锁模激光器，相应的技术称为锁模技术。

5.5.2　锁模的基本原理

要获得窄脉宽、高峰值功率的光脉冲，只有采用锁模的方法，即使各纵模相邻频率间隔相等且固定为$\Delta\nu_q=\frac{c}{2L}$，这一点在单横模的激光器中是能够实现的。

下面分析激光输出与相位锁定的关系。为运算方便，设多模激光器的所有振荡模均具有相等的振幅E_0，超过阈值的纵模共有$2N+1$个，处在介质增益曲线中心的模的角频率为ω_0，初相位为0，模序数$q=0$，即以中心模为参考，各相邻模的相位差为α，模频率间隔为$\Delta\omega$。假定第q个振荡模为

$$\begin{aligned}E_q(t)&=E_0\cos(\omega_q t+\varphi_q)\\&=E_0[\cos(\omega_0+q\Delta\omega)t+q\alpha]\end{aligned}\tag{5-76}$$

式中：q为腔内振荡纵模的序数。

激光器输出总光场是$2N+1$个纵模相干的结果：

$$\begin{aligned}E_q(t)&=\sum_{-N}^{N}E_0\cos(\omega_q t+\varphi_q)\\&=E_0\cos\omega_0 t\{1+2\cos(\Delta\omega t+\alpha)+2\cos[2(\Delta\omega t+\alpha)]+\cdots\\&\quad+2\cos[N(\Delta\omega t+\alpha)]\}\end{aligned}\tag{5-77}$$

利用三角关系可得

$$E(t)=A(t)\cos\omega_0 t$$

式中

$$A(t)=E_0\frac{\sin\left[\frac{1}{2}(2N+1)(\Delta\omega t+\alpha)\right]}{\sin\left[\frac{1}{2}(\Delta\omega t+\alpha)\right]}\tag{5-78}$$

由式（5－77）和式（5－76）可知，$2N+1$个振荡的模经过锁相以后，总的光场变为频率为ω_0的调幅波。振幅$A(t)$是随时间变化的周期函数，光强$I(t)$正比于$A^2(t)$。按傅里叶分析，总光场由$2N+1$个纵模频率组成，因此激光输出脉冲是包括$2N+1$个纵模的光波。

由以上分析可知，只要知道振幅 $A(t)$ 的变化情况，即可了解输出激光的特性。为讨论方便，假定 $\alpha=0$，则有

$$A(t)=E_0\frac{\sin\left[\frac{1}{2}(2N+1)\Delta\omega t\right]}{\sin\left(\frac{1}{2}\Delta\omega t\right)} \tag{5-79}$$

式（5-79）的分子、分母均为周期函数，因此 $A(t)$ 也是周期函数。只要得到它的周期、极值、零点，即可得到 $A(t)$ 的变化规律。由式（5-79）可求出 $A(t)$ 的周期为 $2L/c$，在一个周期内有 $2N$ 个零值点及 $2N+1$ 个极值点。

在 $t=0$ 和 $t=2L/c$ 时，$A(t)$ 取得极大值，因 $A(t)$ 的分子、分母同时为0，利用洛必达法则求得此时振幅为 $(2N+1)E_0$。

当 $t=L/c$ 时，$A(t)$ 取得极小值 $\pm E_0$：当 N 为偶数时，$A(t)=E_0$；当 N 为奇数时，$A(t)=-E_0$。除 $t=0$，$t=L/c$ 及 $t=2L/c$ 点之外，$A(t)$ 具有 $2N-1$ 个次极大值。

由于光强正比于 $A^2(t)$，在 $t=0$ 和 $t=2L/c$ 时的极大值称为主脉冲。在两个相邻主脉冲之间共有 $2N$ 个零点，并有 $2N-1$ 个次极大值，称为次脉冲。由于在锁模激光器中一般被锁定的纵模数量很多，次脉冲的值通常可忽略不计。而两个主脉冲的间隔 $t=2L/c$ 恰好是一个光脉冲在腔内往返一次所用的时间，所以锁模振荡也可以理解为只有一个光脉冲在腔内来回传播。

由上述简要分析可知，激光器多个纵模锁模的结果出现了下列有意义的现象：

（1）激光器的输出是间隔为 $t=2L/c$ 的规则脉冲序列。

（2）每个脉冲的宽度 $\Delta\tau=\frac{1}{2N+1}\cdot\frac{1}{\Delta\nu_q}$，即近似等于振荡线宽的倒数。主脉冲的宽度定义为由脉冲峰值下降到第一个零值的时间间隔。由于振荡线宽不会超过激光器净增益线宽 $\Delta\nu_g$，因此在极限情况下，$\Delta\tau_{min}=\frac{1}{\Delta\nu_g}$。可见，增益线宽越宽，越可能得到窄的锁模脉宽。例如，钕玻璃激光器，$\Delta\nu_g$ 为 20～30nm，用它进行锁模可以得到 10^{-12}～10^{-13}s 量级的窄脉冲。但在气体激光器中，$\Delta\nu_g$ 一般很小，如对于氦氖激光器，$\Delta\nu_g=2\times10^{-3}$nm，所以不能获得比 1ns 更窄的脉冲。

（3）输出脉冲的峰值功率正比于 $E_0^2(2N+1)^2$，而自由运转的激光器的平均功率正比于 $E_0^2(2N+1)$。因此，由于锁模，峰值功率增大了 $2N+1$ 倍。在固体激光器中，振荡模数量可达 10^3～10^4，所以单个脉冲的峰值功率可以很高。

（4）多模（$\omega_0 + q\Delta\omega_q$）激光器相位锁定的结果，实现了 $\varphi_{q+1} - \varphi_q =$ 常数，这导致输出一个峰值功率高、脉冲宽度窄的序列脉冲。因此，多纵模激光器锁模后，各振荡模发生功率耦合而不再独立。每个模的功率应视为由所有振荡模提供。

5.5.3 锁模方法

1. 主动锁模

主动锁模采用的是周期性调制谐振腔参量的方法，即在激光谐振腔内插入一个受外部信号控制的调制器，用一定的调制频率周期性地改变谐振腔内振荡模的振幅或相位。当选择的调制频率与纵模间隔相等时，对各个模的调制会产生边频，其频率与两个相邻纵模的频率一致。由于模之间的相互作用，所有的模在足够强的调制下达到同步，形成锁模序列脉冲。

下面先简单说明调制损耗锁模的过程，再用麦克斯韦方程的解说明主动锁模的原理。

假设在谐振腔中经过损耗调制器的激光光波频率为 ν_0，损耗调制器的（如普克尔斯盒）调制信号频率 $f_m = c/2L$，等于谐振腔纵模频率间隔，则谐振腔内光强按下式被调制：

$$I_1 = I_0(1 + a\cos 2\pi ft)\cos 2(2\pi\nu_0 t) \tag{5-80}$$

式中：a 为调制系数，$a<1$，它取决于加载在普克尔斯盒上的电压。

对该光波进行傅里叶频谱分析可知，调制过的光波中含有 ν_0 和两个边频 $\nu_0 \pm nf$，调制波的频谱及脉冲间隔如图 5-48 所示。

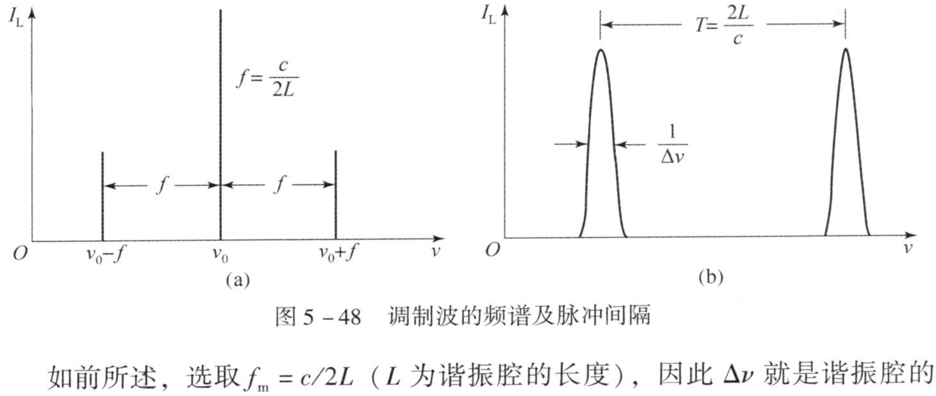

图 5-48　调制波的频谱及脉冲间隔

如前所述，选取 $f_m = c/2L$（L 为谐振腔的长度），因此 $\Delta\nu$ 就是谐振腔的纵模间隔。这意味着两个边频可以参与激光振荡，因为其频率落在增益介质的增益曲线范围内。这使谐振腔增益曲线内的所有模式相互耦合，因为边频的相位与调制载频的相位经调制后趋于一致。

令调制器有

$$T = T_0\left(1 - a\sin 2\frac{\Omega}{2}t\right) \tag{5-81}$$

调制频率 $f=\Omega/2\pi$，调制系数 $a<1$，则腔内第 k 个模式的振幅为

$$A_k(t) = TA_{ki}\cos\omega_k t = T_0 A_{k0}\left(1 - a\sin 2\frac{\Omega}{2}t\right)\cos\omega_k t \tag{5-82}$$

上式也可以写成

$$A_k(t) = T_0 A_{k0}\left\{\left(1-\frac{a}{2}\right)\cos\omega_k t + \frac{a}{4}\left[\cos(\omega_k+\Omega)t + \cos(\omega_k-\Omega)t\right]\right\} \tag{5-83}$$

则所有 $N=2m+1$ 个耦合在一起的模式的振幅为

$$A(t) = \sum_{k=-m}^{+m} A_k\cos(\omega_k + k\Omega)t \tag{5-84}$$

假设 $A_k=A_0$，对于连续激光器，A_0 为时间常数，则式（5-84）表示的是具有等间距为 $T=2L/c$ 的一系列脉冲，且每个脉冲的宽度为

$$\Delta T = \frac{2\pi}{(2m+1)/\Omega} = \frac{2\pi}{N\Omega} = \frac{1}{\partial\nu}$$

宽度由增益曲线内模式的个数 N 决定，峰值功率则正比于 N^2。调制损耗锁模过程中的模式如图 5-49 所示，其中图 5-49（a）、图 5-49（b）分别所示为锁模前和锁模后的中心频率相位之间的关系。

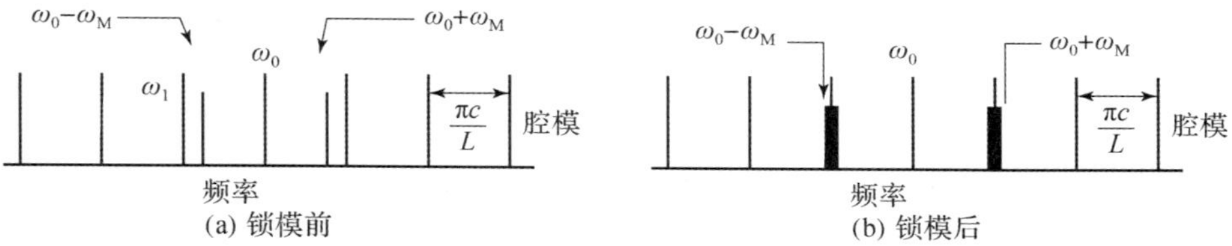

图 5-49　调制损耗锁模过程中的模式

设激光振荡中心频率为 ω_0，光场为

$$E_0(t) = E_0\cos(\omega_0 t + \varphi_0)$$

调制光场为

$$E_M(t) = E_M\cos\omega_M t$$

经过调制的光场为

$$\begin{aligned} E_0'(t) &= E_0(t)E_M(t) = E_0\cos(\omega_0 t+\varphi_0)\cdot E_M\cos\omega_M t \\ &= E_0E_M\left[\cos(\omega_0 t+\varphi_0)\cdot\cos\omega_M t\right] \end{aligned}$$

则腔内的光场为

$$E(t) = E_0(t) + E_0'(t) = E_0\cos(\omega_0 t + \varphi_0)$$

$$+\left[\frac{1}{4}E_0E_{\mathrm{M}}\cos(\omega_0+\omega_{\mathrm{M}})t+\frac{1}{4}E_0E_{\mathrm{M}}\cos(\omega_0-\omega_{\mathrm{M}})t\right]$$

这就相当于在激光器启动过程中注入一个弱信号 $\omega_0-\omega_{\mathrm{M}}$，可使频率与注入信号频率最接近的模式优先起振，其他模式被抑制，其角频率 $\omega_0-\omega_{\mathrm{M}}$ 迅速变为最邻近的腔模角频率，使 ω_1 在注入信号的基础上振荡，其他模在弱得多的自发辐射噪声基础上增长，因此模式竞争占优势，优先振荡。

2. 被动锁模

产生超短脉冲的另一种有效方法是被动锁模。此方法是把可饱和吸收体放在激光谐振腔内实现的。可饱和吸收体是一种非线性介质，对腔内激光的吸收随光场强度变化而变化，当光场较弱时，对光吸收很强，因此光透过率很低；随着激光强度增加，吸收减少，当达到一个特定值时，吸收饱和光透过率达 100%，使强度最大的激光脉冲经受最小的损耗，从而得到很强的锁模脉冲。被动锁模类似于被动 Q 开关，但又有所区别：被动锁模要求可饱和吸收体的上能级寿命特别短。

3. 自锁模

激活介质本身的非线性效应能够保持各个振荡纵模频率的等间隔分布，并有确定的初相位关系，不需要在谐振腔内插入任何调制元件就可以实现纵模锁定，这种方法称为自锁模。掺钛蓝宝石自锁模激光器、光纤锁模激光器、新型材料锁模激光器等都是目前最热门的研究课题，同时也比较实用，目前已有大量相关产品。

4. 同步泵浦锁模

主动锁模是通过周期性调制谐振腔的损耗或光程来实现的。若要通过周期性地调制谐振腔的增益来实现锁模，则可以用一台主动锁模激光器的脉冲序列泵浦另一台激光器来获得。这种方法称为同步泵浦锁模。同步泵浦锁模的优点是周期性泵浦时可以获得比泵浦脉冲宽度小得多的脉冲。此外，在同步泵浦染料激光器中，产生的超短脉冲的频率在一定的波长范围内是连续可调的。

本章重点总结与复习

（1）激光调制的基本原理和实施器件。

（2）电光、声光、磁光调制的原理和实施器件。

（3）调 Q 技术的基本原理。

（4）主动调 Q 和被动调 Q 的区别。

（5）锁模技术的基本原理。

（6）锁模技术的实现方案。

（7）短脉冲和超短脉冲的术语定义和应用范围。

（8）激光单纵模选取的方式。

（9）实现激光单横模的方法。

（10）稳频的基本原理。

（11）兰姆凹陷法稳频的原理和实现方式。

习 题

1. 激光调制的各种技术中，调幅、调频、调相本质上是对电磁场的什么参数进行调制？

2. 电光、声光、磁光调制方案的基本原理是什么？

3. 电光、声光、磁光调制技术在调制速度、损伤阈值、功耗方面各有什么优缺点？

4. 调 Q 脉冲产生的短脉冲，脉冲宽度一般在什么量级？这种短脉冲可以应用于哪些领域？

5. 锁模脉冲产生的超短脉冲，脉冲宽度一般在什么量级？这种超短脉冲可以应用于哪些领域？

6. 电光、声光、饱和吸收效应都可以用来实现调 Q 和锁模，在具体实施过程中，如何选择和控制上述器件的特性，获得调 Q 和锁模脉冲？

7. 已知锁模激光器采用驻波腔，腔长为 1m，中心波长为 1μm，光谱宽度为 10nm，该锁模激光器输出的纵模个数是多少？

8. 仅通过锁模技术，能否实现阿秒脉冲？为什么？

9. 激光器输出 TEM31 模式，请画出可能的光斑形状。

10. 简述激光单纵模的选取方法并讨论各种方法的优缺点。

11. 稳频的原理是什么？主动稳频有哪些方法？

第 6 章

“五颜六色”的激光

6.1 紫外激光

紫外激光具有波长短、光子能量高、聚焦性能好的特点。脉冲宽度为皮秒级的紫外激光，与纳秒激光相比，凭借极窄的脉冲宽度缩短了激光与物质相互作用的时间，可在短时间内破坏物质的分子键，不会对加工材料造成热破坏，称之为“冷加工”；同时具有较高的时间分辨率，广泛应用于生物学和医学、光数据存储、高精度激光测距、精细材料加工等方面。

6.1.1 常用紫外激光器

目前，在工业和科研领域常用的紫外激光器主要有气体和固体两种。气体紫外激光器包括准分子激光器、氩离子激光器等。固体紫外激光器包括各种近红外激光器，掺钕钒酸钇（Nd：YVO_4）、掺钕钇铝石榴石（Nd：YAG）、掺钕氟化锂钇（Nd：YLF）的三倍频、四倍频激光器等。

1. 气体紫外激光器

目前应用于激光加工领域的气体紫外激光器主要有以脉冲方式工作的准分子激光器和以连续方式工作的氩离子激光器。

准分子激光器主要以按一定比例混合的惰性气体和卤族元素气体为工作介质。通过混合气体中的快速放电激励使原子发生碰撞，处于基态的气体原子被激发，原子核外电子跃迁到更高的能带并与其他原子形成准分子，当处于激发态的电子又跃迁回基态时，准分子立即分解并还原成本来的特性，同时释放出高能的紫外激光。

图 6－1 所示为典型的准分子位能曲线，C 为基态，B 为最低激发态，A 为更高的激发态。准分子的特征谱是由激发态 B 到基态 C 的跃迁。

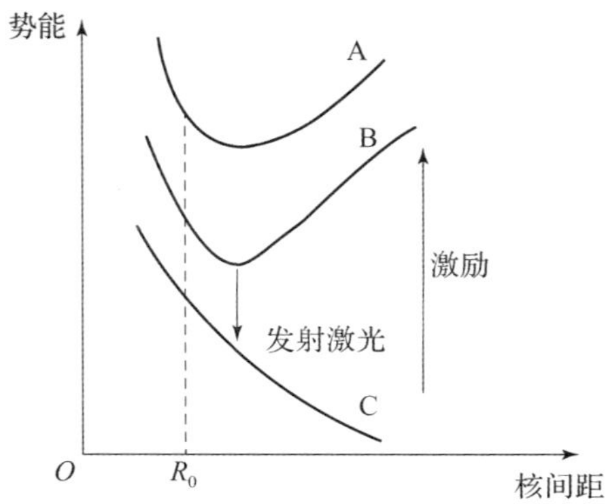

图 6-1 准分子位能曲线

不同的惰性气体与不同的卤族元素气体相结合，受激辐射产生的紫外激光波长不同。例如，Kr 与 F_2 结合的准分子发出波长为 248nm 的激光，Xe 与 F_2 结合的准分子发出波长为 351nm 的激光，Ar 与 F_2 结合的准分子发出波长为 193nm 的激光。理论上讲，准分子激光覆盖的波长可从深紫外波段（126nm）到可见波段（670nm），但常用的准分子激光波长主要处于紫外波段。常用准分子介质类型和输出波长见表 6-1。

表 6-1 准分子介质类型和输出波长

准分子类型	ArF	KrF	XeCl	XeF	F_2
输出波长/nm	193	248	308	351	157

氩离子激光器是惰性气体离子紫外激光器的典型代表，其原理是利用气体放电使管内氩原子电离并激发，在离子的激发态能级间实现粒子数反转而产生激光。

上述气体紫外激光器的输出能量较大，同时也存在转换效率低、使用寿命短等缺点，如氩离子激光器的转换效率仅为 0.6%，寿命仅为 1000h 左右，这限制了气体紫外激光器的进一步发展。全固态紫外激光器正是在这种情况下应运而生，随着半导体激光技术的发展，LD 泵浦的全固态紫外激光器已经能够实现大功率输出。

2. 固体紫外激光器

相较气体、液体、自由电子等类型的传统激光器，LD 泵浦的全固态激光器具有结构紧凑、光束质量好、能量转换效率高、可靠性高、质量轻等优点。由于紫外线光子能量大，难以通过外激励源的激励产生一定高功率的紫外激光，使用非线性频率变换技术是实现全固态紫外激光输出最常用的方法。方案有两个：一是对基频光源激光器进行腔外3~4倍频得到紫外激光；二是先利用倍频技术得到二次谐波，再利用和频技术获得紫外光源。

用来倍频的基频光源常用Nd：YAG晶体与Nd：YVO_4晶体作为增益介质。前者能产生中心波长分别为946nm、1064nm、1342nm的明显的荧光谱线，是目前应用最广泛的一种工作物质。后者的泵浦吸收带宽而平坦，能适应半导体激光器的温度变化。结合LD端面泵浦、侧面泵浦两种方式可获得高功率的基频光，端面泵浦是指泵浦光在增益介质内的传播方向与腔内激光光束的传播方向平行或近似平行的泵浦方式，侧面泵浦是指在激光晶体的侧面放置泵浦源的泵浦方式。在侧面泵浦结构中，激光二极管列阵沿激光棒的长轴方向排列，有利于散热和泵浦耦合。

常用于倍频的非线性光学晶体有KTP（磷酸钛氧钾）晶体、BBO（偏硼酸钡）晶体、LBO（三硼酸锂）晶体等，它们都具有晶体各向异性、大的非线性系数、较宽的透过率范围、高损伤阈值、较稳定的物理和化学性能、大的接收角度和接收带宽等。通过对基频红外激光的非线性倍频或者和频，可以将固体激光波段扩展到紫外或者深紫外范围，如355nm、266nm、213nm等。

接下来，以Nd：YAG晶体作为激光介质，LBO晶体作为非线性光学材料，论述利用晶体材料的非线性效应进行变频获得紫外激光的原理。

首先是基于BBO晶体加压式电光调Q技术方案，通过LD侧面泵浦Nd：YAG介质获得1064nm基频光，LD侧面泵浦Nd：YAG晶体电光调Q输出基频光装置如图6-2所示。

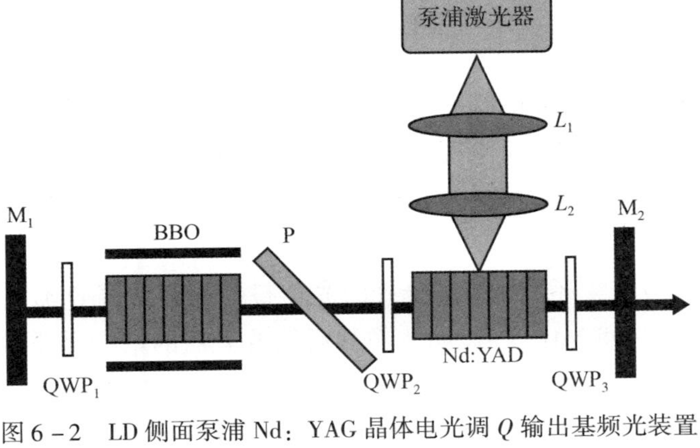

图6-2 LD侧面泵浦Nd：YAG晶体电光调Q输出基频光装置

为了获得高的1064nm输出光功率，实验装置采用平平腔结构，M_1 为全反镜，镀1064nm和532nm全反膜；M_2 为输出镜，镀1064nm增透膜。电光调 Q 系统需要线偏振光，通过薄膜偏振片P获得的线偏振光的偏振方向对非线性频率变换具有重要作用，可以通过调整线偏振光的偏振态提高基频光的输出功率。在Nd：YAG晶体的两端平行等距放置两块1/4波片（QWP），两波片的光轴方向一致，且与偏振片P的起偏方向成45°放置，用于补偿Nd：YAG晶体的热致双折射效应，同时不改变谐振腔内激光的偏振方向。

在满足高驱动电源的条件下，选用BBO晶体作为电光调 Q 晶体。第一步，在简单腔调节好的情况下，先插入并旋转1/4波片，使输出的基频光光强最大，此时光的偏振方向与1/4波片光轴方向平行，线偏振光无损失地通过1/4波片。第二步，不接调 Q 电源，将调 Q 晶体BBO晶体插入光路内，调整其偏转角度和俯仰角度，使光无损耗地通过BBO晶体，即做到调 Q 晶体静态插入无损耗。第三步，调节BBO晶体加载电压，同时旋转1/4波片，使1064nm输出光功率为0，实现电光调 Q "关断"效果。第四步，不断升高泵浦电流的同时加上时序高压，配合旋转1/4波片，找到在时序电压驱使下既能使1064nm输出光功率值最大，又能完全"关断"的情况。至此，加压式调 Q 系统调节完毕。上述基频光产生系统可输出中心波长1064nm、偏振方向与偏振片P一致的线偏振光。

其次，在上述电光调 Q 基频激光器的基础上，腔外由两块LBO晶体连续倍频输出355nm紫外线。图6－3为腔外非线性频率变换的实验装置。

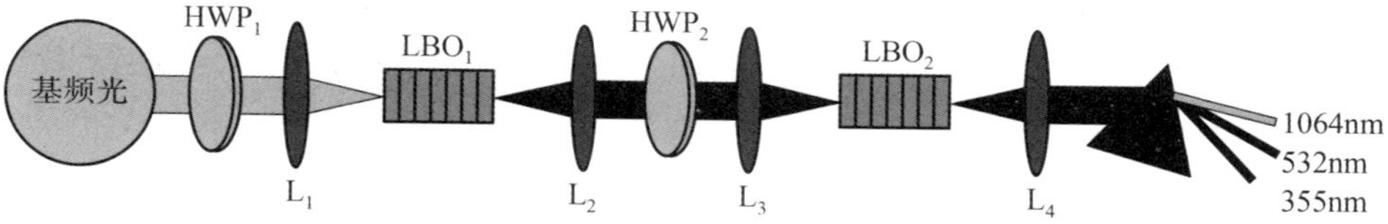

图6－3　腔外非线性频率变换的实验装置

将中心波长1064nm的基频光通过透镜 L_1 聚焦至倍频晶体 LBO_1 中，调节透镜前的半波片（HWP_1）使在满足相位匹配条件下获得最大的中心波长532nm的绿光输出。同样地，对绿光再次倍频获得中心波长355nm的紫外激光。

除了上述方法，还可用掺镱光纤激光器替代上面的调 Q 激光器作为基频光源，LD侧面泵浦Nd：YAG晶体作为后续放大器的增益介质，提升光纤激光器的输出光功率，在腔外利用倍频与和频相结合的方式获得紫外激光。腔外倍频、和频产生213nm紫外激光装置如图6－4所示。

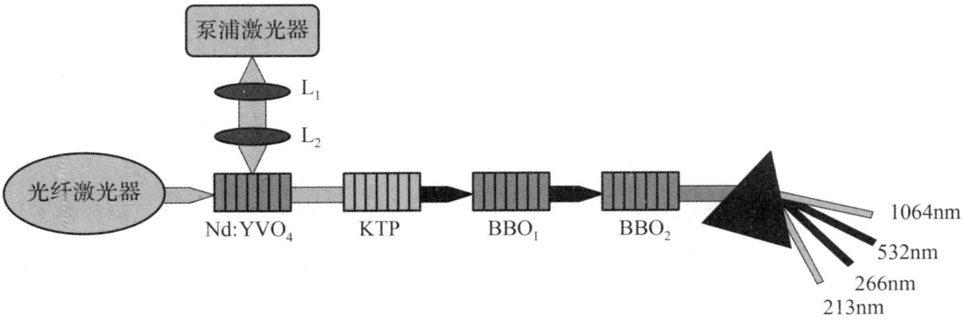

图 6－4　腔外倍频、和频产生 213nm 紫外激光装置

以 KTP 为二倍频晶体获得中心波长为 532nm 的倍频光，以 BBO 晶体为四倍频晶体获得中心波长为 266nm 的倍频光，以 BBO 晶体为和频晶体获得中心波长为 213nm 的激光输出。

6.1.2　光刻机中的紫外激光

集成电路产业是现代信息社会的基石，集成电路的发明使电子产品成本大幅降低，尺寸进一步减小。集成电路的发展与其制造工艺光刻技术的进步密不可分，光刻技术水平决定着集成电路工艺水平的高低。光刻技术是指在光照作用下，借助光刻胶将掩膜版上的图形转移到基片上的技术。其工艺流程一般包括涂胶（光刻胶）、前烘、曝光、显影、坚膜、刻蚀和去胶等。原理是通过改变集成电路中每个晶圆上节点的最小特征尺寸（最小分辨率），决定每个芯片内晶体管的数目。随着生产技术的提高和实际市场的需求，要求半导体芯片能够在更小的尺寸上集成更多的功能。已知光刻技术在半导体晶圆中可刻划出的最小线宽 d，可用瑞利公式表示：

$$d = k\lambda/\mathrm{NA} \tag{6-1}$$

式中：λ 为曝光波长；NA 为光学系统的数值孔径；k 为与生产过程相关的技术常数。

由式（6－1）可知，减小常数 k，增大数值孔径 NA 及减小曝光波长 λ 均可以使最小线宽（节点）d 变小。然而，前两种方案的技术难度越来越大，人们几乎已经将其做到了极限。所以，通过缩短曝光波长 λ 来减小线宽已成为目前光刻技术的主要研究方向。

目前，占光刻技术主导地位的仍然是紫外光刻。按波长，光刻技术可分为紫外光刻、深紫外光刻和极紫外光刻。按曝光方式，光刻技术可分为接触/接近式光刻和投影式光刻。接触/接近式光刻通常采用汞灯产生的 365～436nm

的紫外波段，投影式光刻通常采用准分子激光器产生的深紫外波段（248nm、193nm、157nm）。

1. 接触/接近式光刻

接触/接近式光刻常用高压放电汞灯作为曝光光源，是最早、最常见的曝光方式。它采用1∶1方式复印掩膜版上的图形。这类光刻机结构简单、价格便宜，发展也较成熟；缺点是分辨率不高，通常最高可达1μm左右。此外，由于掩膜版直接和光刻胶接触，会造成掩膜版的污染。接触/接近式光刻机的分辨率由下式决定：

$$R = \frac{3}{2}\sqrt{\lambda\left(G + \frac{F_T}{2}\right)} \tag{6-2}$$

式中：λ 为曝光波长；F_T 为光刻胶的厚度；G 为曝光时的接近距离。

目前常用的光源为汞/氙灯所产生的紫外光，常用的3个波段为436nm（G线）、405nm（H线）和365nm（I线）。

2. 投影式光刻

投影式光刻通常采用准分子激光器作为曝光光源。准分子激光是“激光家族”中较特殊的一员，由表6-1可知，准分子激光器的输出波长 λ 大多位于深紫外波段，用准分子激光输出作为光刻流程中的曝光光源是当前集成电路制造中主流的光刻技术，称为深紫外光刻（deep ultraviolet lithography，DUVL）技术。光源主要有波长为248nm的KrF准分子激光，支持的工艺尺寸为0.1μm；193nm的ArF准分子激光，支持的工艺尺寸为0.09μm；157nm的F_2准分子激光。值得一提的是，当光源发展到157nm时，由于掩膜材料和光刻胶的局限、图形对比度低等因素，该波段的光刻技术发展受到了很大限制。研究人员发现，作为浸没液的水对于193nm的光波而言几乎完全透明，充入浸没液后，193nm光源等效波长小于157nm。浸没式技术的原理是利用光通过液体介质后光源波长缩短来提高分辨率，缩短的倍率即为液体介质的折射率，水的折射率约为1.4，则波长可缩短至193nm/1.4=138nm。如果浸没液体不是水，而是折射率比1.4高的其他液体，那么实际分辨率可以非常方便地再次提高。因而采用浸没技术的193nm光源取代157nm光源继续成为研究的热点，浸没式光刻技术可支持65nm、45nm、32nm及22nm的工艺尺寸。

2003年，采用193nm波长的130nm工艺已大规模生产。

3. 极紫外光刻（extreme ultraviolet lithography，EUVL）技术

尽管157nm光刻技术存在很大的局限性，但是业界在157nm光刻技术的研发进程并没有因此停顿，因为157nm也能采用浸没式技术而提高分辨率。

在 157nm 之后，人们称之为下一代光刻（next generation lithography，NGL）技术。其中，极紫外光刻是较有前途的方法之一。

EUVL 突出的优点是曝光波长可降到 11～14nm。EUV 光源的获取途径主要有同步辐射和激光等离子体（Laser Produced Plasma，LPP）。同步辐射是环形加速器中做循环运动的高速电子在经过弯转磁铁时沿电子轨道切线方向所发出的高强度电磁辐射，它具有高光强、高准直、宽波谱、线偏振、高洁净度等优点，但过于复杂和庞大的装置构造与高昂的造价等都限制了同步辐射源的发展。激光等离子体极紫外光源（LPP－EUV）的光学系统由于波长为 10～14nm 的极紫外线在材料中被强烈吸收，必须采用反射形式。通常采用高功率的 CO_2 激光束照射到液滴靶材（一般为金属锡）上，产生等离子体并辐射出极紫外线，再用反射式聚光系统收集 EUV 辐射并投射到掩膜上，掩膜反射的 EUV 辐射使掩膜图形再经过一个由四面反射镜组成的反射成像系统，缩小投影成像到涂有光刻胶的硅片上。激光等离子体极紫外光刻原理如图 6－5 所示。

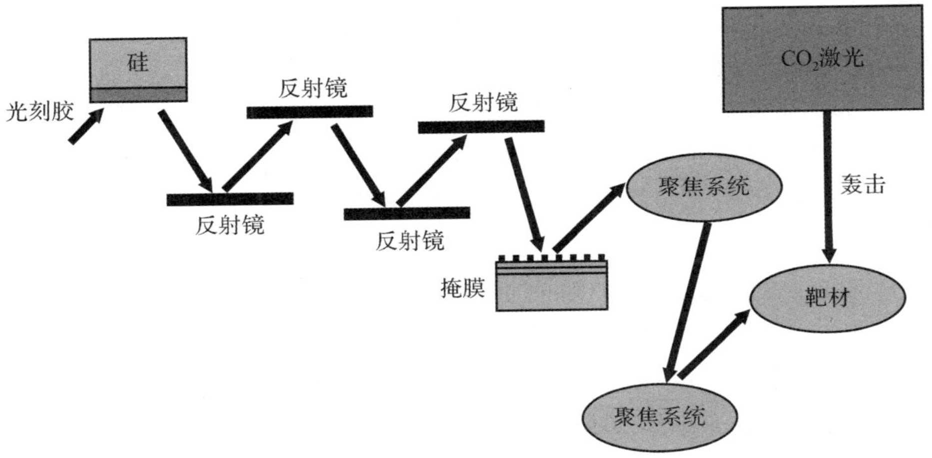

图 6－5 激光等离子体极紫外光刻原理

激光等离子体极紫外光源具有较好的功率扩展能力、可控性和稳定性，不仅能够有效减少设备热负荷、提高光源工作频率，而且能直接控制等离子体产生区域的尺寸和空间稳定性。此外，光源体积小、亮度高，可以通过选择适当的燃料靶材及控制等离子体参数来实现极紫外等离子体光源输出波长的调谐。由于其产生方式灵活，可在更大的立体角范围内收集 EUV，从而能更有效地利用产生的辐射提高输出功率。其目前被认为是最有希望的高功率极紫外光刻光源。

6.2 可见光激光

波长位于可见光（380～780nm）波段的激光器在激光显示、生物医疗、工业加工、天文研究、特殊通信等领域具有重要的应用前景。目前，实现可见光激光输出的方法主要有利用倍频、和频、参量转换等非线性频率变换手段间接产生可见光，以及利用掺杂离子的方式直接产生可见光。激光频率变换技术是非线性光学研究范畴内的一个主要方向，利用频率变换可以得到多种波段的相干辐射，从而满足各种现实应用方面的需求。近年来，随着非线性光学技术及增益晶体的发展和成熟，非线性光学频率变换技术得到了迅速发展。

6.2.1 可见光激光器的产生方法

可见光激光器产生方法有两种：一种是直接产生可见光激光，另一种是间接输出可见光激光。

直接产生可见光激光的激光器很少。一些激光二极管可以直接产生可见光激光，如发光波长为 390～440nm 的氮化铟镓激光二极管和发光波长为 635～670nm 的磷化铟镓激光二极管。也有一些气体激光器可以直接产生可见光激光，例如，氦氖激光器可以发射多种波长的可见光，包括常见的波长为 632.8nm 的红光、波长为 543.5nm 的绿光、波长为 594.1nm 的黄光和波长为 604.6nm 或 611.9nm 的橙光；氦镉激光器可以发射波长为 441.6nm 的蓝光；氩离子激光器主要发射波长为 514.5nm 和 488nm 的光，也可以发射波长为 465.8nm、472.7nm 和 527.7nm 的可见光。

间接输出可见光的激光器通常有两种：一种是首先通过传统激光晶体获得近红外的基频光，如波长为 946nm、1064nm、1320nm 的光等，再通过倍频、和频、光参量振荡等非线性频率变换的方式获得可见光波段激光的输出，这种方法需进行不少于一次的非线性转换，过程中往往在非线性晶体中存在能量的损耗和吸收，其结构和设计往往相对复杂，且部分转换效率较低；另一种是直接泵浦激光晶体实现可见光输出，该方法可有效提高光转换效率，如直接泵浦掺 Pr^{3+}（镨）晶体、掺 Ho^{3+}（钬）晶体、掺 Dy^{3+}（镝）晶体等。

1. 利用非线性和频手段实现蓝光激光输出

有多种方法可以产生蓝色的激光输出：直接发射蓝光的激光二极管，非线性频率变换，LD 泵浦特殊激光晶体。其中，非线性频率变换是获得高光束质量蓝光最好的方法。非线性和频简单来说就是由频率为 ω_1 和 ω_2 的激光束在非线性材料中相互作用，从而实现和频光（$\omega_3 = \omega_1 + \omega_2$）的相干辐射。基频光 1 和基频光 2 同时作用在非线性晶体上产生和频光 3。为了得到较高的和频效率，两束基频光的功率需要满足一定的配比。通过选择两束激光合适的 LD 泵浦功率配比，就可以保证腔内两束基频光在非线性晶体上达到最佳的功率配比，从而提高和频效率。和频激光器的基本结构如图 6－6 所示。

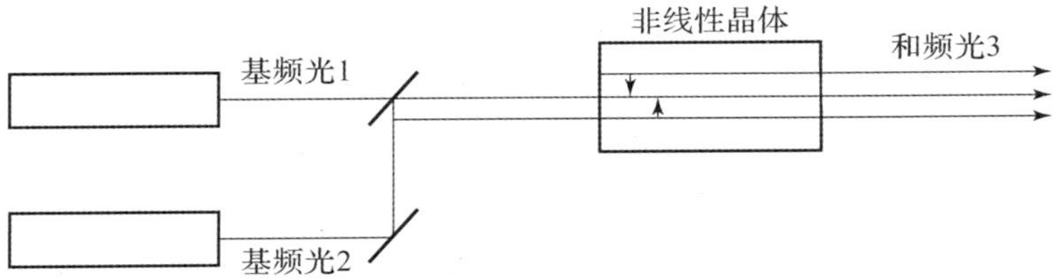

图 6－6　和频激光器的基本结构

直线型谐振腔结构腔内级联泵浦和频蓝光激光实验装置示意如图 6－7 所示。图中使用了紧凑的直线型谐振腔结构进行腔内和频实验，实现了 493nm 蓝光激光的输出。实验中，利用 LD 端面泵浦 Nd：YAG 晶体获得了 946nm 激光振荡，然后在谐振腔中直接泵浦 Yb：YAG 晶体，实现了 946nm 和 1064nm 激光同时振荡，最终利用 LBO 晶体对两束激光进行和频，从而实现了 493nm 蓝光激光的输出。

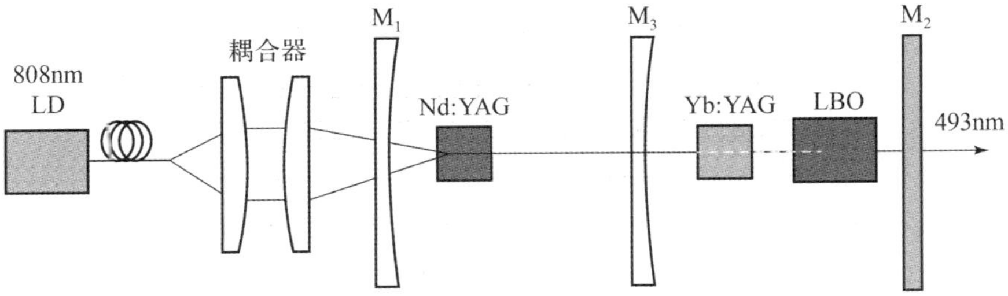

图 6－7　直线型谐振腔结构腔内级联泵浦和频蓝光激光实验装置示意

2. 利用倍频手段实现绿光输出

倍频就是将单一频率的光束入射到激光增益介质中，从而使输出光的频率是基频光的 2 倍，而波长是基频光的一半的变化过程。激光倍频技术又称二次谐波（second harmonic generation，SHG）技术，是最早在试验研究观察到的非线性光学效应。图 6－8 为倍频的典型示意图，一个近红外的 1064nm 的输入光在通过非线性晶体时产生了 532nm 的绿光。

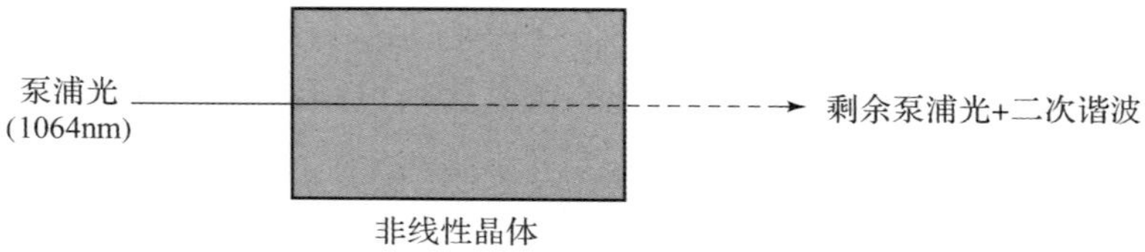

图 6－8　倍频的典型示意

3. 蓝光 LD 泵浦掺 Pr^{3+} 晶体输出红色激光

稀土离子大多具有特殊光谱特性，在很多领域都有着重要的研究和应用价值，其中对掺 Pr^{3+} 晶体的研究最为广泛。图 6－9 为 Pr^{3+} 能级结构，从图中可以看出 Pr^{3+} 在可见光区有着非常丰富的发射谱线，能够实现蓝光（480nm）、绿光（525nm）、橙光（610nm）、红光（640nm）及深红光（697nm、720nm）等可见光波段的激光输出。故可将掺杂 Pr^{3+} 离子的晶体作为增益介质，获得多波长的可见光输出。近年来，蓝光半导体激光器快速发展，解决了 Pr^{3+} 激光器泵浦源的一系列问题，使得 Pr^{3+} 激光器开始快速发展。

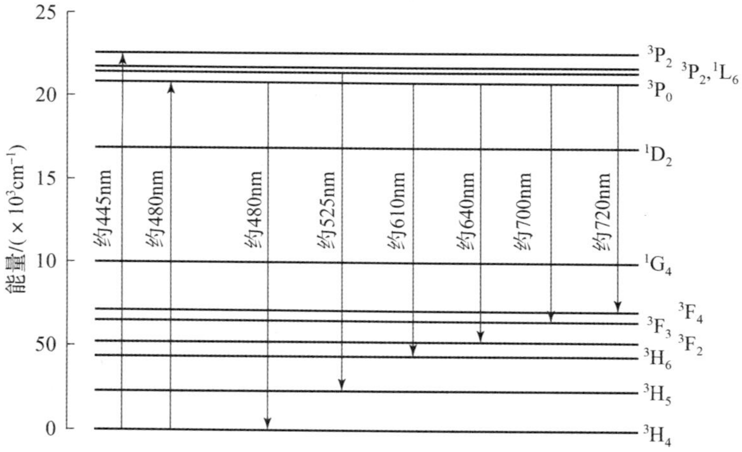

图 6－9　Pr^{3+} 能级结构

下面以输出红色可见激光为例对该技术进行简要介绍。2017 年，日本 Keio 大学 Tanaka 等利用图 6－10 所示的实验装置分别将两对偏振组合的蓝色 LD 放置在晶体的两侧，光束由一对柱面透镜沿慢轴扩展，腔由两个分色镜和一个凹面输出耦合器组成。通过四个 3.5W 的中心波长为 444nm 和 442nm 单发射极蓝光 LD 对长度 15mm、掺杂浓度为 0.5% 的 Pr^{3+}：YLF 激光晶体进行泵浦，获得了 607nm 和 640nm 的红光输出，最大输出功率分别为 2.1W 和 4.8W。

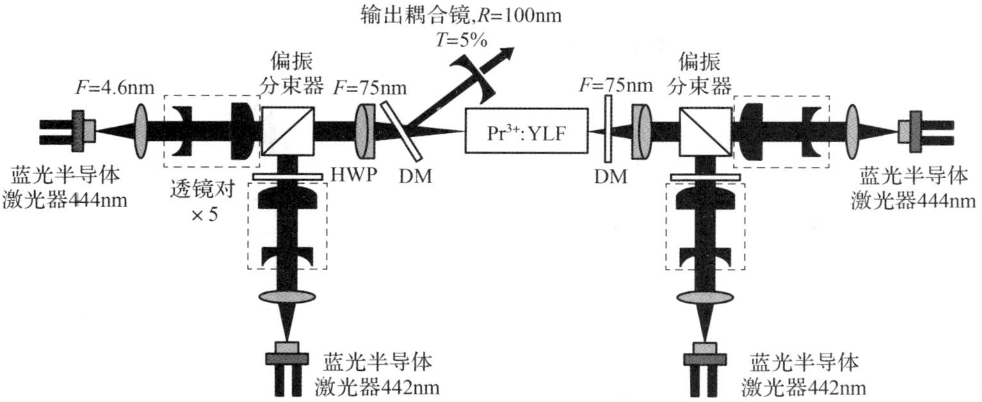

图 6－10　蓝光 LD 端面泵浦的 Pr^{3+}：YLF 激光器装置

6.2.2　可见光激光器的典型应用

正如前面介绍，可见光激光由于具有很好的单色性、高亮度、高方向性，以及高度的时间和空间相干性，在很多领域都有着广泛的应用。可见光激光器的一些典型应用如下。

1. 可见光激光器在医疗领域的典型应用

目前，激光器在医疗科学领域中的应用非常普遍，其中红宝石激光器是比较典型的，也是最早应用于医疗科学中的固体激光器。红宝石激光器可以发射波长为 694.3nm 的红色激光，这种波长的激光是最不容易被氧合血红蛋白吸收的，血红蛋白对它的吸收率也较低，但黑色素对它的吸收率较高，因此它适用于各种色素性疾病的治疗。红宝石激光器被广泛应用于临床医学研究中，使用其调 Q 模式可以使黑色素细胞大量吸热，并在超脉冲波的作用下破裂分解，能够有效治疗蓝色、黑色和绿色文身及各种良性色素性病变。在医学中，利用红宝石激光器、钛蓝宝石激光器或紫翠宝石激光器等能够发射可见光的激光器进行治疗，与传统的治疗方式相比，手术过程更简便，手术风险更小，后期恢复情况也更好。

此外，利用非线性晶体实现的和频效应也可以产生可见光，即利用 1064nm 的 Nd：YAG 激光器和一个 1.5μm 的光纤激光器可以和频产生红光。Nd：YAG 激光器是医学中应用比较多的激光器，具有转换率高、输出功率大的特点，且单根晶体工作时输出功率可达上百瓦，因此在医疗中常用作手术刀，广泛应用于外科、耳鼻喉科、泌尿科和骨科及整形科经皮椎间盘手术等，能够大大减少在切割血管丰富的组织时的出血量。同时，Nd：YAG 激光器采用倍频技术还可以输出 532nm 的绿色激光（倍频 Nd：YAG 激光），可以广泛应用于胃出血、血管瘤的治疗和显微外科手术，对由红色的染料颗粒引起的文身、文唇等人为的皮肤色素变异也具有一定的治疗效果。

2. 可见光激光器在水下通信领域的典型应用

采用光波波长为450~570nm的蓝绿光束的蓝绿光通信是激光通信中的一种，介于蓝光和绿光之间。由于蓝绿光波段刚好处于海水的通光窗口处，不仅穿透能力强，而且方向性极好，能够轻松地穿过较深的海水。因此，蓝绿光通信是在深海中传输信息的重要通信方式之一。此外，蓝绿光还广泛应用于探雷、测深等领域。

相较于传统的水下电磁波通信和水下声通信，基于蓝绿激光的水下通信系统不仅穿透能力强、耗能极少、具有高数据传输率，还能在水下对潜通信过程中极大地发挥其优良的保密性。由于激光束的横截面小且抗干扰性强，在军队作战过程中能够有效地躲避敌方的探查。目前，蓝绿光水下通信技术已成为国内外竞相研究的对象。2016年，美国的Joshua Baghdady等利用450~500nm的蓝绿激光作为光源探索了在浊度不同的水下环境中数字数据的编码和传输。他们成功地编码和解码了空分复用轨道角动量束，且在模拟纯海水到沿海海洋的整个通道环境中，两个正交轨道角动量的集体数据速率为2.5Gb/s。

3. 可见光激光器在工业领域的典型应用

随着时代的进步和科技的发展，可见光激光器广泛应用于工业领域，如激光切割、激光打标、激光打孔、激光焊接、激光表面热处理、激光快速成型、激光清洗、激光冗余修正、激光退火、激光光刻与存储等，推动了工业的快速发展，并产生了巨大经济效益。其中，最具有代表性的是氦氖激光器。氦氖激光器作为一种可以发射可见光的气体激光器，为激光器的主力，是当前最广泛应用的激光器之一。氦氖激光器可以发射多种波长的可见光，包括常见的632.8nm红光、543.5nm绿光、594.1nm黄光、604.6nm或611.9nm橙光。它在工业领域中的用途繁多，如长度测量、尺寸估测、地形勘测、光学调整等。氦氖激光器有非常好的相干性和很强的方向性，并且其结构简单、频率稳定、寿命长、小巧廉价，因此它同样广泛应用于外科医疗、激光美容、准直指示、照排印刷、激光陀螺等方面。

6.3 近红外激光

6.3.1 近红外激光增益介质

目前，激光器的种类繁多，按照激光器的输出波长可以分为紫外激光器、可见激光器、近红外激光器及中远红外激光器等，近红外激光器输出波长范围为0.75~2.5μm。激光器的基本组成包括三个部分，其中，增益介质是实现粒子束反转、产生特定波长激光的关键。以目前常见的光纤激光器为例，使用的增益介质都是掺杂稀土元素离子的光纤，包括钕离子（Nd^{3+}）、铒离子（Er^{3+}）、镱离子（Yb^{3+}）等。下面着重介绍掺杂铒离子和镱离子的增益介质。

激光器在工作状态时，基本原理就是利用泵浦源激励增益介质中的掺杂离子跃迁到高能态，离子无辐射跃迁到亚稳态形成粒子数反转，再跃迁回基态产生光子，最终光子在谐振腔内振荡放大后形成激光输出。根据离子的能级结构和泵浦光波长的不同，激光器可分为三能级系统、四能级系统及上转换系统。

三能级系统能级结构示意如图6－11（a）所示，图中所示的各个能级代表的是能级带，整个过程如下：处于基态 E_0 的粒子吸收泵浦光被激发到高能级态 E_2，处于 E_2 能级上的粒子由于不稳定状态会迅速转移到亚稳态 E_1。由于 E_1 能级寿命较长，粒子会处于该能级。此时，在泵浦光的不断抽运作用下，处于亚稳态的粒子数越来越多，最终在 E_1 与 E_0 能级之间实现了粒子数反转，进而产生激光。使用掺铒离子增益介质的激光器是典型的三能级系统，铒离子能级结构示意如图6－11（b）所示。一般是用波长为980nm或1480nm的泵浦光子，产生波长为1550nm的激发光子。

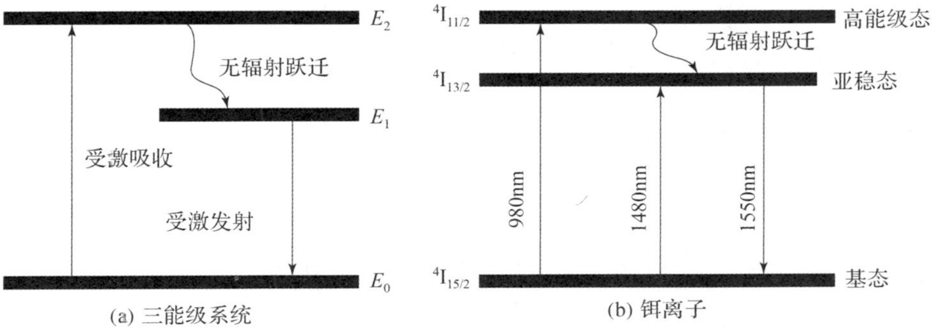

图6－11 三能级系统与铒离子能级结构示意

图6－12为掺杂铒光纤的吸收光谱和发射光谱图，图中显示掺铒光纤在950~1000nm和1450~1600nm范围内有两个吸收峰，其中包括980nm和1480nm。对应在1480nm吸收峰的同时，产生在1525~1565nm范围较宽的发射谱。因此，在掺铒光纤激光器中，泵浦源一般由波长为980nm和1480nm的半导体激光器提供，受激辐射产生在1525~1565nm波长范围的激发光。

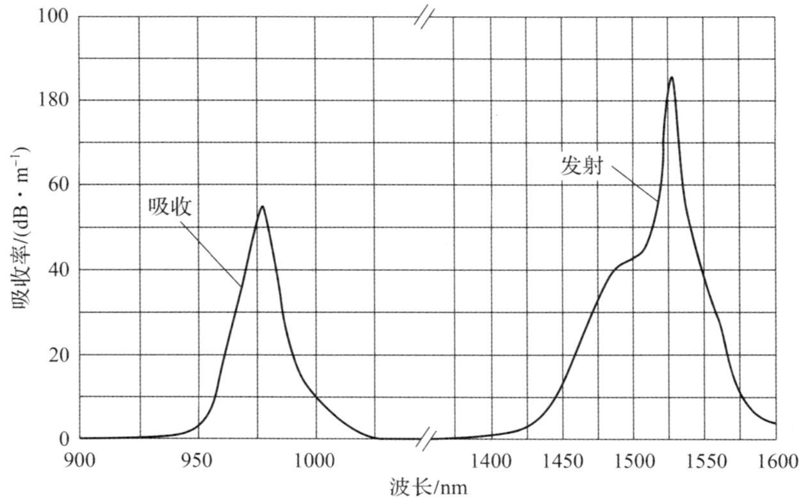

(a) ER80-4/125吸收谱

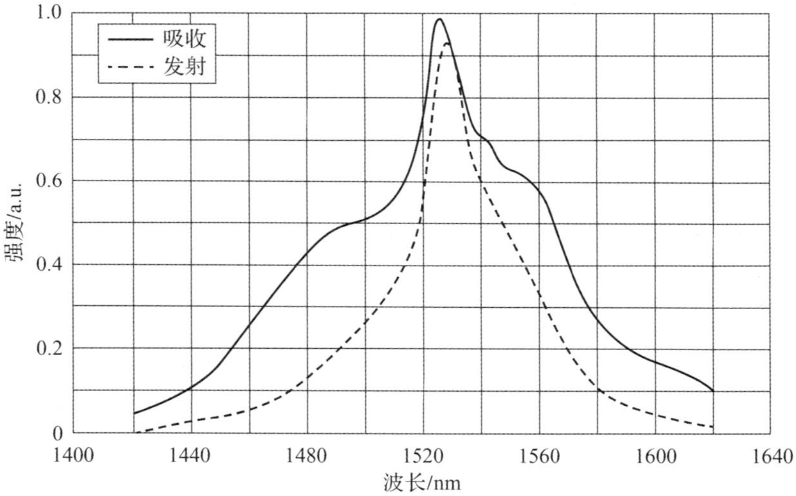

(b) 掺铒光纤的归一化吸收光谱和发射光谱

图 6－12　掺铒光纤的吸收光谱和发射光谱

此外，还有一种常见的掺稀土元素的光纤——掺镱光纤。掺镱离子的硅基玻璃光纤能级结构比较简单，在可见和红外光谱区只存在基态$^2F_{7/2}$和激发态$^2F_{5/2}$两种多重态能级，间距有 10000cm^{-1}，其他能级都处于紫外区。由于不存在高能级，掺镱光纤可以避免多光子弛豫及激发态吸收的影响，适用于产生高功率激光。由于存在斯塔克效应，镱离子的能级结构中$^2F_{7/2}$会展宽到四个子能级，$^2F_{5/2}$展宽为三个子能级，能级的展宽使掺镱光纤的增益带宽也比较大，具体能级示意如图 6－13 所示。

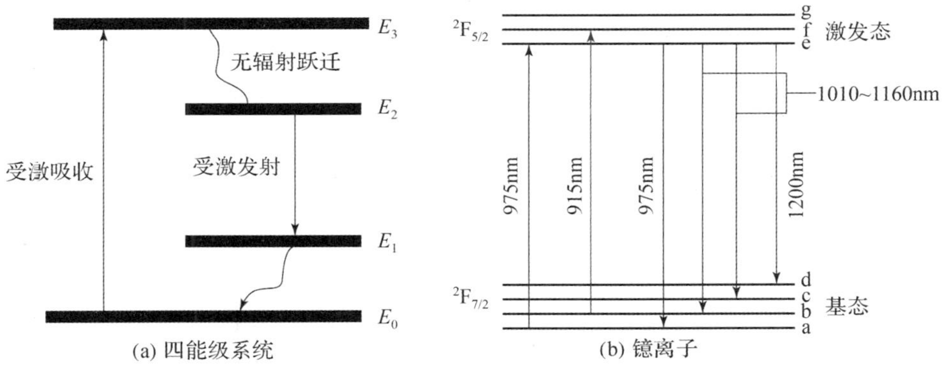

图 6－13　四能级系统和镱离子能级结构示意

从图 6－13 中可以看出，激发态$^2F_{5/2}$的子能级 e 和 f 分别对应 975nm 和 915nm 的吸收峰，其中 915nm 泵浦到 f 能级的粒子会快速无辐射跃迁弛豫到能级 e 上。从能级 e 到基态$^2F_{7/2}$分为两种情况：一种为三能级跃迁，从能级 e 跃迁到能级 a，产生 975nm 激光；另一种为四能级跃迁，具体四能级结构如图 6－13 所示，从能级 e 跃迁到能级 b、c、d，产生 1010～1200nm 的激光。

在室温下，镱离子的吸收光谱和发射光谱如图 6－14 所示。由图可以看到在 915nm 和 975nm 波长处各有一个吸收峰，光谱宽度大约分别为 50nm 和 10nm，对应的发射峰分别为 975nm，谱宽大约为 10nm，此时为三能级结构和四能级结构的 1036nm，谱宽大约为 50nm。

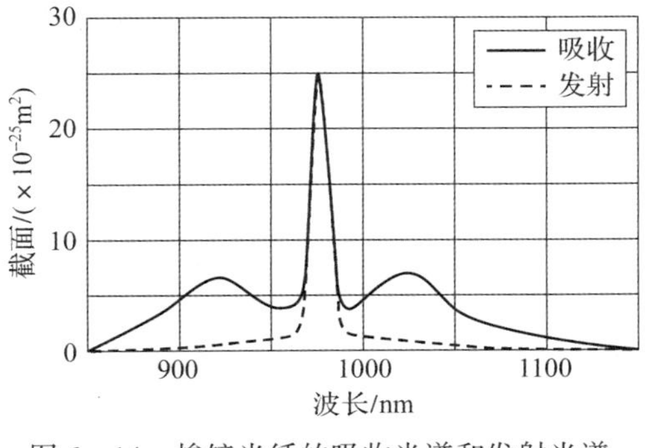

图 6－14　掺镱光纤的吸收光谱和发射光谱

从图 6－14 中可以看出，在 975nm 处的吸收峰和发射峰重合，因此，当泵浦光为 915nm 时，在 976nm 处会出现很强的放大自发辐射（amplified spontaneous emission，ASE）效应；而选用 980nm 的泵浦光时，虽然泵浦的效率会降低，但能有效地抑制 975nm 处很强的 ASE 效应。

6.3.2 通信类近红外激光

激光器的出现让人们开始研究激光通信，最开始是研究大气光通信，以大气为传输介质。但是，大气光通信存在传输损耗大、受环境影响传输性能不稳定等问题，而且成本较高，目前主要应用在星间光通信和短距离的宽带光接入方面。

与此同时，研究人员展开了对光波导的研究工作，使光在石英玻璃制成的光纤中传输，但是在20世纪60年代中期，研究表明石英玻璃的损耗率高达1000dB/km。直到1966年，华裔科学家高锟提出了一种有包层材料的石英玻璃光纤作为光通信的传输介质，并且明确指出石英玻璃制成的纤维损耗率高是其中含有的杂质导致的，降低杂质含量可以减小损耗。他还指出，只要降低材料的杂质含量并且改进工艺，损耗率有望达到20dB/km甚至更低。这一发现为人们研究低损耗的传导光纤指明了方向。1970年，美国康宁公司研制出了20dB/km的低损耗光纤，这是光通信发展史上一个划时代的事件，开启了光纤通信发展的新时代。目前，光纤通信常用的是近红外激光，已开发的有0.85μm、1.3μm和1.55μm三个波段。

1978年，第一代光纤通信系统正式投入商业应用。使用的光源为半导体激光器（GaAlAs LD）或发光二极管（LED），工作波段为0.85μm，使用了硅光电二极管或硅雪崩光电二极管作为光电探测器。20世纪80年代初，第二代多模光纤通信系统出现，此时使用的工作光源仍是半导体激光器，工作波段为1.3μm，这个波段是石英光纤第二低损耗窗口且色散最低。此时使用的光电探测器是锗光电二极管或锗雪崩光电二极管。但是，由于使用多模光纤存在模间色散，信息传输速率不超过100Mb/s。单模光纤比多模光纤的损耗更低而且色散更小，所以使用单模光纤可以进一步提高传输速率。1987年，第二代单模光纤通信系统开始投入使用，速率高达1.7Gb/s，中继距离为50km左右。1990年，第三代光纤通信系统开始使用，使用的光源为铟镓砷磷（InGaAsP）半导体激光器，探测器是锗光电探测器，用波段为1.55μm的单模光纤传输。1.55μm波段也是石英光纤的第三个低损耗窗口。后续又发展出了相干光纤通信系统，该系统利用了激光的相干性，被称为第四代光纤通信系统。最后，利用了光纤非线性特征，发展了光孤子通信系统，这是一种超大容量、超长距离的光纤通信方式，被称为第五代光纤通信系统。目前，光纤通信领域不断发展，还提出了全光网络、量子光通信等研究方向和概念。

简单的光通信系统如图6-15所示。信息数据传输到发送电端机，完成数字复接、线路编码等，产生适合光路传输的高速数据。光发送机将电端机送来的电信号变成光信号，送入信道中传输，这里的信道可以用光纤或者是自由空间、水下。光信号到达接收端，光接收机再将光信号还原回电信号，传给接收电端机处理，进行线路解码、数字分接等功能，恢复原始数据传输给用户。在长途光纤通信中，光纤系统中还会有中继器，中继器可以使用光－电－光中继，也可以用全光中继，即光放大器。

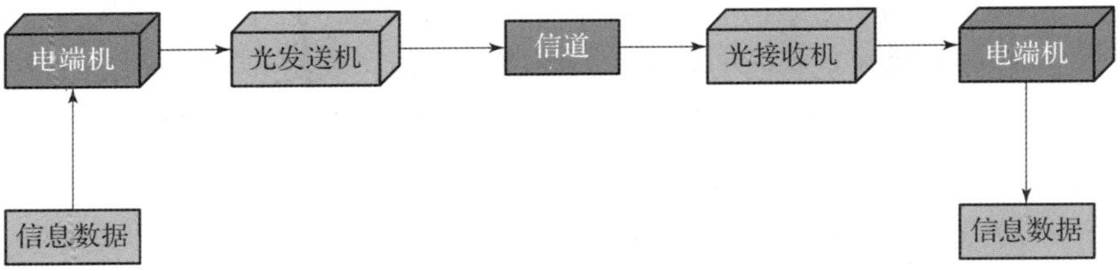

图 6－15　光通信系统

接下来重点介绍应用在光纤通信中的光放大器，光放大器主要用来实现光信号放大。在长距离传输时，用于光纤损耗会导致光功率不断下降，可能会存在光信号最后低于光检测器的响应，最终导致整个系统性能受损。因此，光放大器是保证长距离传输实现的关键模块。

光放大器是利用受激辐射或受激散射原理实现光信号放大的，作用机理与激光器一样需要提供泵浦源，在泵浦源作用下使增益介质中产生粒子数反转分布，从而实现光信号的放大。目前，在光纤通信中使用最广泛的是掺铒光纤放大器（erbium doped optical fiber amplifier，EDFA），工作波段为 1.53～1.56μm，放大增益可达 40dB，噪声系数低至 3～4dB，输出光功率为 14～20dBm。掺铒光纤放大器主要由掺铒光纤、泵浦光源、光耦合器、光隔离器及光滤波器组成，如图 6－16 所示。

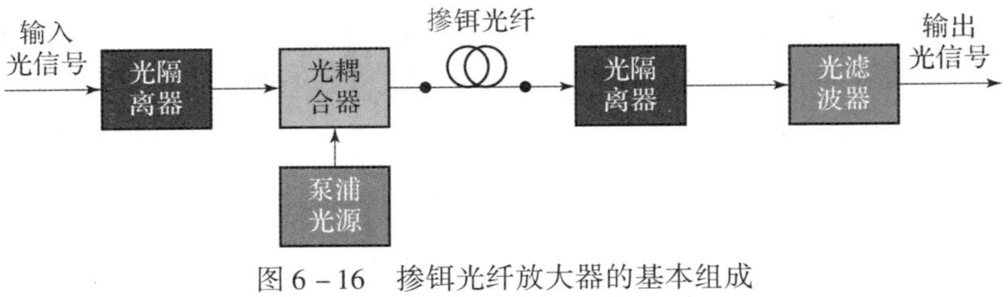

图 6－16　掺铒光纤放大器的基本组成

光耦合器的作用是将输入光信号和泵浦光源输出光波混合，一般使用波分复用器（wavelength division multiplex，WDM）；光隔离器的作用是防止反射光影响光放大器工作的稳定性，保证光信号沿正向传输；掺铒光纤（erbium doped fiber，EDF）就是掺杂稀土元素铒离子的一段石英光纤，掺杂浓度约为25mg/kg，使用的长度为10～100m；泵浦光源为半导体激光器，工作波段为0.98μm，在铒离子的吸收峰内，输出功率为10～100mW；光滤波器的作用是滤除光放大器中的噪声，降低噪声对系统的影响，提高信噪比。

根据泵浦光源不同的泵浦方式，可以将掺铒光纤放大器分为前向泵浦结构、后向泵浦结构和双向泵浦结构。一般情况下，单向泵浦结构的输出功率可达到14dBm，双向泵浦结构的输出功率可以达到17dBm以上。前向泵浦结构是输入信号与泵浦光源从相同的方向注入掺铒光纤内，如图6－16所示；后向泵浦结构是输入信号与泵浦源以相反的方向注入掺铒光纤内，如图6－17（a）所示；双向泵浦结构的掺铒光纤放大器含有两个泵浦光源，分别放置在掺铒光纤的两边，如图6－17（b）所示。

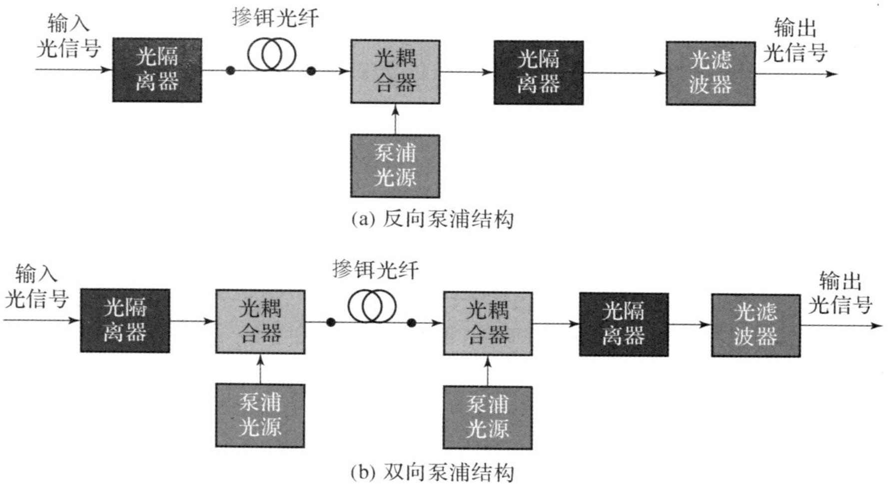

图6－17　后向泵浦结构和双向泵浦结构的掺铒光纤放大器

掺铒光纤放大器的增益特性与掺铒光纤的掺杂浓度、光纤长度、泵浦光功率及波长等多种因素有关。但是，铒离子的掺杂浓度过高会导致出现增益下降，这主要是受增益饱和效应的影响。相应地，光纤长度、泵浦光功率都有一个限定值，一旦超过该值放大器的增益效果会下降。目前，采用的泵浦光源由半导体激光器提供，波长主要为980nm和1480nm。

除了上面介绍的有线激光通信，还有一种无线激光通信，目前正处于发展阶段，包括大气激光通信、水下激光通信和卫星激光通信。大气激光通信通常采用的红外激光脉冲在太赫兹光谱范围内，波长为0.8～1.55μm的光波信号在收、发端机之间不存在遮挡的视距路径，并且光功率充足，就可以进行通信。大气激光通信系统包括电端机、线路编/解码、光调制/解调、自动功率控制、光学收/发天线等单元，有些系统还包含激光光束的自动跟踪和自适应光学波前校正，如图 6－18 所示。

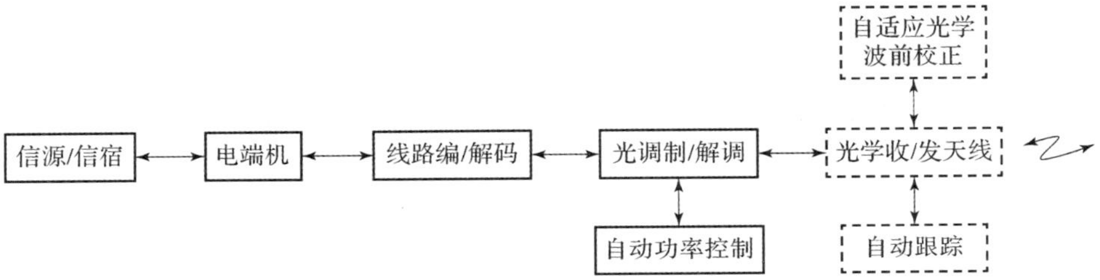

图 6－18　大气激光通信系统组成

在大气激光通信中，对光源的要求与光纤通信一样，首选半导体激光器。在波长选择上，不仅要考虑大气的通信窗口，还要考虑背景光的高辐射谱段的影响。一般认为 810～860nm、1550～1600nm 都是可以选择的通信波段，考虑到抑制背景光噪声，在 1550nm 附近是最适合的通信窗口，这与目前光纤通信的波段吻合。

6.3.3　加工类近红外激光

陶瓷、玻璃等脆性材料在日常生活、民用工业、航空航天等领域都有广泛的应用，虽然这些材料具有优越的性能和市场应用价值，但其硬度和脆性易导致材料在加工过程中产生裂纹和切屑。而且，玻璃、蓝宝石等材料在实际应用中的未来趋势是越来越薄，这就对加工质量提出了更高要求。因此，对这些脆性材料进行超精密切削、钻孔、开槽和表面结构的加工是目前面临的巨大挑战。传统加工方法是利用金刚石切割和化学蚀刻，加工时容易产生裂纹和凹坑，加工尺寸不易控制，并且加工精细度和效率较低。目前出现了热空气切割、水切割及激光加工等非传统加工方法。

激光是一种受激辐射而得到的加强光，具有强度高、亮度大、波长频率确定、单色性好、相干性好、相干长度长、方向性好等特点。因此，激光在用于加工上具有极大的优势。激光加工具有的优点：一是“非接触”的加工方法避免刀具磨损、断裂和机械应力的负面影响；二是对于硬度高和熔点高的材料，可以提高加工质量和精度；三是易于实现自动化、智能化，实现柔性加工。

激光切割又称激光全切割，当激光束照射到工件表面时，光能被吸收转化成热能，使照射斑点处温度迅速升高、熔化、汽化，从而形成小坑。由于热扩散，斑点周围金属熔化，小坑内金属蒸气迅速膨胀，产生微型爆炸，将熔融物高速喷出并产生方向性很强的反冲击波，于是在被加工表面上打出一个上大下小的孔。激光切割示意如图 6－19 所示。

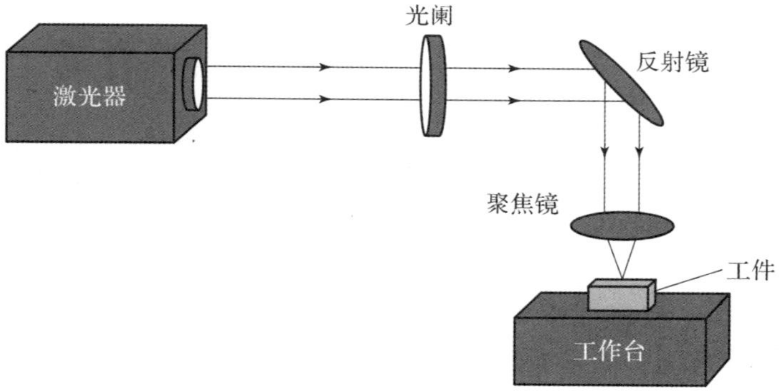

图 6－19　激光切割示意图

玻璃和蓝宝石是介质材料，激光照射对激光光子的吸收激发了材料中的电子，使电子从稳定状态过渡到某种激发态。当长脉冲激光作用于它时，该材料会吸收单个光子。当能量超过材料的能带时，激发电子从价带跃迁到导带。超快激光器具有极高的峰值功率密度，即使单光子能量低于材料的带隙，也能实现多光子吸收的电子价带到导带的跃迁。玻璃和蓝宝石的激光切割有两种加工方法：一种是全切割，类似于切割钣金的加工方式，使用切割头；另一种是逐层扫描，使用检流计。

蓝宝石和玻璃属于宽带隙介质材料，其中没有大量的电子。温度对热烧蚀过程有一定的响应，造成熔化、汽化、重铸层、表面微裂纹、热应力和断裂，限制了加工质量的提高。同时，纳秒激光加工蓝宝石、玻璃等透明脆性材料的应用范围不同。例如，蓝宝石可以用红外、绿色和紫外，波长分别对应 1064nm、532nm、355nm 的纳秒激光进行加工，而玻璃不能用 1064nm 的红外激光进行加工。玻璃一般可以用红外、波长为 1064nm 的激光器，以及绿色和紫外，波长分别为 532nm、355nm 的激光器进行加工。

研究人员指出，10ps 左右的脉冲宽度最适合激光微加工。当超短脉冲激光作用于透明介质时，会产生自由电子。同时，载流子的产生必须通过多光子电离、隧穿效应或雪崩电离来完成，这也是飞秒激光作用于透明介质的三个典型电离过程。将激光脉冲电场视为扰动，产生多光子电离。当激光电场足够大时，激光带将严重扭曲，发生隧道电离。当高能量能级的电子通过带内跃迁回到导带底部时，价带中的电子被激发到导带，导致雪崩电离。由于高峰值功率可以在透明介质内部产生强烈的非线性效应，短脉冲宽度可以有效地抑制热影响区的形成。因此，对透明脆性材料进行超短脉冲加工可以实现不存在明显热应力和微裂纹的高精度“冷加工”，大大提高加工质量。图 6-20 所示为用不同长度的激光进行加工的示意。

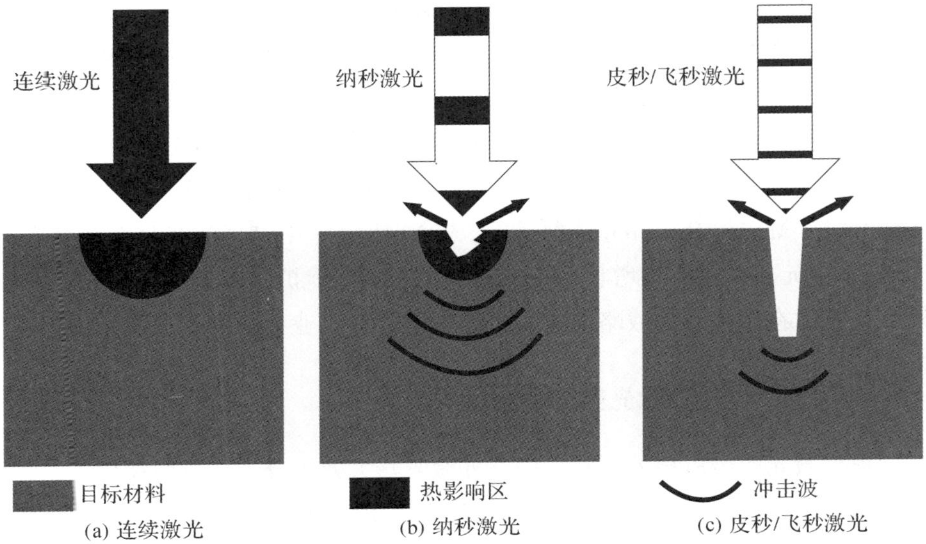

图 6-20 用不同长度的激光进行加工的示意图

6.4 中红外激光

6.4.1 中红外激光的定义与特点

中红外激光通常是指波长为 2~20μm 的激光光源，属于红外光谱中的一个关键区段。由于这一波段兼具独特的光物理性质和广泛的应用潜力，中红外激光技术正逐步成为现代光子学和激光科学的重要前沿方向。自 1960 年世界上第一台红宝石激光器问世以来，人类在红外光源领域的探索迅速拓展。特别是在 1962 年，研究人员成功研制出基于掺三价铀的氟化钙（CaF_2：U^{3+}）晶体的中红外固体激光器，标志着中红外激光技术发展的开端。此后，科研人员围绕该波段开展了持续超过 60 年的系统研究和技术演进。

从光谱学角度来看，中红外波段是从可见光向远红外过渡的过渡区域，其重要性主要体现在以下两个核心特性：

（1）分子指纹识别优势。2~20μm 波段覆盖了多种化学键（如 C—H、O—H、N—H）的基频振动吸收峰，使中红外激光能够通过光谱“指纹”精准识别物质成分，这一特性在痕量气体检测、环境监测、医学诊断等领域具有不可替代的优势，能够实现对低浓度复杂分子的高灵敏检测。

（2）大气传输窗口特性。3~5μm（短波红外）与8~13μm（长波红外）两个子波段在大气中衰减极低，可实现千米级有效传输，这一特性使其成为激光雷达、远距离遥感、红外成像与自由空间光通信等应用的理想载体。

凭借上述特性，中红外激光已深度渗透至生物医学（如无创血糖监测）、精密分析（如痕量气体探测）、国防安全（如导弹红外对抗）等关键领域。Data Bridge Market Research 数据显示，2020 年全球中红外激光器市场规模已突破 50 亿元，并以年均增长率 11.20% 的速度持续扩张。这不仅反映了中红外激光技术在学术界的战略地位，也体现了其在工业界的巨大应用潜力。

6.4.2 中红外激光器分类介绍

根据激光产生机理的不同，中红外激光器大致可分为以下两类：

（1）直接激光增益型激光器：基于增益介质的直接受激辐射机制，通过激光活性离子的受激辐射直接发射中红外波段光子。这类激光器通常依赖特定的增益介质和泵浦源。

其代表形式包括：气体激光器（如 CO 激光器和 CO_2 激光器），依靠分子振转能级跃迁实现激光输出，是最早实现中红外高功率输出的手段；掺杂固体激光器（如 Tm^{3+}、Ho^{3+}、Cr^{2+} 等稀土或过渡金属离子掺杂的激光晶体或玻璃），具备良好的能量转换效率和波长可调性；半导体激光器，包括传统Ⅲ－Ⅴ族中红外激光器（如 InAsSb 基激光器）及基于级联结构的量子级联激光器（QCL），可实现 3~20μm 波段连续或调制输出，是目前中红外集成化和电驱动方案的核心。

（2）非线性频率转换型：基于非线性频率转换机制，通过非线性光学过程间接获得中红外激光输出。这类激光器通常由短波泵浦光经过非线性晶体或光纤结构实现频率变换，能突破传统增益材料的发射波段限制。

其代表形式包括：拉曼激光器，利用受激拉曼散射过程，将近红外泵浦光转换为中红外拉曼光，适用于构建波长灵活的光纤激光器；光学参量振荡器/光学参量放大器，通过差频过程实现宽波段、可调谐的中红外输出，是高峰值功率飞秒激光系统的重要中红外方案；超连续谱光源，通常在非线性光纤中通过孤子自压缩、自频移、四波混频等机制，将飞秒脉冲展宽至中红外区域，具备极宽带宽和高时空相干性。

不同类型的中红外激光器在输出波段、功率、调谐能力、系统复杂性等方面各具特点（不同中红外激光器波长覆盖区域如图6-21所示），也面临不同的技术瓶颈。下面将围绕这两类主流技术路径重点介绍具有代表性的中红外激光器：在第一类中，分别介绍气体激光器（以CO_2激光器为例）、稀土掺杂固体激光器（以Tm：YAG、Ho：YAG激光器为例）及量子级联激光器；在第二类中，聚焦分析基于拉曼散射的中红外光纤激光器与基于孤子效应构建的中红外超连续谱光源。

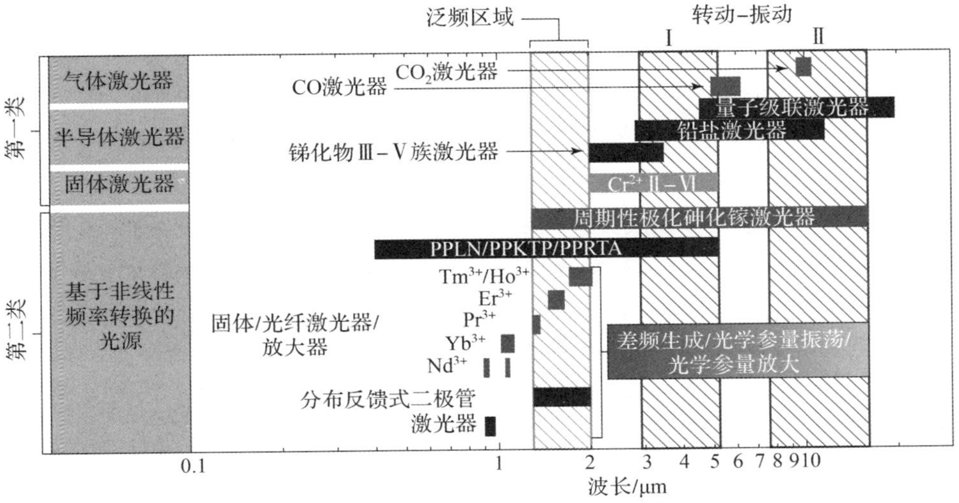

图6-21 不同中红外激光器波长覆盖区域

1. CO_2中红外激光器

CO_2中红外激光器是一类典型的气体激光器，通过CO_2气体放电产生稳定高功率的10.6μm激光（对应CO_2分子的振动-转动能级跃迁）。为了获得更丰富的中红外输出波段，研究人员广泛采用二倍频、三倍频和四倍频等非线性频率变换技术，将CO_2激光的输出波长变换到4.5~5.5m中红外区域。倍频是常见的方式：通过将10.6μm激光注入非线性晶体，可以获得波长在5.3μm左右的中红外激光。早在1970年，Gandrud与Abrams在碲晶体中实现了CO_2激光的倍频输出，获得了波长为5.3μm、转换效率为5%的中红外激光信号。但由于碲晶体具有强多光子吸收且难以生长，未能推广应用。除二倍频外，三倍频和四倍频也被用于进一步拓展CO_2激光的频谱范围，简便而有效地获得波长范围在2.3~3.6μm的中红外可调谐激光。例如，Auyeung等在Tl_3AsSe_3晶体中实现了二倍频、三倍频、四倍频和五倍频输出，对应效率分别为28%、14%、3.6%、0.5%。Chou等利用$AgGaSe_2$和$ZnGeP_2$晶体实现了波长为2.38μm的四倍频输出，单脉冲能量达24mJ，总转换效率高达10%。CO_2 激光器为中红外光源系统提供了波长覆盖广、能量可控的解决路径，在精密中红外光谱学与中红外探测系统中具有重要的应用潜力。

2. 稀土/过渡金属离子掺杂中红外固体激光器

稀土/过渡金属离子掺杂的固体激光器具有结构紧凑、稳定性高等优点，近年来在中红外波段（2~6μm）激光光源研究中备受关注。该类激光器通常采用晶体、玻璃或光纤材料作为增益介质，通过掺杂特定的稀土或过渡金属离子（如 Tm^{3+}、Ho^{3+}、Er^{3+}、Dy^{3+}、Cr^{2+}、Fe^{2+} 等）实现激光发射。在2~2.1μm 波段，Tm^{3+}（如 Tm：YAG）和 Ho^{3+}（如 Ho：YAG）离子的 $^3F_4 \rightarrow {}^3H_6$ 和 $^5I \rightarrow {}^5I_8$ 能级跃迁分别是最常用的激光工作通道。这类系统通过光学泵浦实现激发，并具有较好的能量转换效率和输出功率，适用于医疗、遥感和军事等领域。然而，进一步拓展波长至更长的中红外范围，则需采用更复杂的掺杂体系和泵浦机制。在2.6~3.8μm 波段，Er^{3+}、Ho^{3+} 和 Dy^{3+} 等稀土离子表现出较强的辐射跃迁能力，已广泛应用于中红外光纤激光器中。此类激光器的增益介质为均匀分布掺杂稀土离子的玻璃材料。各离子对应的发射波段：Er^{3+}，2.6~3.0μm 和 3.3~3.8μm；Ho^{3+}，2.7~3.05μm；Dy^{3+}，2.6~3.3μm。常用掺杂离子的能级跃迁示意如图6-22所示。在实际应用中，这些离子的激光跃迁往往受到“自终止效应”限制（上能级寿命短于下能级，导致粒子数反转难以维持），从而抑制了激光振荡的建立。为解决这一问题，研究人员提出了多种优化策略，如重掺杂 Er^{3+} 以增强能量传递上转换、双波长泵浦机制、共掺 Pr^{3+} 或其他能量转移离子，以及利用下能级的激发态吸收等方法，有效提高了中红外激光输出的效率和稳定性。

另外，过渡金属离子（如 Cr^{2+}、Fe^{2+}）掺杂的Ⅱ~Ⅵ族半导体激光晶体（如 ZnSe：Cr^{2+}、ZnS：Fe^{2+}）也是中红外固体激光器的重要方案。这些材料可覆盖2~6μm 波段，具有较宽的增益谱宽和高发射交叉截面，适合实现可调谐中红外激光输出。但这类系统存在严重的热效应管理问题。

综上所述，稀土/过渡金属离子掺杂固体激光器在中红外激光光源中具有重要地位，尽管目前在波长覆盖范围、散热能力等方面仍存在诸多技术瓶颈，但未来通过晶体结构优化、泵浦机制设计和离子协同掺杂等手段，有望实现高效率、宽波段的中红外固体激光输出。

3. 量子级联中红外激光器

量子级联激光器是一类基于子带间跃迁原理的单极型半导体激光器，具备在中红外（3~12μm）波段实现激光输出的能力。与传统的双极型带间跃迁激光器不同，量子级联激光器依赖在量子阱中的能级结构，使电子在多个

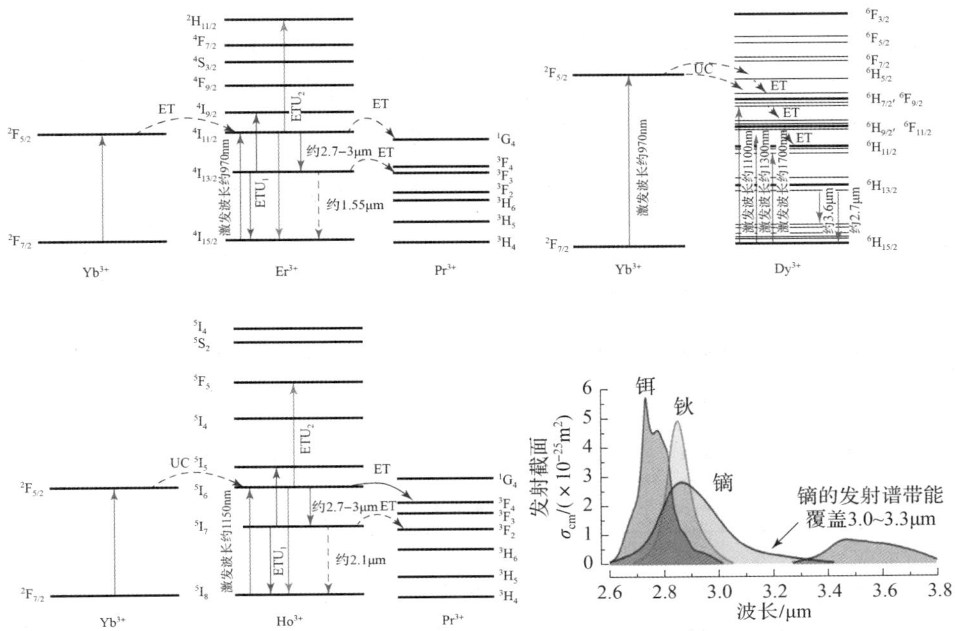

图 6 – 22 Er^{3+}、Ho^{3+}、Dy^{3+}离子中红外波段跃迁能级简图、发射谱

周期结构中逐级“级联”下跃并发射多个光子，实现“单电子多光子”的激光辐射机制。因此，量子级联激光器的发射波长完全由量子阱结构的设计决定，而非材料本身的禁带宽度。这种设计自由度使研究人员可在统一的Ⅲ~Ⅴ材料平台（如 InP/InGaAs/InAlAs）上通过调整量子阱/势垒厚度与周期数，灵活覆盖整个中红外“分子指纹区”，在气体传感、分子光谱分析、生物医学成像、激光通信和军事红外对抗等领域展现出重要的应用前景。其次，量子级联激光器由数十个至上百个重复单元构成，每个周期包含一个主动区（产生激光辐射）和一个注入区（将电子导入下一个周期）；电子在栅状结构中顺序下跃，通过隧穿和跃迁发射多个光子，这种人工工程化的多周期级联机制赋予量子级联激光器高电光效率和中高功率输出能力。近年来，量子级联激光器技术在以下几个方面取得显著进展：

（1）室温工作能力显著提升。得益于能带设计与热管理优化，许多器件已支持连续波室温操作，甚至在无须复杂制冷的条件下仍保持良好性能。

（2）波长覆盖更广。借助分布反馈结构、外腔调谐与级联双波段结构，QCL 可实现数十纳米至数百纳米级的电调谐范围。

（3）光束质量改善。通过外差分腔、光子晶体结构与单模耦合设计，逐步克服多横模与光束发散问题。

（4）集成化水平提升。主要采用 InP 单片集成方式，同时硅基单片集成、异质键合集成及混合外腔集成等也是实现集成的方式（表 6－2）。通过优化有源与无源区的耦合结构、提高片上散热效率、探索硅上外延生长的新途径等研究工作，不断提升中红外量子级联激光器的器件集成度。

表 6－2　中红外量子级联激光器不同光子集成方式的对比

集成方法	集成密度	有源－无源耦合	散热能力	产量	电学性能	器件集成度
InP 单片集成	★★★	★★★	★★★	★★★	★★	★★
硅基单片集成	★★★	—	★★	★	★	★★
硅基异质键合集成	★★★	★★	★★	★★	★	★
混合外腔集成	★	★	★★★	★★★	★	—

尽管量子级联激光器是目前唯一能在室温下实现中红外波段（特别是 3～15μm）工作且具备连续输出能力的半导体激光器，但其发展仍面临如下挑战：

（1）制造复杂度高。器件需依赖原子级控制精度的分子束外延或金属有机气相外延，对工艺要求极高。

（2）热效应显著。尽管热导率优化已有进展，高功率连续输出下仍需有效散热结构支持。

（3）成本偏高。尤其在多通道或宽带覆盖应用中，单器件价格依然是限制因素之一，尚难大规模普及。

总体而言，中红外量子级联激光器通过可定制的能带结构与模块化周期设计，实现了在中红外光谱范围内灵活、高效的激光输出，代表了新一代中红外光源的发展方向。随着其工作稳定性、制造成熟度与集成能力的不断提升，中红外量子级联激光器的应用空间将持续扩大。

4. 基于拉曼效应的中红外光纤激光器

受激拉曼散射是一种典型的非线性光学效应，该效应由印度物理学家 Raman 于 1928 年发现，当入射光与介质分子相互作用时，可激发分子从基态跃迁至虚能级，随后回落至激发态并释放斯托克斯（Stokes）光，其频率关系满足 $v_s = v_p - v_R$，其中 v_p 为入射光频率，v_R 为分子的拉曼频移频率，v_s 为斯托克斯光频率。当入射光在光纤中传播并达到一定的泵浦功率阈值后，可实现受激拉曼散射过程并持续放大斯托克斯光信号，从而构成拉曼中红外光纤激光器。该类激光器的波长设计更加灵活，尤其在中红外波段（4μm 以上）具有明显优势，在填补传统稀土离子掺杂激光器发射带空白方面具有重要意义。

自 1972 年首台连续波拉曼激光器在可见波段实现以来，该技术逐步向中红外波段扩展。在材料选择上，氟化物光纤和硫系玻璃光纤（如硫属化物和碲酸盐光纤）成为当前研究的核心载体。2012 年，Fortin 团队实现了基于氟化物光纤的中红外拉曼激光输出，在 2.23μm 处获得了高达 3.7W 的激光功率。然而，氟化物光纤的拉曼增益系数较小，且增益与波长成反比关系，限制了其在长波中红外中的扩展能力。为克服这一限制，研究人员转向拉曼增益系数更高的硫系光纤，尤其是具备较高非线性系数的碲酸盐光纤。2017 年，Ni 等基于数值模拟提出了一种三阶级联拉曼光纤激光器架构，利用碲酸盐光纤实现了 2～5μm 波段的激光输出。在 100W 泵浦功率下，其在 3.64μm 波长处实现了 45.2W 的激光输出，光－光转换效率达 45.2%。

目前还没有更长波长和更高激光功率的拉曼激光器被报道，主要是受限于硫属化物光纤和碲酸盐光纤的制备工艺水平。随着光纤工艺水平的提高，拉曼激光器会得到进一步的发展。

5. 基于孤子自频移效应的中红外光纤激光器

孤子自频移（soliton self－frequency shift，SSFS）是另一种基于非线性拉曼效应的重要现象，是指飞秒脉冲在光纤中传播时，拉曼散射导致其频谱逐渐向低频移动。这一效应可提供高质量、宽调谐范围的超快中红外脉冲光源，是孤子中红外光纤激光器发展的理论基础。2016 年，Tang 等基于氟化物光纤实现了首个波长可调谐的孤子自频移激光器，波长调谐范围为 2.0～4.3μm，输出脉宽达 100fs，峰值功率高达 50kW。同年，Duval 等设计了一种基于 2.8μm 超快光纤振荡器与掺 Er^{3+} 氟化物光纤放大器串联的结构，成功获得了波长可调谐范围为 2.8～3.6μm 的拉曼孤子输出。在波长 3.4μm 处，该系统实现了脉宽为 160fs、单脉冲能量为 37nJ、平均功率为 2W 和峰值功率超过 200kW。

与拉曼光纤激光器主要用于连续波输出不同，基于 SSFS 效应的激光器更适用于飞秒级脉冲激光的产生，其高峰值功率与宽波段调谐能力使它在中红外超快光谱、非线性光学及强场物理等前沿领域具有独特优势。未来，随着非线性光纤设计和超快泵浦技术的进一步优化，该类激光器有望在光谱扩展与波长自调谐方面发挥更大潜力。

6.4.3 中红外激光典型应用

中红外激光技术的发展，正以前所未有的方式推动其在多个前沿交叉领域和国家重大需求中的深入应用。凭借其在分子指纹区的高选择性吸收能力，中红外激光已成为超高精度分子光谱学和痕量检测等技术中的理想光源，显示出广泛的应用前景。在生物医学领域，它可用于早期疾病诊断、代谢物定量分析等关键任务；在气体检测方面，基于中红外激光的高分辨吸收光谱技术已实现十亿分之一体积量级的痕量气体识别能力，适用于环境监测与工业安全。这些应用共同构成了中红外激光技术从基础研究走向实际场景的关键桥梁，也反映出其在科技与产业融合过程中的重要战略地位。

1. 生物医学应用

中红外波段涵盖了大量生物分子的本征振动频率。相比紫外激光器、可见光激光器和近红外激光器，中红外激光器更适用于观察生命过程中的化学变化，如蛋白质构象变化、代谢物分析等。2012—2017 年，欧盟资助的 FP7 项目 MINERVA 率先验证了基于中红外光纤激光器的高光谱成像技术在医学组织诊断中的潜力。该技术利用光纤构建宽带超连续谱光源（2 ~ 7.5μm，5000 ~ 1333cm^{-1}），在切除的人类结肠组织上开展了高光谱点扫描成像实验。实验中未观察到组织热损伤，验证了系统的生物安全性。接着，重点观测了多个与癌症相关的分子吸收带，包括蛋白质的酰胺Ⅰ与酰胺Ⅱ带（约 6.03μm 与 6.45μm，1658cm^{-1}与 1550cm^{-1}）、脂类的酯键振动带（约 5.7μm，1754cm^{-1}）、细胞结构中碳骨架的弯曲振动（约 7.3μm，1370cm^{-1}）。成像结果与相邻组织切片进行 H&E 染色对比，清晰呈现了上皮腺体、黏液层等关键结构，证实该技术可识别与肿瘤病理变化直接相关的组织亚区，展示了其在“光学活检”领域的应用前景（图 6 – 23）。

2. 气体检测应用

基于中红外激光器的吸收光谱技术能够利用分子在 3 ~ 20μm 范围内的基态振动吸收带实现高灵敏度检测，是痕量气体检测的理想光源。2005 年，Wysocki 等开发了一种新型外腔结构的量子级联激光器。该系统可在波长 5.2μm 处实现连续波工作，并展现出优秀的调谐特性。具体来说，它可在 35cm^{-1}的范围粗调，同时又可进行 1.2cm^{-1}高精度连续微调。实验结果表明，该系统在 5.2μm 波段的可调谐范围可覆盖 NO 分子的多个基带吸收谱线，并且有效分辨间隔约 0.0006cm^{-1}的光谱特征（图 6 – 24）。

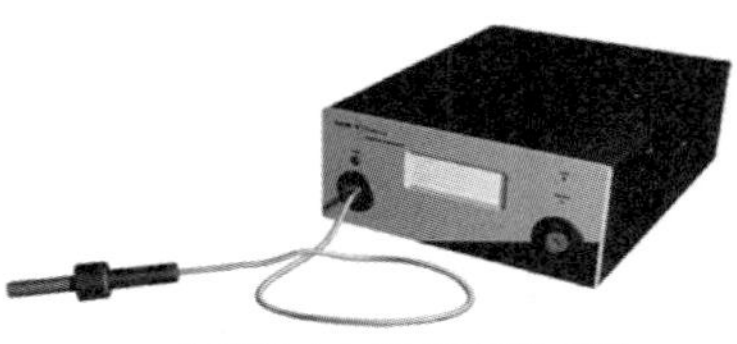

(ε) 典型的中红外光纤激光器

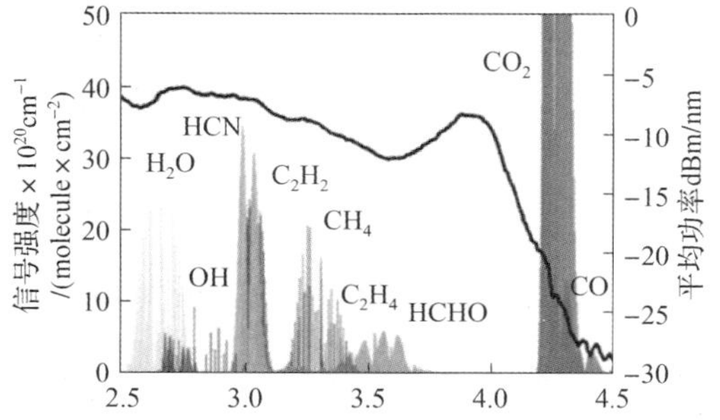

(b) 部分关键生物分子在中红外低频区域的吸收光谱图

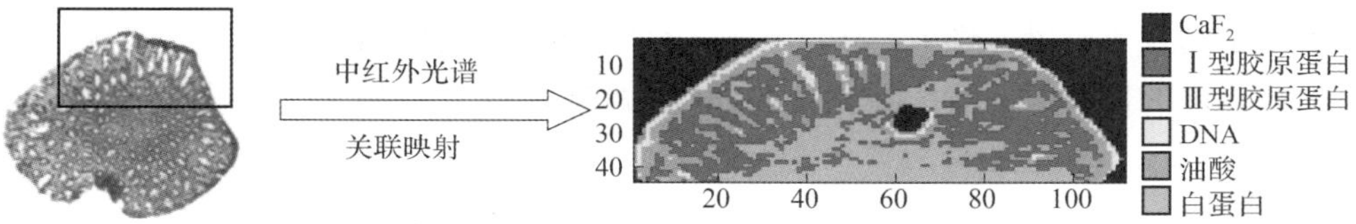

(c) 基于中红外光谱信息可视化解析细胞病变区域的映射图

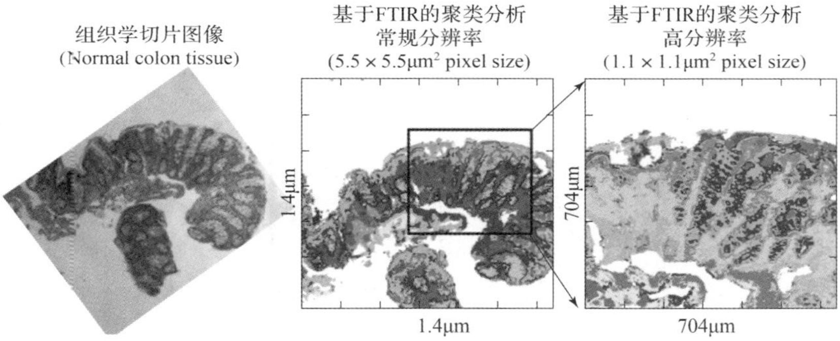

(d) 结合中红外光谱信息与K均值聚类方法获得的高分辨成像与常规组织切片成像的对比

图 6-23 中红外激光器在生物医学领域的典型应用（见彩图）

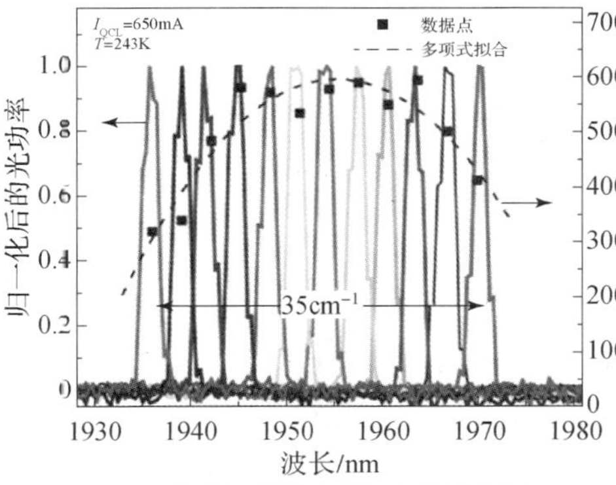

(a) 量子级联激光器波长调谐范围

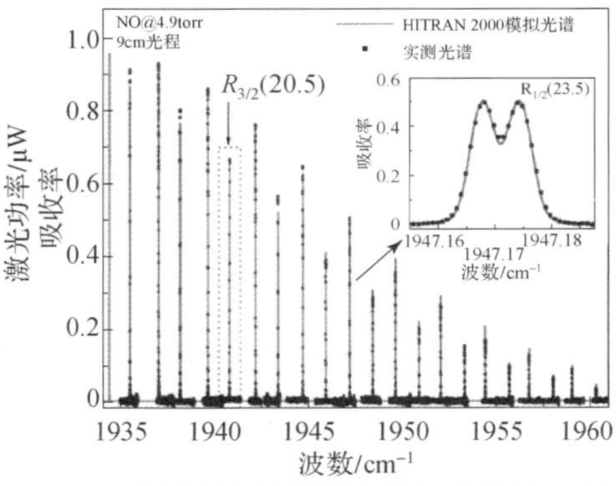

(b) 采用该量子级联激光器在不同衍射光栅角度下测量测得的一氧化氮吸收光谱

图 6-24 中红外激光器在元件检测领域的典型应用

6.5 太赫兹激光

6.5.1 太赫兹激光技术的发展背景

太赫兹激光通常指工作频率在 0.1 ~ 10THz（对应波长 100 ~ 3000μm）范围内的辐射源，处于电磁波谱红外光与微波之间的过渡区，是连接光子学与电子学的重要桥梁（图 6 - 25）。由于该频段兼具光学与电学特性，传统技术在此频段的应用均面临性能瓶颈，因此太赫兹激光器的实现长期处于技术空白。

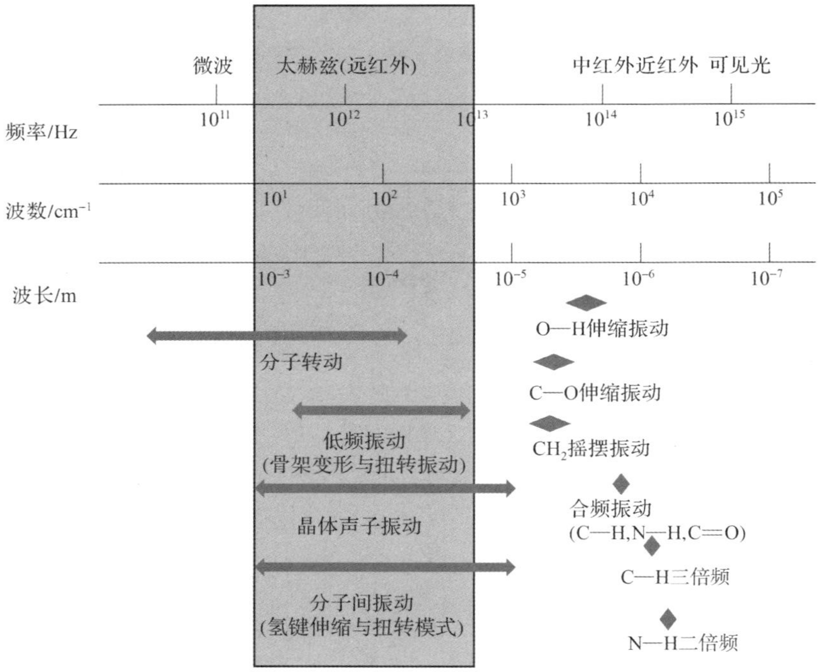

图 6 - 25　太赫兹波处于电磁波谱红外光与微波之间的过渡区

太赫兹激光器的发展可以追溯到 20 世纪 60 年代。1963 年，英国科学家 Crocker 等在水蒸气脉冲放电实验中首次实现了瓦级功率的远红外激光输出。此后，以 CO_2 激光泵浦的气体激光器，以及自由电子激光（FEL）和双光子差频技术等为代表的器件相继被提出，为远红外至太赫兹波段的激光研究奠定了基础。进入 21 世纪，伴随量子级联激光器（QCL）的突破，研究人员实现了接近室温的3~5THz波段激光输出；与此同时，非线性光学过程如差频、光整流、光电导天线等辐射方式也得到迅速发展，极大拓宽了太赫兹激光器的实现途径。

6.5.2 太赫兹激光器的分类

目前，太赫兹激光器的实现方案主要有光学方法与电子学方法。光学方法主要借助短波激光源激发及非线性过程，包括光泵浦气体激光器、光电导天线、光整流、半导体表面辐射、差频与光参量振荡等机制。这些技术系统结构灵活，调控手段多样，尤其在实验研究中易于搭建与使用，但部分方案在转换效率、输出功率和连续工作能力方面仍有提升空间。相比之下，电子学方法主要依赖高速电子在人工结构中的辐射过程，代表器件包括自由电子激光器和量子级联激光器。基于高能电子束在周期性磁场中的受激辐射，具备结构紧凑、系统可集成、频率可设计等优势。

综上，电子学与光学方法各具优势，构成了当前太赫兹激光器研究的主流路径。下一节将聚焦两类具有代表性的激光器技术——光泵浦气体激光器与量子级联激光器，系统介绍其工作原理、关键技术与发展现状。

6.5.3 光泵浦太赫兹气体激光器

1. 工作原理与技术特点

光泵浦气体激光器是太赫兹激光技术领域的重要分支之一。其基本工作原理是采用高功率红外激光器（如横向激励大气压（TEA）CO_2激光器）作为泵浦源，通过分子间的振动－转动跃迁机制，在增益介质中实现受激辐射，输出波长从远红外（典型为15~20μm）延伸至太赫兹波段（典型为20~1000μm），实现宽频谱覆盖。

该类激光器的主要技术特点是输出能量大（脉冲型可达数百毫焦）、频谱覆盖广（覆盖大气窗口与分子指纹区）、波段可调性强（通过调节泵浦源波长、选择不同工作介质及其同位素，可实现丰富的激光谱线输出）、技术成熟度高（气体激光技术体系成熟，具备良好的重复性和可控性）。凭借上述优势，光泵浦太赫兹气体激光器在高灵敏度气体探测、分子光谱学等前沿科学与工程领域中展现出重要应用潜力。

2. 发展历程与研究现状

光泵浦太赫兹气体激光器的发展可追溯至20世纪70年代。1970年，Chang等首次利用CO_2激光器泵浦CH_3OH气体，实现了波长70~700μm的太赫兹激光输出，标志着该技术的诞生。当前，光泵浦太赫兹气体激光器的研究工作主要集中在两个方面：一是拓展激光谱线范围与工作气体体系，通过引入新的分子或采用同位素替代，探索更加丰富的发射谱线与工作机制；二是提升激光输出性能，在泵浦效率、输出功率、光束质量与重复稳定性等方面持续优化。

在激光谱线范围与工作气体体系拓展方面：1984 年，Danly 团队通过 TEA CO_2 激光泵浦 CH_3F，基于受激拉曼散射机制在 250 ~ 300μm 波段实现激光输出，进一步丰富了该类激光器的工作机制；傅恩生团队在 1979 利用 6W 连续 CO_2 激光泵浦 CH_3F，成功获得了 496μm（0.1mW）激光，为国内太赫兹激光技术发展奠定了实验基础。1981 年，刘世明团队采用 TEA CO_2 激光泵浦 CH_3F 和 D_2O，分别获得 496μm（0.5mJ）和 385μm（0.55mJ）脉冲输出，开启了国内脉冲太赫兹研究。这一阶段的研究重在摸索可行分子与激发机制，逐步明确了谱线数据库的初步轮廓。

随着技术成熟，研究重点转向引入新型气体分子，以扩展激光输出谱线的多样性。1987 年，丘秉生团队基于 NH_3 泵浦实现 8.4mJ 太赫兹脉冲输出。在随后的几十年中，SF_6、CH_3CN 等多种多能级复杂分子陆续用于太赫兹激光发射。尤其在 20 世纪初，部分研究团队开始系统引入同位素替代策略，进一步提升谱线覆盖能力，有效拓展了激光器的频率选择范围，并提升了应用的场景适应性。1995 年，Schatz 团队通过甲基卤化物（$CH_3F/CH_3Cl/CH_3Br/CH_3I$）及其同位素分子，发现近 1000 条新的激光谱线，将波长范围拓展至 40μm 至毫米级。随后，$^{13}CD_3OH$、$^{13}CH_3OH$、$CH_3^{17}OH$、DCOOD、$^{13}CH_3I$、CD_3I、$^{13}CD_3I$ 等同位素分子逐步被验证可产生稳定太赫兹激光输出（40 ~ 800μm）。此类方法显著增加了谱线数量，还为窄带高精度调谐应用提供了新路径。Jackson 团队率先采用三激光外差检测方法，对多种工作气体激光输出（33.8 ~ 80.9μm 波段内 8 条激光谱线）进行了频率标定，频率误差精度可达到 10^{-7} 量级（图 6 – 26）。

截至目前，全球已发现超 5000 条太赫兹谱线，几乎覆盖了整个远红外至太赫兹波段。近年来，研究人员结合光谱数据库与实验数据建立了更系统的谱线信息集，对提高激光输出可预测性与重复性发挥了关键作用，推动该领域从探索走向工程实用的重要基础支撑。

在激光输出性能优化方面：提升系统性能的核心在于谐振腔结构与波导设计的优化。早期研究以 Z 字形腔和 L 字形腔为主，后期发展出短腔结构以减小损耗，同时引入金属波导、空芯石英管、二向色镜等新型结构材料。这些改进可有效提升泵浦耦合效率和光束质量，是系统性能优化的关键物理基础。

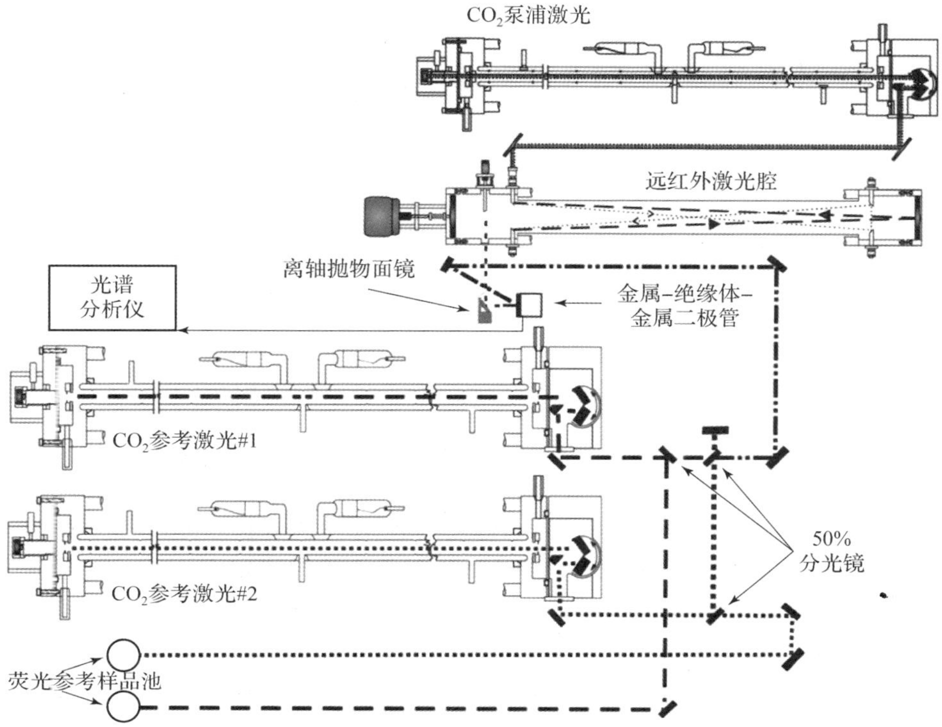

图 6-26 三激光外差系统示意（频率误差精度达 10^{-7} 量级）

为提高整体泵浦效率并拓展系统适用性，泵浦源从传统的 TEA CO_2 激光器逐步演变为更高重复频率与更高稳定性的系统。傅恩生等较早尝试使用连续波 CO_2 激光器实现泵浦激光输出，近年来中红外量子级联激光器被提出作为新型紧凑化泵浦源。2019 年，哈佛大学、麻省理工学院和美国陆军合作，研制出一款系统结构紧凑、频率可调范围广的太赫兹激光器（图 6-27）。分析表明，在量子级联激光器作为泵浦源的情况下，许多分子气体都有可能产生跨度超过 1THz、功率超过 1mW 的太赫兹辐射。这类源具备高亮度、可调谐等优势，为未来小型化、可控性强的系统设计提供了重要方向。

3. 技术挑战与发展趋势

自 20 世纪 70 年代首台光泵浦太赫兹气体激光器问世以来，该类激光器始终是获取太赫兹激光的重要手段。近年来，国内在短腔结构设计、同位素替代策略等方向不断取得突破，部分成果已达到国际先进水平。然而，当前光泵浦太赫兹气体激光器仍面临若干关键技术挑战：首先，系统体积庞大依然是制约其实用化的重要因素。典型激光器腔长普遍超过 2m，加之泵浦光源

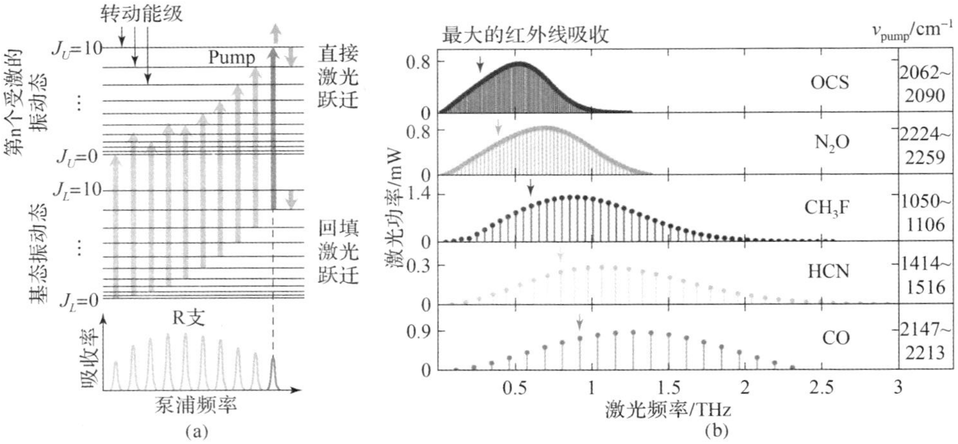

图 6-27　基于中红外量子级联激光器泵浦的太赫兹分子激光概念示意

本身结构复杂，使整体系统难以集成，大大限制了其便携化和工程部署的可行性。其次，该类激光器的能量转化效率较低、输出稳定性不足，严重制约了其在工业检测、生物医学成像等应用场景中的推广与使用。

为推动光泵浦太赫兹气体激光器迈向工程化与实用化，未来可以聚焦两个核心方向：一是研制小型化、高效率的光泵浦太赫兹激光器，以适应多场景集成需求；二是探索新型激发机制与工作介质，提高激光输出性能与谱线测量能力。

6.5.4　量子级联太赫兹激光器

1. 工作原理与技术特点

量子级联激光器是一类基于半导体量子阱结构中导带内子能级之间电子跃迁的单极型激光器，其工作机制与传统的双极型半导体激光器存在根本性差异。传统半导体激光器依赖导带电子与价带空穴的辐射复合，发射波长受限于材料带隙；而量子级联激光器利用电子在导带中不同子能级间的跃迁实现光发射，发射频率由量子阱结构决定的能级差所控制，可通过能带工程灵活调控，突破了传统材料体系的带隙限制。并且，量子级联激光器的激发态和基态均位于导带，能带结构近似抛物线形，使电子态分布集中，获得窄增益谱宽和较高的增益系数。同时，量子级联激光器周期性级联结构允许电子在多个周期中辐射多个光子，这使其在维持低阈值电流的同时可获得较高功率输出。

得益于上述机制，量子级联太赫兹激光器具备诸多技术优势：①宽频谱调谐能力，覆盖从中红外至太赫兹的宽广频谱范围；②窄线宽输出，适用于高分辨率光谱分析；③纳秒级调制响应，适用于高速通信与动态成像；④体积紧凑，适用于系统集成与微型化应用。

2. 发展历程

自 1994 年贝尔实验室成功研制出首台 GaInAs/AlInAs 量子级联激光器以来，该材料体系在中红外至远红外波段展现出巨大潜力。此后，研究人员持续推动激光器的发射波长从初始的 4.3μm 不断向远红外甚至太赫兹波段扩展。

2002 年，Köhler 团队首次实现基于 GaAs/AlGaAs 异质结的太赫兹量子级联激光器，标志着量子级联激光器技术首次跨入太赫兹波段。该器件采用包含 7 个量子阱的啁啾超晶格有源区及双金属波导结构，发射频率为 4.4THz，最高工作温度达 50K，在 8K 下输出功率达 2mW。同年，Rochat 团队研制出世界上第二台太赫兹量子级联激光器。该器件采用三阱耦合的啁啾超晶格有源区与单面金属波导设计，发射波长为 66μm，最高工作温度达 44K，在 12K 下输出功率为 4mW。

2003 年，Scalari 团队提出“束缚态 – 连续态”跃迁机制，并基于该机制实现太赫兹量子级联激光器。该器件的发射频率为 3.5THz（$\lambda \approx 87\mu m$），最高工作温度超 55K，最高输出功率分别为 20mW（20K）和 10mW（77K）。同年，Williams 团队通过引入声子辅助散射机制和双面金属波导结构，实现了太赫兹量子级联激光器。该器件的发射频率为 2.94THz，最高激工作温度达 77K，最高输出功率为 100μW（5K）。在此基础上，该团队进一步优化器件的有源区势垒层厚度，使其发射频率移动至 3.8THz（$\lambda \approx 79\mu m$），最高工作温度提升至 137K。

中国在该领域也取得了重要突破。2004 年，封松林、曹俊诚研究团队深入研究了电子在量子级联激光器中的输运机制及波导结构对光场限制的影响，揭示了器件在长波段下设计中的关键物理问题，为国产太赫兹量子级联激光器的自主研发打下了理论基础。2012 年，中国科学院紫金山天文台联合美国 MIT、荷兰 SRON/TUDelft 机构，围绕太赫兹量子级联激光器的锁相技术开展合作，研制出基于三阶分布反馈结构的频率可调量子级联激光外差混频接收机，并首次实现了量子级联激光器在太赫兹波段的频率与功率双锁定，显著提升了太赫兹探测的灵敏度与稳定性。

上述一系列器件性能的突破离不开多项关键技术的协同推进。首先，有源区能带结构设计的精确性不断提升，使激射频率与增益特性得以有效调控；其次，材料外延技术的发展确保了多周期结构在长时间生长过程中的高度一致性，从而保障了器件性能的稳定性；最后，先进的工艺手段（如埋式半绝缘 InP 异质结波导）显著增强了热管理能力，并有效减少了长波段下的波导损耗。上述技术的集成为太赫兹量子级联激光器实现高功率输出、高工作温度与宽频谱覆盖奠定了坚实基础。

3. 技术挑战与发展趋势

近 20 年来，太赫兹量子级联激光技术虽然取得了诸多突破，但是面临频率调谐、输出谱宽、输出功率及工作温度等方面的限制问题。

实现单模连续调谐对精密光谱学、通信等应用至关重要。目前，太赫兹量子级联激光器的单模调谐主要通过调整与腔长相关的结构参数来实现。2019 年，Curwen 等通过引入超表面材料的垂直腔面发射结构，并结合短外腔设计，有效增大了自由光谱范围，实现了以 3. 47THz 为中心频率、覆盖范围达 880GHz 的单模连续调谐，调谐比高达 25% 。

宽带输出对频率合成、超快光源等应用极为关键。2011 年，Turčinková 等提出通过三重有源区叠加的方法实现宽谱输出，激光带宽达到 1THz；2014 年，Rösch 等通过改进激光器设计与制作工艺，进一步将带宽拓展至 1. 9THz。其他研究组也通过采用不同的有源区结构，实现了超过 1THz 带宽的激光辐射。

激光辐射功率是衡量太赫兹量子级联激光器性能的重要指标之一。早期器件功率仅处于百毫瓦量级。在多模激光器研制方面，Brandstetter 等通过对称结构器件的相键合率先实现了瓦级功率输出，Li 等利用大尺寸器件实现了 2. 4W 的多模输出。在单模激光器研制方面，Curwen 等在垂直腔面发射激光器中实现了 1. 35W 单模输出，Jin 等基于锁相阵列与短腔纵向耦合方案将单模脉冲功率进一步提高到 2. 03W。

低工作温度是太赫兹量子级联激光器商业化的主要障碍之一。在最初十多年中，此类激光器必须在液氮或液氦温区运行。2019 年，Bosco 等将器件工作温度提高到 210K；2021 年，Khalatpour 等将工作温度提高至 250K，且在 230K 下仍能实现数十毫瓦的输出。2023 年，该团队基于新型有源区设计，将工作温度进一步提升至 261K。

总体而言，太赫兹量子级联激光器在频率连续调谐、宽谱输出、功率提升及高温工作等方向均取得了显著进展（图 6 – 28 和图 6 – 29），但仍存在诸多挑战。未来，需进一步在有源区设计、器件结构优化、热管理技术等方面持续深化研究，以推动太赫兹量子级联激光器迈向更高性能和更广应用的新阶段。

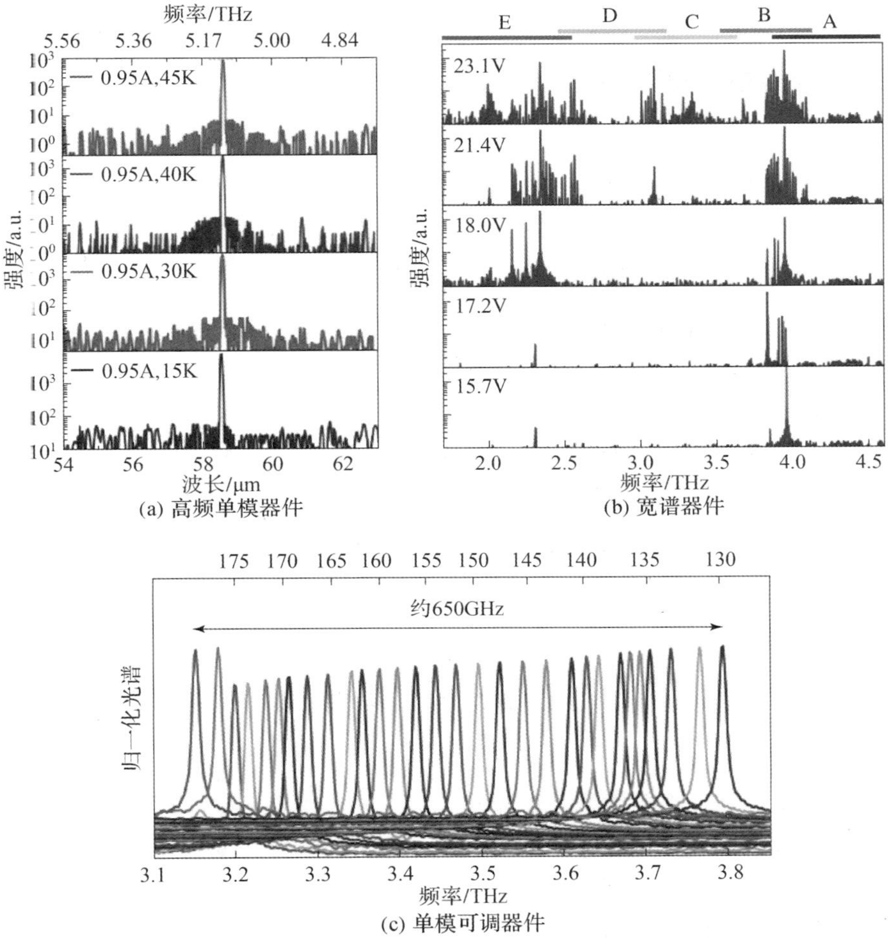

图 6-28 激光光谱图（见彩图）

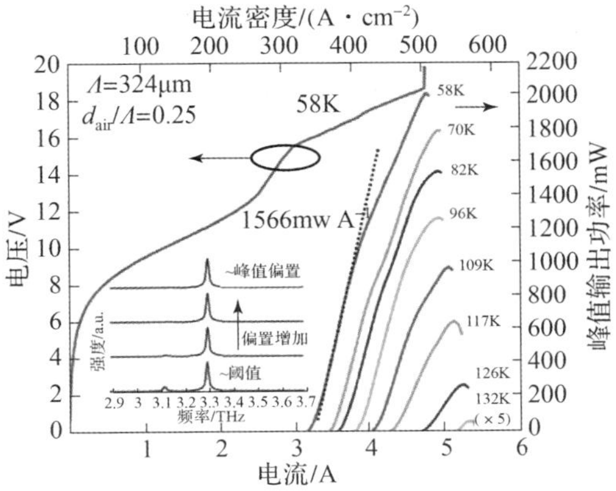

图 6-29 不同温度条件下的强度-电流-电压关系（见彩图）

本章重点总结与复习

（1）简述紫外激光器的特点和应用领域。

（2）简述紫外激光器的产生方法。

（3）简述可见激光器的特点和应用领域。

（4）简述可见激光器的产生方法。

（5）简述近红外激光器的特点和应用领域。

（6）简述近红外激光器的产生方法。

（7）简述中红外激光器的特点与应用领域。

（8）简述中红外激光器的产生方法。

（9）简述太赫兹激光器的特点与应用领域。

（10）简述太赫兹激光器的产生方法。

习　题

1. 光刻机为什么要用紫外激光？

2. 计算市面上常见的绿光或者红光指示用激光笔的峰值功率密度，并分析该激光直接照射人眼会造成的损伤与危害。

3. 可见光可以用于通信领域吗？其优势和限制分别是什么？

4. 光纤通信的网线中传输的是什么波长的激光？是连续的还是脉冲的？为什么？

5. 目前平均功率较高的万瓦激光器波长是多少？为什么该波长容易实现万瓦的平均功率？对于其他波长（如 2μm），提高功率的限制因素是什么？

6. 超短脉冲切割材料为什么比连续光切割边沿更整齐、毛刺更少？

第7章

从连续激光到阿秒脉冲激光

7.1 连续激光与脉冲激光

连续激光的输出是连续的，而脉冲激光的输出是不连续的。在前面介绍的激光器在没有脉宽控制（调 Q、锁模）的作用下，输出往往是连续的。脉冲经历调 Q 和锁模过程后可输出纳秒、皮秒、飞秒乃至阿秒脉冲宽度的激光。

脉冲激光常用于测量超快的物理过程，当前的最短的脉冲激光能达到50as 左右。而连续激光经过稳频可以得到很窄的线宽，用于激光测距、精细光谱测量等。

连续激光与脉冲激光峰值功率差较大，连续激光中比较好的半导体激光器能做到百瓦量级，而脉冲激光现在飞秒的能做到太瓦量级，脉宽越短，热作用效应越小，适用于精细加工。

峰值功率和平均功率分别为

$$峰值功率=\frac{单脉冲能量}{脉冲宽度}$$

$$平均功率=单脉冲能量\times重复频率$$

激光的脉冲宽度是对于脉冲激光器或准连续的激光器而言的，可以理解为每次发射一个激光脉冲的作用时间或一个激光脉冲的持续时间。重复频率是每秒激光器发射的脉冲数，如 10Hz 就是指 1s 发射 10 个激光脉冲。但是，每个激光脉冲的脉宽因激光器不同而有差异。

7.1.1 连续激光的干涉测量

在现代科技和计量、生产测量中，会遇到要求测量长度大且精度高的情况，只有采用激光干涉测量才能满足要求。

迈克尔逊干涉测量原理如图 7-1 所示，由 M_1、M_2 反射回的两束光，经透镜聚焦于光阑处；光阑后放一光电接收器。反射镜在移动时，光阑处的干涉条纹明暗交替变化，光电接收器只输出电信号脉冲。M_1 移动 l_x 距离后，光阑处的条纹变化（光电接收器输出的电信号脉冲）为 N，则

$$l_x = \frac{\lambda}{2}N \tag{7-1}$$

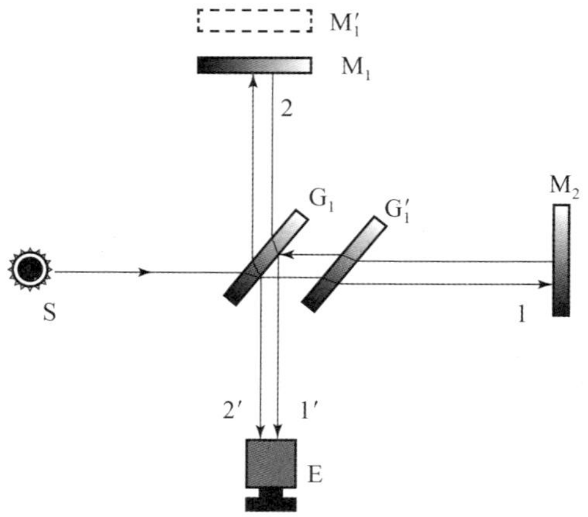

图 7－1 迈克尔逊干涉测长原理

为了保持恒温测量，整个测量系统放置在保温罩内。照明灯和激光器均放置在保温罩外，照明光由光纤引入。激光干涉测长仪的光学系统。由两套光学系统和三套光检测系统组成，如图 7－2 所示。从 A 到 V_1、V_2 是检测刻线用的光电显微镜光学系统，即采用伺服控制系统的氦氖稳频激光的干涉光路系统。三套光检测系统分别是光电倍数增管 V_3 检测透过狭缝 S_1 的光，V_1、V_2 接收由直角棱镜分成的两束干涉光，以检测干涉级次变化。当移动台 L 从刻线 R 的一端以恒定速度移动时，随立体棱镜 J 的移动而产生干涉级次的变化，V_1、V_2 将余弦变化的光电流输送到计算机。随着光程变化，在狭缝 S_1 上出现的刻度面的 10 倍放大像也以恒定的速度移动，当 S 尺的零刻线正好对着信号时，送到计算机的门电路上，使干涉条纹开始计数。然后用后一条刻线脉冲关上门电路，若此期间计数为 N，则由式（7－1）可算得刻线间的距离 l_x，用两台计算机交替进行计数和记录，就可以连续自动测量全部刻线间隔。测量中，每改变一个干涉级次，就发生两个电脉冲信号，则分辨率为 $\lambda/4 = 0.15$（μm）。若干涉条纹的信号分别按正弦和余弦函数检出，按 1/16 波长为单位测量，则氦氖激光测量 1m 的精度可达 39nm。

检测刻线的光学系统有聚光系统 R、半透明镜 P、中继透镜 Q_1、成像透镜 Q_2、狭缝 S、光电倍增管 V_3。

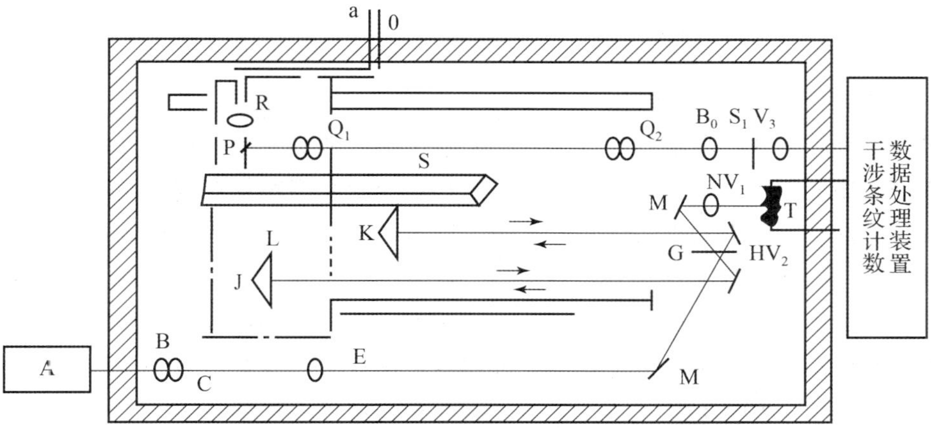

图7－2　激光干涉测长仪的光学系统

干涉光路有稳频氦－氖激光器A，聚焦透镜B，光阑C，准直透镜E，全反射镜M，半透明镜G，立体棱镜K、J，聚焦透镜N，干涉光分束棱镜T。

用单波长进行长度大、精度高的干涉测量，对环境的要求相当苛刻，且测量时间很长（移动速度很慢）。采用双波长干涉测量，对环境的要求大大降低。

双波长干涉测量的原理是测量两个不等频干涉产生的拍频信号。利用塞曼效应，可以得到双频激光器，在氦氖激光器放电管外部加一轴向磁场，则可把氦氖激光器发出的激光谱线分裂成频率稍有差异且旋转方向相反的两条圆偏振光。两条圆偏振光经 $\lambda/4$ 波片后，变成相互垂直的两条线偏振光。两束光在光电接收器上产生拍频参考信号，其频率为 f_1-f_2。当以速度 v 运动时反射光将产生多普勒频移 Δf_2，即反射回来的光的频率为 $f_2\pm\Delta f_2$。因此，光电接收器产生的拍频信号频率为 $f_1-(f_2\pm\Delta f_2)$。输出的拍频余弦电信号都经放大整形后，输入减法器中进行相减（两个电信号再混频，取其低频），则减法器输出的电脉冲频率为 Δf_2，输出脉冲数为 N，据多普勒频移公式有 $\Delta f_2=\frac{2v}{c}f_2$，则

$$N=\int\Delta f_2\mathrm{d}l=\int\frac{2f_2v}{c}\mathrm{d}t=\frac{2}{\lambda_2}\int v\mathrm{d}t=\frac{2}{\lambda_2}t \tag{7-2}$$

式中：l 为直角棱镜 PM_2 移动距离，即被测长度。因此可得：

$$t=\frac{1}{2}N\lambda_2 \tag{7-3}$$

7.1.2 激光测距

激光技术对光电测距仪的发展起到了极大的推动作用。激光所具有的高亮度、高方向性、高单色性等特点，使它成为光电测距仪的理想光源，从而制成了激光测距仪。与红外光电测距仪相比，激光测距仪在测距精度和测程范围方面有了很大的提高，而且打破了测量的时间限制，绝对测距精度达到厘米量级。激光测距仪对人造卫星、月球等的测距达到了很高的精度。1969年，美国阿波罗 11 号将反射镜安放到了月球，实现了对月球、地球之间距离的高精度测量。激光测距仪与计算机的结合形成激光测距的自动化和数字显示。1969 年，国家地震局武汉地震大队（现国家地震局地震研究所）成功研制了我国第一台激光测距仪，1978 年成功研制了数字显示激光测距仪，1972 年成功研制了人造卫星激光测距仪。

激光测距仪的分类方法较多，根据测距方法可分为脉冲法测距、相位法测距、脉冲–相位法测距等，根据测程范围可分为短程测距仪、中程和中长程测距仪、远程和超远程测距仪。本节主要对脉冲法测距和相位法测距进行简要介绍。

1. 大气传输和测程问题

激光测距首先遇到的是光信号在大气中的传输问题。光信号在大气中传播时，会受到大气的干扰，这种干扰可分为以下两类：

1）经常存在于大气中的背景干扰

这种干扰是大气和地球辐射，以及外来辐射源（包括太阳、月亮等）的光辐射的散射产生的。

大气中密度起伏、悬浮粒子（尘埃、水珠、烟雾等）都将使光信号产生散射，从而使光信号呈指数形式衰减，这些散射通常可以归结到米氏散射和瑞利散射。

大气中的湍流运动将使空气折射产生随机分布，从而引起光波振幅和相位起伏，最终引起光束的扩展、传播方向的起伏和光束分裂。这种湍流效应的结果将使光波信号减小并偏离接收器目标，缩小测程范围。

2）大气气体信号的能量吸收

这一方面是大气中光信号的能量衰减的主要原因，另一方面引起与大气自发辐射有关的背景干扰。与散射不同，在吸收系统的光谱中吸收有明显的选择性。

考虑大气散射和吸收，则经过距离 L 后，光信号的衰减遵循指数规律：

$$I = I_0 e^{-(\alpha_s + K_\nu)L} \tag{7-4}$$

式中：α_s 为散射衰减系数；K_ν 为吸收系数，其与频率（或波长）有很大关系，对于某些波段，吸收系数很小，形成透射光波窗口。

总的来说，紫外线的透射率是很低的，在红外方面有较多的透射窗口。图 7－3 为波长在 0.2～15μm 范围内的地面大气透过率曲线。

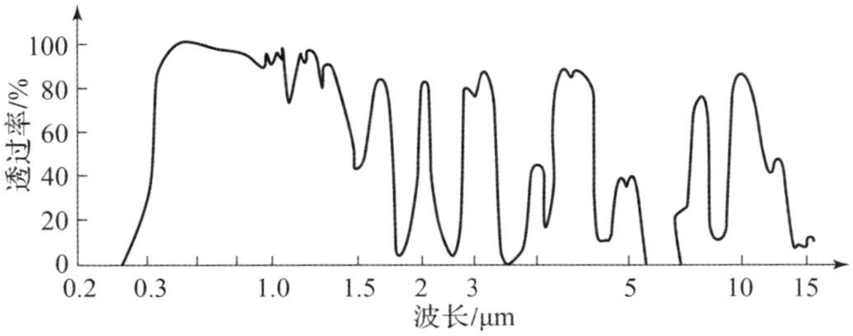

图 7－3　0.2～15μm 范围的地面大气透过率曲线

2. 测程方程

测距仪的最大测量距离是由测量目标反射回来的信号（回波信号）强度和接收器所能接收的最小信号强度决定的。接收器能接收到的最小回波信号强度与激光发射强度、光学系统和接收器参数大气传输之间的关系式称为测程方程。

接收器接收到的光功率为

$$P_L = \frac{16 P_r m e^{-2aL}}{\pi^2 L^4 \Omega_L^2 \Omega_T^2} K A_L A_R \tag{7-5}$$

式中：P_r 为激光器的发射功率；m 为光调制器调制度；a 为包括大气散射和吸收在内的衰减系数；L 为测距仪与目标之间的距离；A_L 为反射器有效面积；A_R 为接收器有效面积；Ω_L 为激光器发散角；Ω_T 为反射器（即回波）发射角；K 为包括发射系统透过率 K_0、反射器透过率 K_T 和接收器透过率 K_R 在内的总透过率，$K = K_0 \cdot K_T \cdot K_R$。

若接收器的最小接收功率为 P_{min}，则测距仪最大测程为

$$L_{max} = \left(\frac{16 P_r m e^{-2al}}{\pi^2 \Omega_L^2 \Omega_T^2 P_{min}} K A_L A_R \right)^{\frac{1}{4}} \tag{7-6}$$

3. 相位测距

测距仪在 A 点发出一个光波信号，到达目标 B 点经过反射后回到 A 点所经过的时间为 τ，则 A、B 两点之间距离为

$$D = \frac{1}{2} c\tau \tag{7-7}$$

设 A 点发出的光波为调制波，频率为 f，回到 A 点时回波比发射波落后相位为

$$\varphi = 2\pi f T \tag{7-8}$$

联立式（7－7）和式（7－8），可得到相位法测距公式为

$$D = \frac{1}{2} \cdot \frac{c}{f} \cdot \frac{\varphi}{2\pi} \tag{7-9}$$

相位由 N 个整波和不足一个整波的个波组成，即 $\varphi = N2\pi + \Delta N2\pi$。所以 A_1B 两点距离为

$$D = \frac{\lambda}{2}(N + \Delta N) \tag{7-10}$$

式中：λ 为调制波长，$\lambda = c/f$。

7.2　纳秒激光

本节将介绍高功率纳秒激光产生原理，以及纳秒激光的一些典型应用案例，如激光焊接与激光切割。

7.2.1　纳秒激光的产生方法

纳秒激光可通过调 Q 实现。激光振荡器通常只能产生数十纳焦的激光，而对于纳秒激光的典型应用，如激光切割、激光焊接而言，则需要数十微焦乃至上百微焦的单脉冲能量。因此，工业化纳秒激光器往往需要在光学振荡器的基础上对输出进行放大。

振荡器＋功率放大器是获得千瓦乃至万瓦量级高功率纳秒激光的基本结构。在光纤中，利用调 Q 或锁模技术可以获得极高的峰值功率，但是由于单个调 Q 或锁模激光器得到的脉冲能量往往有限，这就限制了其应用范围。为了进一步提高纳秒脉冲能量，就要用到功率放大技术，即采用主振荡功率放大结构。采用性能优良的小功率激光器作为种子源，纳秒量级脉冲宽度的种子激光注入单级或多级光纤放大器系统，最终实现高功率放大。一般而言，纳秒激光系统主要包括一个具有高光束质量输出的种子光源以及一级或数级光纤放大器结构，两部分共同构成一个主振荡功率放大光源。它的优势是整个系统输出激光的光谱、频率和脉冲波形等特性由种子源激光器决定，而输出功率和能量大小由放大器增益特性决定。

固体激光器、光纤激光器及半导体激光器均可作为种子源。通常情况下

种子光源只需要提供较低功率或能量的激光输出，但是要求种子光源具备较好的光束质量及较高的稳定性，在某些应用中种子光源还需要实现高重频和短脉冲输出。

以掺稀土光纤放大器为例，放大器中纤芯内的掺稀土离子在泵浦激光的作用下处于粒子数反转状态，当信号激光沿光纤传输时，由于其频率特性与双包层掺杂光纤的增益谱线相重合，发生受激辐射而被有效放大。此外，耦合系统是确保信号光和泵浦光高效注入光纤介质的关键。隔离器起保证信号光单向传输的作用，防止放大器内激射和受激辐射产生的反向激光进入种子源激光器和前级放大器造成破坏和扰动。通过放大最终可以获得毫焦乃至焦量级的纳秒脉冲激光。

纳秒激光为一些金属的热加工提供了一种崭新的热源。早期由于受激光器能量和功率的限制，这种新热源开始主要用于微型加工（如打孔、微型焊接、划片、切割、电阻微调等），然后应用于微电子学的制造工艺中（如硅片退火、合金化、外延技术、掺杂、欧姆接触、光刻及大规模集成电路的互联等）。20 世纪 70 年代后期，由于高功率激光器的出现，激光已能够对大工件进行高效率和高速度加工，如材料深穿透焊接、切割、热处理、表面合金化等。

7.2.2　基于纳秒激光的焊接技术

激光焊接与其他焊接相比，具有以下优点：

（1）功率密度大，可以对一些高熔点的金属或两种不同的金属进行焊接。

（2）光斑小，作用时间短，热形变、热影响区小。

（3）激光焊接是非接触焊接，无机械应力，无机械变形，适用于通过透明物质焊接处于真空容器内的物体和焊接处于复杂结构内的物体。

（4）激光焊接便于自控联机，实现自动化。

（5）与电子束焊接相比，激光焊接对环境清洁度的要求低，并且成本也低。下面叙述与激光焊接紧密相关的一些物理过程。

1. 激光穿透深度

当强度高的激光束作用于金属表面时，激光仅直接与一定深度的金属物质相互作用，金属将一部分光能反射出去，另一部分能量转变成不规则的分子运动动能，再变成热能。光的穿透深度可以根据光的能流密度变化来计算。当光通过厚度为 $\mathrm{d}x$ 的薄片时，能流密度减少 $\mathrm{d}I$，则有如下关系：

$$-\mathrm{d}I = kI\mathrm{d}x$$

光强度减少率为

$$dI/I = -k\mathrm{d}x$$

$$I = I_0 \mathrm{e}^{-kx} \tag{7-11}$$

式中：I 为深度为 x 的光强度；k 为金属的吸收系数（与金属物质和波长有关）。

对于一些普通金属而言，k 为 $10^5 \sim 10^9 \mathrm{cm}^{-1}$ 量级。如果激光功率密度为 $10^5 \sim 10^9 \mathrm{W/cm}^2$，则激光的穿透深度为微米量级。

2. 反射损耗

高强度的激光束入射到金属表面时，可使金属表面附近的自由电子做强迫振动，形成谐波，这种谐波会造成强烈的反射波和进入金属内部的入射波。由于金属中自由电子的密度很大，其反射波的强度可达入射波的95%以上。但金属的反射率是随激光的波长变化而变化的。对于1.06μm的YAG激光束，金（Au）、铜（Cu）、铝（Al）的反射率都在95%以上。所以，在激光作用开始的瞬间，激光的绝大部分能量因被反射而损耗，小部分能量被金属吸收。当光斑处局部温度开始升高或有微量蒸发时，金属的吸收率会显著增加。因此，在焊接中为了提高光转变成热的效率，首先应尽量减少金属初始瞬间的反射损耗。为此，氙灯的放电波形在初始瞬间造成一个尖峰是很有必要的，而且尖峰高度随着金属不同而异。对于金、银、铜、铝等金属，可做成指数形式的衰减波；对于普通金属，可做成一般形式的衰减波。

其次，金属的表面粗糙度对激光吸收的影响也很大。一般金属表面的吸收率随着表面粗糙度的增大而增加；但对于波长为0.6943μm的红宝石激光，当表面粗糙度超过2μm时，穿透深度不再随表面粗糙度的变化而变化。

有时，为了减少反射损耗，在反射率高的金属表面上覆盖一层很薄的反射率低的金属，但这两种金属必须是能形成合金的，如铜、金、银表面覆盖薄镍层，此时，在达到同样熔深的情况下，焊接所需要的能量约为裸露铜、金、银所需能量的1/4。

3. 物质的转移与功率密度的关系

当激光被金属吸收转变成热能时，由于激光的功率密度很高，金属表面发生汽化，形成高压蒸气，蒸气膨胀后以极高的速度喷射。此时，金属表面的压力和温度随着功率密度的增加而迅速增加。金属表面局部温度越高，蒸气压力越大，热扩散就越快，熔化层形成也就越快。如果继续增加激光功率密度，由于高压蒸气的膨胀，熔化了的液态金属就会高速喷射出去，这就形成了金属飞溅。

从以上叙述可知，高强度激光作用于金属时，金属物质主要按三个过程转移，即蒸发、蒸气膨胀而产生陷坑中的压力扩展和熔化。

焊接时应避免产生陷坑和金属飞溅。为此，需严格控制激光功率密度以使金属表面的温度维持在沸点附近，不致形成强大的蒸汽压力而膨胀。对于一般的金属，激光功率密度控制在 $10^5 \sim 10^6 W/cm^2$。

4. 激光焊接工艺和参数选择

用脉冲固体激光器发出的激光进行焊接属于熔化焊。影响焊接的因素很多，如金属的光学性质（对激光的反射和吸收）、热学性质（熔点、沸点、热扩散率、热导率、熔化潜热等）、表面状况等。一般根据金属的性质、需要的熔深和焊接方式决定激光功率密度、脉宽和波形。

7.2.3　激光切割

激光束作用到材料上时可使材料熔化并形成孔。激光束移动时形成一个深且窄的切口，使材料被切开。有时为了加快切割速度，将氧或空气与激光束同轴吹入，对于一些易氧化的金属则吹入惰性气体，这样可使切口不产生汽化层。图 7－4 为一种激光切割机的气体辅助激光切割头。来自二氧化碳激光器的光束聚焦成约 500μm 的小点。激光切割具有以下优点：

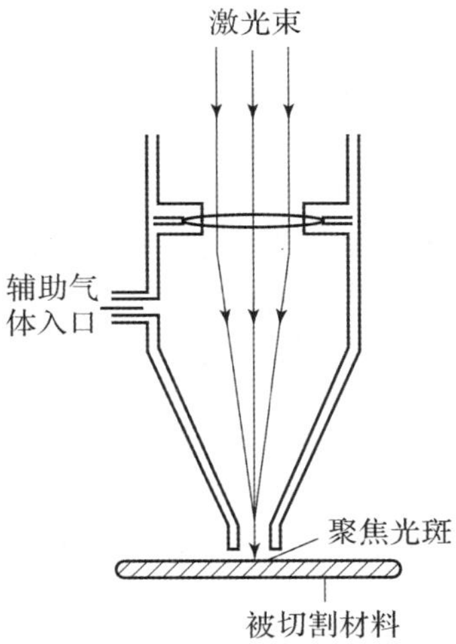

图 7－4　气体辅助激光切割头

（1）切缝窄且平整。

（2）切割的边缘质量好，由于激光切割时切口的氧化物熔渣少、变形小，热影响区也小，切口不仅外观整齐，而且材料的性能变化很小。

（3）特别适用于机械强度高、熔点高的金属，如不锈钢、耐热合金钢、钛合金钢或淬火状态的工具钢等，这些金属用常规切割手段是难以实现切割的。激光还能切割非金属材料，如橡胶、皮革、塑料、布匹、纸张、石英、有机玻璃等。

激光切割除上述加工性能方面的优点外，还有工艺和成本方面的优点，如加工成本低、加工速度快等。对钛板切割方式的比较见表 7－1。

表 7－1　对钛板切割方式的比较

切割方式	加工成本/（美元·时）			设备投资/美元
	钛板厚度为 1/8in	钛板厚度为 1/4in	钛板厚度为 1/2in	
锯	1.52	2.18	4.15	2000
激光	0.71	1.19	1.28	9600
氧－乙炔	0.75	1.36	1.41	39000
等离子电弧	0.72	1.44	1.58	39000

采用的激光器仅为 250W 连续 CO_2 激光器，若采用更高功率的激光器，则可达到更快的速度。另外，激光切割能改善零件设计和制造的灵活性，加快特殊零件和样机零件的周转速度，减少模具的需要量，更充分地利用材料等。

7.3　皮秒和飞秒脉冲激光

皮秒和飞秒激光均由锁模技术实现。一般将脉冲宽度小于 100ps 的激光称为超短脉冲激光。本节将介绍超短脉冲激光产生原理，以及皮秒、飞秒激光的一些典型应用案例，如光学频率梳与激光光刻。

7.3.1　超短脉冲激光产生

超短脉冲激光的脉宽下限取决于激光的波长，通过调 Q 技术可以输出脉冲宽度纳秒量级的激光脉冲。若要输出脉冲宽度为皮秒及以下的脉冲，则需要采用锁模技术。利用锁模技术锁定激光各个振荡模式的相位，使光束中不同的振荡纵模具有确定的相位关系，从而使各个模式相干叠加得到超短脉冲。

当各个模式的初位相 φ 无确定关系时，各个模式互不相干，因此激光输出的是它们的无规则叠加的结果，输出强度随时间无规则起伏。但如果使各振荡模式的频率间隔保持一定，并具有确定的相位关系，那么激光器将输出一列时间间隔一定的超短脉冲，这种激光器称为锁模激光器。锁模迫使谐振腔中的所有纵向模式在频域中以相邻模式之间的恒定锁定间隔和公共初始相位同步振荡。因此，它在时域中产生了超短光脉冲的重复序列。假设谐振器中有 $2N+1$ 个纵模，即 $q=-N, -N+1, \cdots, 0, \cdots, N-1, N$，第 q 个纵模的角频率由下式给出：

$$\omega_q = \omega_0 + q\Omega \tag{7-12}$$

式中：ω_0 为中心频率；Ω 为相邻角频率之间的差，$\Omega = 2\pi c/2L$，其中 L 为激光腔的光学长度，$c/2L$ 为光在腔中传播的往返时间或两个相邻纵模之间的频率差的倒数。

假设所有纵模振幅相等，即 $E_q = E_0$，以及相邻模在频域内有一个固定的区间，每个模振荡有一个共同的初始相位。根据三角级数式可推导出

$$E(t) = E_0\left(\sum_{-N}^{N} \mathrm{e}^{\mathrm{i}q\Omega t}\right)\mathrm{e}^{\mathrm{i}\omega_0 t} = E_0 \frac{\sin\left[\frac{1}{2}(2N+1)\Omega t\right]}{\sin\frac{1}{2}\Omega t}\mathrm{e}^{\mathrm{i}\omega_0 t} \tag{7-13}$$

这意味着输出脉冲只在每个腔中往返一次。脉冲持续时间 τ 定义为最高脉冲峰值与其最近谷值之间的时间间隔。当 $\sin\left[\frac{1}{2}(2N+1)\frac{\Omega t}{2}\right]=0$ 时，t 取值为 $t=\frac{2\pi}{(2N+1)\Omega}$，因此，脉冲峰值与第一个光强为零的谷值间的时间间隔为

$$\tau = \frac{2\pi}{(2N+1)\Omega} = \frac{T}{2N+1} = \frac{1}{\Delta\nu} \tag{7-14}$$

上式表明，脉冲宽度近似为增益带宽的倒数。因此，更大的增益带宽对于产生超短脉冲是必不可少的。借助现代材料科学，人们开发出了具有较大增益带宽的增益介质，如 Nd：YAG、Ti：Sapphire（钛宝石）、CaF_2（氟化钙）等晶体。

7.3.2　载波包络相位

载波包络相位（carrier envelope phase，CEP）锁定是指锁模激光器中脉冲序列的稳定化。载波包络相位锁定已经在许多领域得到了应用。例如，带载波包络相位锁定的脉冲被用作脉冲相干叠加的种子脉冲。光学频率计优先选用具有载波包络相位锁定功能的激光器，它涉及基本物理常数校准、重力波探测、光通信、光测距等。

在介绍载波包络相位之前，先给出一些定义：

（1）群速度：光脉冲包络在介质中传播的速度，一般指脉冲包络线峰值的速度。

（2）相速度：相位波面沿在介质中传播的速度。通常，相速度是电场载波峰值的速度。

（3）载波包络相位：光载流子峰值与包络峰值之间的相位差，在图 7－5 中为虚线框 $\Delta\varphi_{CE}$。在一列多脉冲中，载波包络相位通常由于相位和群速度的差异而发生变化。对没有脉冲序列主动稳定的锁模激光器，$\Delta\varphi_{CE}$ 是对激光器扰动敏感的动态量。

（4）频率梳：光学频率梳是一种光源，其光谱不是连续的，而是频率空间中等距的激光谱线的离散模式，在图 7－5 中为激光脉冲下的实线。在锁模激光器中，通过稳定脉冲序列可以产生频率梳。

（5）绝对频率：绝对频率是来自载波包络相位稳定的锁模激光器的频率输出序列。在频率梳中，绝对频率是图 7－5 中的实线。通常，这种绝对频率与一列规则的超短脉冲有关，具有固定的脉冲重复频率，这决定了频谱中的反向线间距。

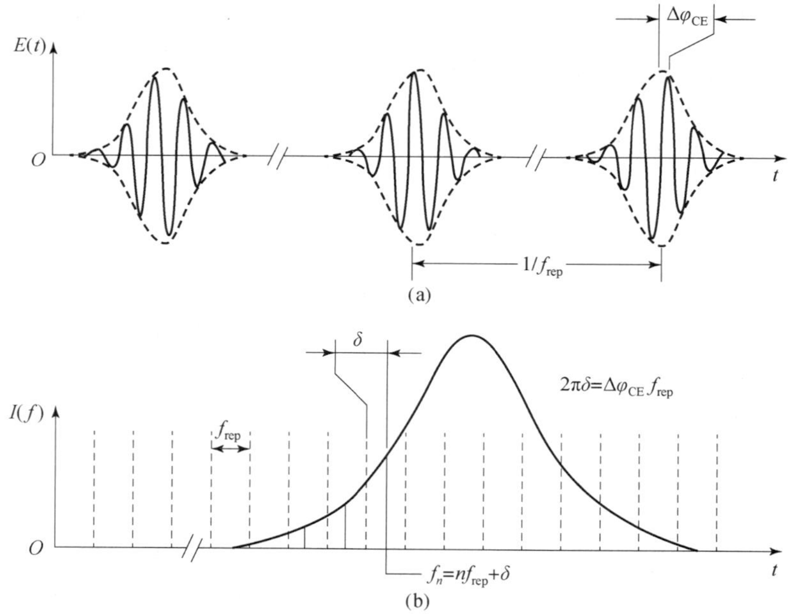

图 7－5　载波包络相位（CEP，$\Delta\varphi_{CE}$）、重复频率（f_{rep}）

（6）重复频率：重复频率是梳齿的频率间距，其等于锁模激光在 1s 内发射的脉冲数。脉冲序列的脉冲重复率定义为每秒发射的脉冲数，更精确地说是反时间脉冲间隔。

（7）偏移频率：偏移频率是绝对频率与其重复频率的最近整数倍之间的频率。

由通过沿光路累积相位差导出的公式 $\Delta\varphi_{CE} = -2\pi f_{CEO}/f_{rep}$ 可以发现，这种偏移是光载波峰值和包络峰值之间的相位差造成的。锁定载波包络相位等同于锁定梳的绝对光学频率，反之亦然。从上述公式可以看出，可以通过锁定重复频率和偏移频率来锁定载波包络相位。

重复频率可以通过使用光电检测器和频谱分析仪（或频率计数器）的组合来检测。偏移频率可以通过使用 $f-2f$ 自参考检测技术来测量。

为了解释 $f-2f$ 自参考检测技术，假设要测量的脉冲是一个光学频率梳，还要假设脉冲首先在非线性晶体或微结构光纤中被展宽，然后再产生倍频程跨越谱（覆盖从基波波长到其二次谐波区域的连续光谱）。

在这种情况下，低频端的二次谐波将与高频端重叠（图 7－6）。因此，二次谐波与基波梳之间的外差拍产生的一个射频频率得出外差拍可以由光电探测器探测到，也可以由示波器拍的波形推导出。测量 f_{CEO} 的实验过程：首先在微结构光纤中产生倍频程光谱，其次利用二向色反射镜将低频端和高频端的分量分开。低频部分通过 BBO 晶体获得倍频，然后两条光路重新会合。两个光学频率梳的外差拍可用雪崩光电二极管探测器探测。如果脉冲光谱宽度小于一个倍频程，那么 $2f-3f$ 自参考方案也可以用于检测。

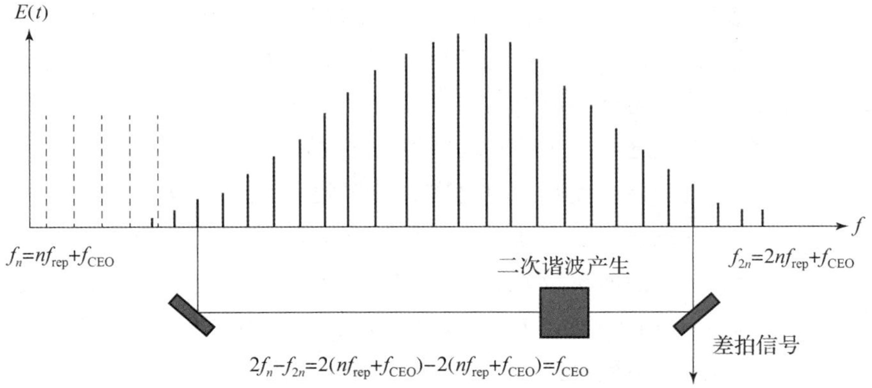

图 7－6　频率域中的 $f-2f$ 自参考探测图

$f-2f$ 和 $2f-3f$ 的自参考方案都可以用于 f_{CEO} 的检测。

$f-2f$ 自参考方案：

$$2f_n - f_{2n} = 2(nf_{rep} + f_{CEO}) - (2nf_{rep} + f_{CEO}) = f_{CEO} \tag{7-15}$$

$2f-3f$ 自参考方案：

$$3f_n - 2f_{3n/2} = 3nf_{rep} - 2\times\frac{3n}{2}f_{rep} + 3f_{CEO} - 2f_{CEO} = f_{CEO} \tag{7-16}$$

因此，$3f-4f$ 也可以用同样的方法得出，由此可以推导出 CEP（$\Delta\varphi_{CE}$）。

模式锁定有助于缩短激光器到皮秒或飞秒区域的输出脉冲持续时间。利用飞秒锁模激光器的载波包络相位稳定技术产生的新概念光学频率梳在2005年获得了诺贝尔奖，因为与传统技术相比，该技术简单易行，可以获得非常精确的光谱数据。例如，载波包络相位锁定光学频率计量可以极其精确地确定未知频率。基本物理常数校正（如精细结构常数和电荷质量比）、分子/原子跃迁测量、量子电动力学研究等都是首选方法。

7.3.3 光学频率计量

光学频率计量是指以极高的精度确定未知频率。对于基本物理常数校准、分子/原子跃迁测量、量子电动力学等研究来说，光学频率计量是首选的，这也证明了其在重力波探测、光通信、光学测距等方面的应用。

1980—1999年，光学频率校准方法与微波频率校准方法基本一致。这时，一个已知频率就可以利用非线性效应产生一系列谐波。通过测量未知频率和频率序列的拍频，可以从谐波频率序列中选择最接近的频率。但是，这项技术具有很高的复杂性和难度，因此需要大量投资，1999年，马克斯-普朗克研究所的研究人员发现主动稳定飞秒钛蓝宝石激光器产生离散的频率线（频率梳）。研究表明，钛蓝宝石激光器频率梳的相位不确定度可以小于10^{-15}，这意味着钛蓝宝石激光器发射的周期脉冲序列在时域上对应于频域上均匀分布的频率梳。此外，还可以通过在光子晶体光纤中传播该梳来生成宽带频率梳。这些研究发现促进了光学频率测量领域的创新。

一般来说，光学频率梳是一种光源，其光谱不包含连续等间距的离散模式。它可以通过飞秒锁模激光器产生的脉冲序列的偏移频率和重复频率的主动锁模稳定产生。飞秒锁模激光器的光学频率梳的载波包络相位稳定技术是由Theodor Hänsch和John Hall在1999年开发的一项技术，通过载波包络相位稳定锁模激光器的频率梳对频率测量有很大的贡献。

事实上，光学频率梳已经专门用于光谱校准，波长覆盖从中红外到紫外，这为探索原子和分子结构及动力学开辟了新的道路。此外，光学频率梳可以支持传统的激光测距方法。近年来，通过激光频率梳校准的高分辨率光谱图，在寻找类地系外行星中实现了一种新的精确径向速度测量制度，扩展了这些天文梳作为天文学光谱观测工具的使用方式。

7.3.4 飞秒激光光刻

飞秒激光加工技术凭借其超高峰值功率和超短脉冲持续时间的优势，被广泛应用于多种材料的超精细微纳加工领域。通常，按激光脉冲标准来说，持续时间大于 10ps（相当于热传导时间）的激光脉冲属于长脉冲，用它来加工材料，热效应会使周围材料发生变化，从而影响加工精度。而脉冲宽度只有几千万亿分之一秒的飞秒激光脉冲拥有独特的材料加工特性，如加工孔径的熔融区很小或者没有；可以实现多种材料，如金属、半导体、透明材料内部甚至生物组织等的微机械加工、雕刻；加工区域可以小于聚焦尺寸，突破衍射极限等。

激光光刻技术可以分为激光投影式光刻技术和激光无掩膜光刻技术。传统的激光投影式光刻技术基于光学曝光法，其曝光技术最终制约着光刻工艺的分辨率。激光无掩膜光刻技术是利用激光束在基体的表面直接进行微纳（微米或纳米）图形的制作。这种技术是直写式无接触的加工技术，因此不需要传统曝光辐射式的光掩膜及纳米压印接触式的模板，也避免了接触时出现的摩擦、黏附污染等问题。

激光无掩膜光刻技术中的激光非线性光刻方法是利用材料的非线性吸收特性，突破衍射极限的限制，实现高分辨率。与传统的单光子吸收不同，这里光敏聚合物通过非线性吸收（双光子或是多光子吸收）引发聚合反应，非线性吸收的概率与光强的平方成正比，只有在聚焦光斑的中心区域、光强足够强处才有强的非线性吸收，因此使非线性聚合反应只发生在聚焦光斑的中心区域。

利用三维激光聚焦扫描，激光非线性光刻可以实现三维微纳图形制作。日本大阪大学的 Kawata 等利用双光子微细加工技术在商用的负性光刻胶 SCR500 中制作出长 10μm、高 7μm 的公牛三维图形。但是，这种高分辨率仅限于此种网桥结构，目前还没有分辨率在 30nm 以下的任意图形结构制作的报道。通过缩短激光波长，Haske 等用波长为 520nm 的飞秒激光器制作出了周期 500nm 的光子晶体结构，其线宽达到 65nm。这些结果很好地证明了非线性光刻在制备三维微纳图形方面的能力，以及在制备光子晶体、电子及微电子机械系统器件方面的潜在应用价值。

第五代光刻机采用的是极紫外光源，为了获得波长更短的极紫外光源，目前阿斯麦公司采用的方法是将高功率二氧化碳激光脉冲照射在直径为 30μm 的锡滴液靶材上，激发出 13.5nm 高功率紫外光，作为光刻机的光源。

此外，在光刻方面，飞秒激光在透明材料中写入光波导技术越来越受到人们的关注。应用飞秒激光制作光波导具有作用时间极短、热效应小（几乎可以忽略）的优点，因此可以大大提高加工精度。并且通过控制光斑尺寸和扫描过程来调节波导芯的宽度和折射率分布台阶参数，这对大规模平面光路的各种布局设计及对光路的局部进行再加工等都是非常有利的。近红外区的飞秒激光又能克服紫外激光对大多数材料不透明的缺点，可以深入透明材料内部，在微观尺度上实现真正意义上的三维立体微加工。

随着激光技术的发展，激光在微纳加工领域的应用越来越广泛，现代研究不仅将飞秒激光加工应用于众多固体材料、半导体、电介质及聚合物等，也同样应用于集成电路的光刻工艺中。可以看出，飞秒激光在微纳加工及对光刻工艺技术的发展有很大的帮助及促进作用，不仅在科研领域无处不在，更成功地从实验室走进了工厂、医学、国防等重要领域，相信经过不断地深入研究，飞秒激光将具有更广阔的应用前景。

7.4 阿秒脉冲激光

阿秒脉冲激光的出现被认为是激光科学历史上最重要的里程碑之一，应用前景难以估量，目前已经成为物理、化学、生物等众多领域重要的研究手段，成功用于测量和控制内壳层束缚电子运动等过程，将人们研究物质结构的视野从分子拓展到原子内部。阿秒脉冲激光技术的发展，引发了 X 射线、自由电子激光、可控高温超导、超高分辨成像、电子信息处理等领域的重大突破。鉴于其巨大的潜在应用价值，美国、日本、欧洲各国将阿秒激光技术列为未来 10 年激光科学发展最重要的发展方向之一。

目前，阿秒脉冲激光主要是由飞秒激光作用于惰性气体而产生的高次谐波形成的，产生的过程：在飞秒脉冲激光的激发下，惰性气体元素的电子以隧穿电离的方式离开母核并在强激光场中被加速，最后在激光电场反向时以一定的概率与母核碰撞，从而将从激光场获得的能量以 X 射线光子的形式辐射出来。辐射的 X 射线是入射激光脉冲的高次谐波，它继承了入射激光脉冲的光学性质，发散角很小，具有很好的相干性。

阿秒脉冲的产生与测量是当前科研领域的研究热点。在微观世界，生物、化学和物理的界限正在逐步消失，因为其根本都是电子运动，如分子内的电子运动负责生物信息传递、改变化学产物及生物系统功能，信息处理的速度则可以通过采用更小的纳米电路来提高等。这些电子运动的时间尺度从几十阿秒到几十飞秒，对这些电子运动的了解是解释所有生物、化学和物理现象的基础。阿秒量级的超高时间分辨率与原子尺度的超高空间分辨率相结合将可能实现人类了解和把握原子 - 亚原子微观世界中极端超快现象的梦想。阿秒脉冲可用于观察和控制原子内部电子的动力学行为，比如内壳层电子的弛豫和隧道电离过程等。当前，人们已经突破 100as 的时间壁垒。随着阿秒脉冲的产生与测量技术的发展，原子、分子与凝聚态物质中的阿秒电子动力学研究也引起了人们的关注，开展相关的超快动力学研究将是阿秒科学的总体发展趋势和研究目标。单个阿秒脉冲的产生方案，目前常见的有少周期激光脉冲泵浦激光方案、偏振时间门方案和双色场方案等。少周期激光脉冲泵浦激光方案是采用载波包络相位稳定的、脉冲宽度小于 4fs 的 800nm 周期量级激光脉冲与惰性气体相互作用产生气体高次谐波连续谱。偏振时间门方案是利用气体高次谐波的产生效率对于泵浦激光脉冲的偏振性质高度敏感的特性，快速控制泵浦激光脉冲的偏振变化来产生单阿秒脉冲。

下面主要结合我国相关研究领域的科学技术基础和发展趋势，以超强超短激光驱动电子、质子加速等为例介绍超强超短激光的重要应用。

（1）激光尾波场电子加速。

阿秒脉冲对应的超强超短激光驱动的尾波场电子加速器相对于传统的高能粒子加速器而言，极限加速电场高出 3 个量级以上，为实现小型化的高能粒子加速器提供了新原理和新方法，也将对未来的同步辐射装置、自由电子激光及高能粒子物理等的研究与发展产生重要影响。国际上，激光尾波场电子加速研究在 2004 年取得突破，实现了 100MeV 量级的准单能电子束；2006 年实现了 GeV 量级的准单能电子加速。中国科学院上海光学精密机械研究所 2010 年获得了最高能量达到 1.8GeV 的当时国际最高能量的激光电子加速实验结果。虽然激光尾波场电子加速取得了显著进展，但是国际上广泛采用的传统的单级加速方案仍面临难以克服的障碍，如电子注入和电子加速两个基本物理过程不能分别控制等。而级联电子加速方案具有对电子注入和电子加速两个基本物理过程分别控制与优化等优点，将是未来实现高性能 10GeV 量级甚至更高能的单能电子束的可行方案，特别是对台式化 X 射线自由电子激光等领域的发展具有重要的推动意义。中国科学院上海光学精密机械研究所首次利用电离注入的全光驱动双尾波场级联电子加速器方案，成功实现了电子注入与电子加速两个基本物理过程的分离与控制，实验获得了能量近 GeV 量级的准单能电子束和 187V/m 的超高加速梯度等突破性成果。该双尾波场级联加速方案的成功实现为未来产生高性能 10GeV 量级甚至更高能量单能电子束提供了可行途径，将给超强超短激光驱动的台式化粒子加速器的发展与应用带来深远影响。

（2）激光质子加速与质子照相。

质子照相作为一种密度诊断手段，可利用微分截止和散射来显示样本静态或动态的密度变化，是目前探测等离子体中电磁场的唯一方法。在过去的几年中，质子照相技术已经得到广泛应用，在实验中成功探测到瞬时电磁场的数据。中国科学院上海光学精密机械研究所利用拍瓦超强超短激光驱动产生了能量达到10MeV以上的高能质子束，并利用该质子束成功开展了对蜻蜓样品的质子照相实验，通过缩小物距实现了蜻蜓的清晰成像。

本章重点总结与复习

(1) 连续激光的实现方法。
(2) 激光干涉测量。
(3) 纳秒激光的实现方法。
(4) 飞秒的实现方法。
(5) 激光锁模技术。
(6) 阿秒的实现方法。
(7) 载波包络相位与频率计量。

习　题

1. 简述脉冲激光载波与包络的定义。

2. 用激光脉冲测距方法测量地球到月球之间的准确距离。若使用调 Q 技术得到脉宽为 10^{-9}s 而脉冲峰值功率达到 10^9W 的激光巨脉冲，激光的发散角通过倒置望远镜压缩到0.01mrad，光电接收器最低可以测量的光功率为 10^{-6} W，大气层的透过系数为 5×10^{-2}。试问，送上月球的角锥棱镜反射器的通光口径至少要有多大（不考虑角锥棱镜的角度加工误差）？

3. 试说明相位测距的原理。若激光相位测距量程要求达到5km，测量最小可分辨距离为1mm，而测相灵敏度为 $2\pi/1000$，那么至少要几个调制频率才能满足上述技术要求？

4. 有一多纵模激光器纵模数为1000个，腔长为1.5m，输出的平均功率为1W，认为各纵模振幅相等。试求在锁模情况下，光脉冲的周期、宽度和峰值功率各是多少？采用声光损耗调制元件锁模时，调制器上加电压 $u=V_0\cos2\pi ft$。试问电压的频率 f 是多少？

5. 钕玻璃激光器的荧光线宽 $\Delta\nu_F=7.5\times10^{12}$ Hz，折射率为1.52，棒长 $l=20$cm，腔长 $L=30$cm，如果处于荧光线宽内的纵模都能振荡，试求锁模后激光脉冲功率是自由振荡时功率的多少倍？

第 8 章

强激光的发展与应用

8.1 高功率连续的激光器

随着激光技术的飞速发展，各种激光光源已经广泛应用于各个领域，高功率的脉冲激光在工业领域用于激光打标、激光焊接、材料切割和表面处理等，在军事领域用于激光测距、激光武器、激光制导和激光雷达等，在医疗领域用于激光美容、激光照射治疗及激光切割肿瘤等，这些用到的主要是激光的高能量密度特性。而在基础科学研究中对激光的模式提出了更高的要求——连续激光。高功率连续激光光源在非线性光学、量子光学、量子信息、高分辨率光谱学及冷原子的俘获等方面的研究工作中有着重要的应用，并且随着科研工作的进展，人们对连续激光光源的各个性能参数（如长期功率稳定性、频率稳定性、光束质量及输出功率等）提出了越来越高的要求。高功率连续激光器在激光显示、生物医疗、有色金属加工等领域有着重要的应用，实现连续激光器的高转换效率输出已经成为激光领域的研究热点。

8.1.1 高功率连续激光的产生方法

1. Nd:YAG 连续固体激光器技术

1968 年，Ross 研制了世界上第一台用半导体激光二极管（laser diode，LD）泵浦的 Nd:YAG 激光器。20 世纪八九十年代是全固态激光技术蓬勃发展的时机。常见的 YAG 激光器有 Nd:YAG 激光器、Er^{3+}:YAG 激光器、Tm^{3+}:YAG 激光器、（Cr + Tm + Ho）:YAG 激光器等，其中 Nd:YAG 激光器是一种光学、力学和热学性能均优良的激光器，是目前应用最广泛的固体激光器。LD 泵浦的 Nd:YAG 激光器性能可靠，泵浦效率高，在商业上非常有吸引力，可用于制造功率输出高达千瓦的连续波固体激光器。

用半导体激光二极管或半导体激光二极管阵列（laser diode array，LDA）

泵浦固体激光器可获得高的泵浦效率。固体激光器的泵浦方式通常分为端面泵浦和侧面泵浦两种。

1）端面泵浦 Nd:YAG 固体激光器

采用端面泵浦时，泵浦光与光轴方向相同，如图 8.1（a）所示，端面泵浦固体激光器中，透镜 f_2 和 f_3 构成激光器的谐振腔，透镜 f_2 上一面镀有对振荡激光波长的高反膜，另一面镀有对泵浦光波长的增透膜。透镜 f_3 上一面镀有对振荡激光波长部分反射膜，另一面镀有对泵浦光波长全反膜。工作介质为 Nd:YAG 晶体时，泵浦光的中心波长一般为 808nm，输出激光波长一般为 1064nm。图 8.1（a）中透镜 f_1 的作用是与 f_2 构成聚焦耦合系统，将 LD 输出的泵浦光尽可能高效地耦合进激光晶体内部，这也是端面泵浦固体激光器的突出优点，可实现较高的泵浦效率。由于泵浦源 LD 与谐振腔之间可通过透镜实现模式匹配，泵浦光与振荡激光的模式匹配性好。但端面泵浦发光截面受限，难以实现大功率输出。

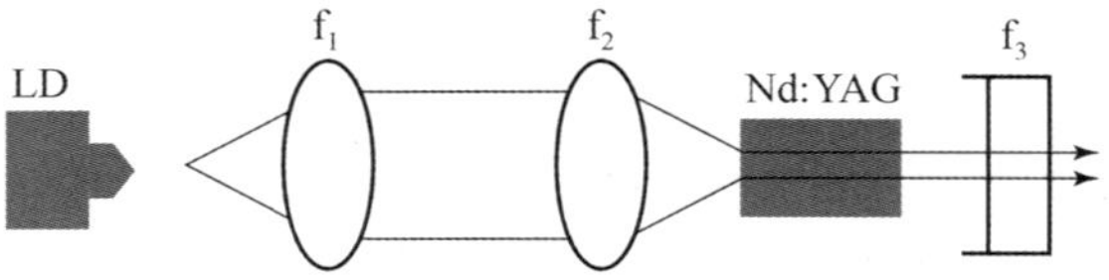

(a) 端面泵浦Nd:YAG固体激光器

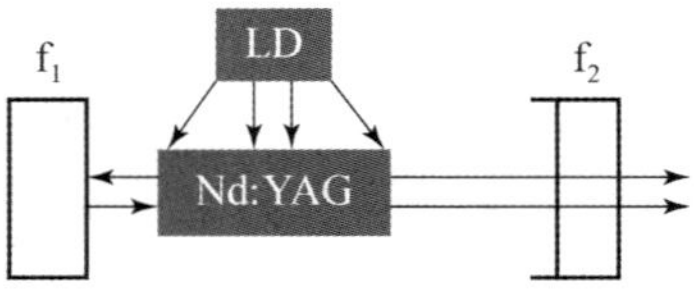

(b) 侧面泵浦Nd:YAG固体激光器

图 8－1　端面泵浦 Nd:YAG 固体激光器与侧面泵浦 Nd:YAG 固体激光器

2）侧面泵浦 Nd:YAG 固体激光器

采用侧面泵浦时，泵浦光与光轴方向垂直，如图 8－1（b）所示，由于侧面泵浦固体激光器泵浦方式的特殊性，其对谐振腔镜和激光晶体端面的平滑度相对端面泵浦固体激光器要低一些，这种泵浦方式可实现较高的输出功率，但泵浦效率低且容易形成多模振荡。Nd:YAG 激光功率一般能达 4000～6000W，现在最大功率已达 10000W。

2. 高功率光纤激光器技术

1）光纤激光器结构的优化

首先是空间光泵浦结构。早期的光纤激光器大多应用光泵浦输出和激光输出，其输出功率较低，在短时间内快速提升光纤激光器的输出功率存在较大的难度。1999 年，光纤激光器研发领域的输出功率首次突破万瓦，该光纤激光器的结构主要为利用光双向泵浦的方式构成一个谐振腔，该光纤激光器的效率达 57.3%。光双向泵浦光纤激光器示意如图 8－2 所示。

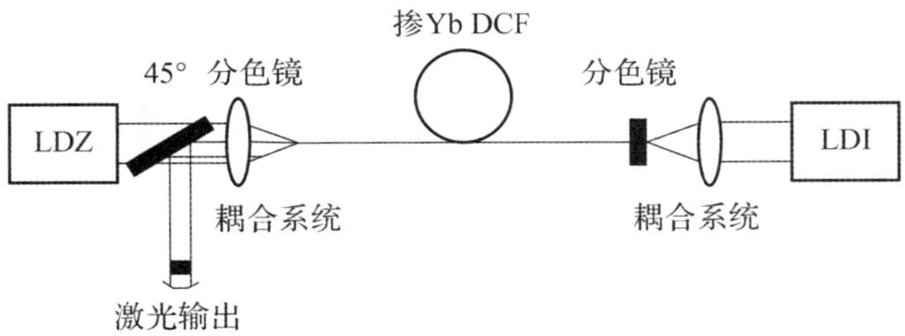

图 8-2　光双向泵浦光纤激光器示意

其次是直接振荡器结构和主控振荡器的功率放大激光器（master oscillator power amplifier，MOPA）结构。直接振荡器结构和 MOPA 结构是目前市面上光纤激光器最常见的两种结构。直接振荡器结构是在光栅在振荡的过程中选定波长的，而后输出所选定的波长。而 MOPA 结构是将光栅选定的波长作为种子光，种子光在一级放大器的作用下被放大，所以光纤激光器的输出功率也会随之得到提升。一段时间内，MPOA 结构为高功率光纤激光器的首选结构，但是后续的研究发现该结构中高功率输出容易导致光纤激光器内部空间分布不稳定，输出的激光亮度会受到一定程度的影响，这一因素对高功率输出效果同样也存在影响。

2）双包层光纤技术

双包层光纤由掺杂纤芯、内包层、外包层、保护层四部分组成，其与常规光纤相比多一个可以传输泵浦光的内包层。双包层光纤激光器示意如图 8-3 所示。

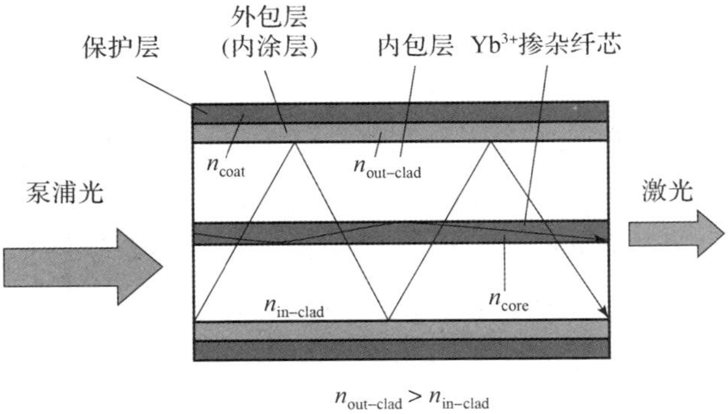

图 8-3　双包层光纤激光器示意

纤芯由掺稀土元素的 SiO_2 构成，它作为产生激光的波导，一般情况下是单模的。内包层由横向尺寸和数值孔径都比纤芯大得多、折射率比纤芯小的 SiO_2 构成，是泵浦光通道，用于传输高功率的多模泵浦光。泵浦光进入尺寸较大的内包层，在内包层中内反射并多次穿越纤芯被掺杂离子吸收，实现激光输出或放大，获得高光束质量、高功率的激光输出。近年来，高功率半导体激光器泵浦技术和双包层光纤制作工艺的发展，更是极大地促进了高功率光纤激光器的发展和推广应用。

8.1.2　高功率连续激光器在加工中的应用

由于连续激光器运转模式连续的特点，具有输出激光能量均匀、高增益、高转换效率、可实现超高功率输出、光束质量较好、容易实现单模输出和性能稳定等优点，在激光显示、传感、军事、工业加工和医疗等领域均有应用。高功率连续多模光纤激光器可实现比单模光纤激光器更高的输出功率，因此高功率连续激光器是工业加工领域的重要工具。高功率连续激光器在焊接和切割领域的应用如图 8－4 所示。

(a)　　(b)

图 8－4　高功率连续激光器在焊接和切割领域的应用

1. 激光焊接

严格意义上的单模光纤激光器谱宽一般为赫或者千赫量级。连续单模光纤激光器除具备所有连续光纤激光器的优点之外，还具有单模输出的特性，意味着激光器输出的激光能量较均匀，这将大大提高焊接质量，得到较均匀、美观的焊缝及稳固的焊接接口。目前，高功率的单模激光焊接设备广泛应用于焊接厚金属钢板或者船舶、军用设备。

2. 激光切割

随着连续光纤激光器在高功率输出方向上的不断突破，单模连续光纤激光器具有优良的光束质量和稳定性，利用高功率单模连续光纤激光器可更精准地实现厚材板的切割，大大提高了加工效率，实现更高功率输出的连续多模光纤激光器可应用于切割厚材料。

3. 激光表面淬火

激光表面淬火技术是一种先进的表面强化方法，可以制备出超高表面硬度和细小均匀的表面相变组织，并且可以保证基体不发生热变形，保证工件的几何尺寸精确性。激光表面淬火技术也能够提升金属材料表面的耐磨与耐腐蚀性能，确保内部韧性符合要求。

4. 激光表面熔覆

激光表面熔覆是通过同步或预置材料的方式，将外部材料添加至基体经激光辐照后形成的熔池中，并使二者共同快速凝固形成包覆层的工艺方法。激光表面熔覆可显著改善基体材料表面的耐磨、耐蚀、耐热、抗氧化或电气特性，从而达到表面改性或修复的目的，满足材料表面特定性能要求的同时可节约大量的材料成本。

8.2　兆瓦级峰值功率超短脉冲激光器

飞秒激光技术是现代激光科学领域中重要的研究方向之一，在基础科学研究、精密制造和生物医学等领域扮演着越来越重要的角色。利用克尔透镜锁模技术和钛蓝宝石激光振荡器可获得超短激光脉冲及兆瓦级峰值功率。

8.2.1　克尔透镜锁模技术

1991年，圣安德鲁斯大学的Spence等首次报道了自锁模的钛宝石振荡器，实现了脉冲宽度为60fs的锁模激光输出。这是利用克尔效应实现锁模的全新锁模方式，称为克尔透镜锁模（Kerr lens mode - locking，KLM）。当光脉冲经过克尔介质时，折射率n随光强I的变化为

$$n(I)=n_0+n_2I$$

式中：n_0为线性折射率；n_2为非线性折射系数。

入射光束为高斯光束，中心部分光强大于边缘部分，且大部分激光介质材料的n_2为正值，因此材料中心处的折射率较大。当激光在激光介质内传输时，激光介质对高斯光束起到了会聚作用，表现出类似于透镜的性质，称为自聚焦效应。其关系式可以表示为

$$f=\frac{w^2}{2n_2I_0l}=\frac{\pi w^4}{4n_2Pl}$$

式中：P为腔内的功率；w为克尔介质处的束腰半径；l为克尔介质的厚度。

图 8－5 为克尔透镜锁模原理。克尔透镜对光强高的光束的聚焦比强度低的光束显著，克尔透镜与光阑结合相当于一个快饱和吸收体，压缩脉冲的前后沿。光阑既可以是放置在腔内的小孔（硬光阑），也可以是泵浦光束的空间分布在钛宝石内部形成的增益光阑，由于其边缘是渐变型的，为区别于突变型硬光阑，称其为软光阑。

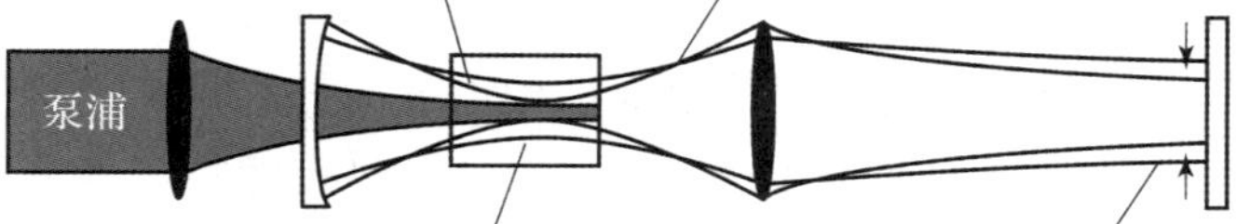

图 8－5　克尔透镜锁模原理

时域中产生的自聚焦效应对应着频域中的自相位调制，当出现自相位调制时，光脉冲瞬时频率可表示为

$$\omega = \omega_0 + \Delta\omega(t)$$

式中：ω_0 为自相位调制中产生的瞬时频率；$\Delta\omega(t)$ 为在自相位调制中引入的附加频移且有

$$\Delta\omega(t) = -\frac{\partial \varphi_{NL}(t)}{\partial t} = -n_2 k_0 z \frac{\partial I(t)}{\partial t}$$

其中：φ_{NL} 为光脉冲经过克尔介质所产生的附加相位；k_0 为波矢大小；z 为传输距离。

在光脉冲中不同地方的频率会由于附加频移而发生变化，自相位调制会使振荡器输出激光的光谱展宽，光脉冲的时域宽度被压缩。而在谐振腔内，激光增益介质、镜片等会引入正色散，谐振腔产生的脉冲宽度与总色散量成正比。在谐振腔内可以利用色散管理的方法来减小总色散量，从而获得超短脉冲。在基于块状晶体的克尔透镜锁模中，增益介质与克尔介质合二为一，同时晶体本身起到软光阑的作用，腔内器件少，具有结构紧凑的优势，但晶体作为增益介质和克尔介质时的热效应会阻碍功率的提升。国际上多个课题组通过精确补偿激光脉冲的色散能够直接产生 10fs 乃至 5fs 的脉冲。

8.2.2　掺钛蓝宝石激光振荡器

常规重复频率飞秒掺钛蓝宝石激光振荡器示意如图 8－6 所示。图中泵浦激光为波长 532nm 的全固态连续激光，通过焦距为 100mm 的透镜聚焦到增益介质中；Ti：S 为布儒斯特角切割的高掺杂钛蓝宝石晶体，通光长度为 4mm；M_1 和 M_2 为一对曲率半径 100mm，在 750～850nm 光谱范围内反射率高的凹面镜；M_3～M_6 为在 750～850nm 反射率高的平面镜；OC 为透过率为 20% 的输出耦合镜。腔内熔融石英棱镜对顶端的间距为 300mm，其提供负色散对增益介质及空气所引入的正色散进行补偿，调节棱镜可以连续地改变色散使锁模脉冲从负色散区域逐渐过渡到正色散区域。通过优化腔型结构，获得了负色散区锁模状态下的飞秒激光脉冲，重复频率约为 77MHz，在 5W 的泵浦功率作用下，输出功率约为 500mW。

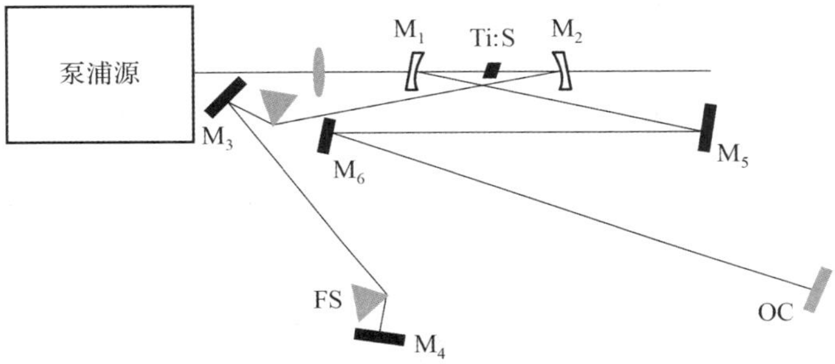

图 8－6　掺钛蓝宝石激光振荡器示意

一般而言，从锁模钛宝石激光振荡器直接输出的单个脉冲能量通常仅有数纳焦，无法满足许多需要较高能量脉冲才能产生非线性光学效应的研究工作要求；并且由于飞秒脉冲激光振荡器的高重复频率特性（70～100MHz），其直接输出的脉冲易产生热寄生效应，使实验检测非常困难。考虑到大量的超快非线性光学效应产生在兆瓦量级的激光强度，因此需要发展结构简单、价格低廉，单脉冲能量介于振荡器和放大器之间，且具有合适重复频率的飞秒激光振荡器。通过腔倒空技术、多通长腔技术、高平均功率锁模技术等，在钛宝石激光振荡器中直接获得了兆瓦量级的飞秒脉冲输出，并在飞秒脉冲压缩技术、波包相位控制技术及光子器件制作等前沿研究中获得重要应用。

腔倒空技术的基本原理是利用声光或电光调制器件作为开关元件，使谐振腔在高 Q 状态下储存的能量在瞬间释放出来，从而获得较高能量的激光脉冲。在确定的条件下，激光输出的平均功率基本上是不变的，因此扩展腔长、降低重复频率是提高输出激光脉冲能量的一个有效途径。多通长腔（multi－pass cavity，MPC）飞秒钛宝石激光器如图 8－7（a）所示，多通长腔结构被用来有效扩展激光腔长，从而改变脉冲的输出重复频率。目前，利用该结构人们已获得了 90nJ 的单脉冲能量。与多通长腔飞秒钛宝石激光器的原理相类似，在激光器一臂中插入 1∶1 的折叠望远镜系统来代替多通长腔，同样可以在维持谐振腔基本特性不变的情况下有效降低输出脉冲的重复频率，从而使相应的脉冲能量大大提高。望远镜长腔飞秒钛宝石激光器如图 8 – 7（b）所示，产生了重复频率为 15.5MHz、单脉冲能量为 36nJ 的飞秒脉冲序列。

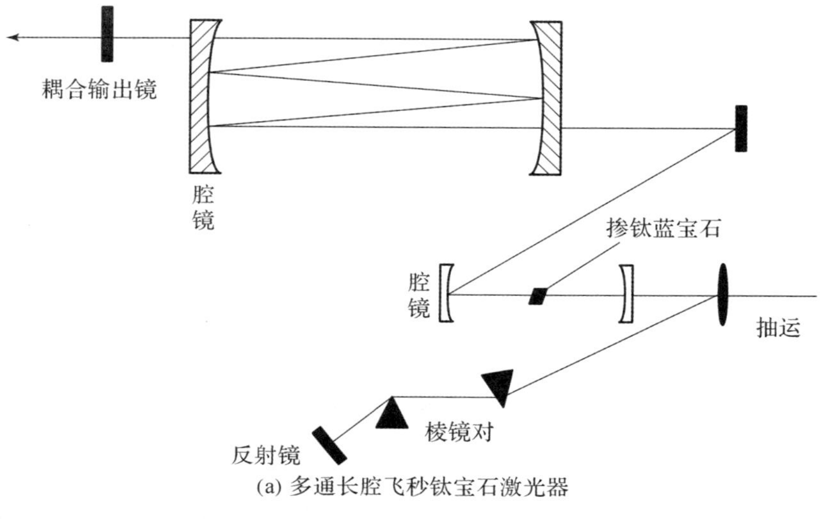

图 8 – 7　多通长腔飞秒钛宝石激光器与望远镜长腔飞秒钛宝石激光器光路

此外，改进激光增益介质的冷却条件，减小其热透镜效应，同样可以获得稳定的飞秒脉冲，也是产生兆瓦量级飞秒脉冲最简单的技术方法。Krausz 团队通过冷却钛宝石晶体及采用透过率为 35% 的输出耦合镜，在 7.5W 的全固化 532nm 泵浦功率下，产生了单脉冲能量为 13.3nJ、脉冲宽度为 7fs、对应峰值功率约 1.9MW 的钛宝石激光脉冲。

腔倒空固体飞秒激光技术、长腔折叠飞秒激光技术及高功率抽运飞秒激光技术的发展，为人们直接从激光振荡器产生兆瓦量级峰值功率的飞秒脉冲提供了可能，成为许多领域开展科学研究的主要工具之一。

8.3　太瓦级峰值功率超短脉冲激光器

激光脉冲的峰值功率 = 单脉冲能量/脉冲宽度，激光脉冲的时间尺度即脉冲宽度越短或激光脉冲的能量越大，对应的峰值功率就越大。为了获得极高的峰值功率，不仅需要缩短激光脉冲的时间尺度，还需要不断放大激光脉冲的能量。

早期的超短脉冲放大器方案一般为直接放大，就是将振荡级输出的脉冲直接在放大级的增益介质中提取能量，随着放大过程的进展，脉冲能量不断增加。这种放大方式能够在一定程度上提高单脉冲能量，但是随着放大器输出的单脉冲能量不断增加，当脉冲能量放大到一定程度后，脉冲高峰值功率引起的非线性效应不可避免，对于各种放大器都是一个瓶颈。非线性效应一方面表现为自聚焦效应，使脉冲的空间特性变差；另一方面表现为自相位调制效应，它与介质的色散效应结合使脉冲的时间特性变差。这些因素阻碍了放大器输出单脉冲能量的进一步增加。激光的功率密度近 20 年都没有明显突破。

8.3.1　啁啾脉冲放大技术原理与结构

1985 年，Mourou 等借鉴啁啾雷达技术，将其思想应用于脉冲激光的放大，提出了啁啾脉冲放大（chirped pulse amplifier，CPA）方案。Mourou 和 Strickland 提出的啁啾脉冲放大技术原理如图 8 - 8 所示。首先利用展宽器将振荡级输出的种子光脉冲在时域上展宽，脉冲宽度展宽至皮秒甚至纳秒量级。之后，将脉冲一次或多次通过增益介质进行一级或多级放大，脉冲能量不断增加。在放大过程中，由于脉冲宽度很宽，即使被放大到具有很高的单脉冲能量，所对应的峰值功率仍较小，避免了放大过程中的非线性作用和高峰值功率对增益介质的破坏。放大后的脉冲由压缩器进行压缩，将脉冲在时域上压窄到放大前的时域形状，只是单脉冲能量有了巨大的增长。啁啾脉冲放大方案结构简单、易于实现，放大级输出的峰值功率迅速达到了太瓦量级。啁啾脉冲放大技术的出现革命性地改变了超强超短激光领域，并获得了 2018 年诺贝尔物理学奖。

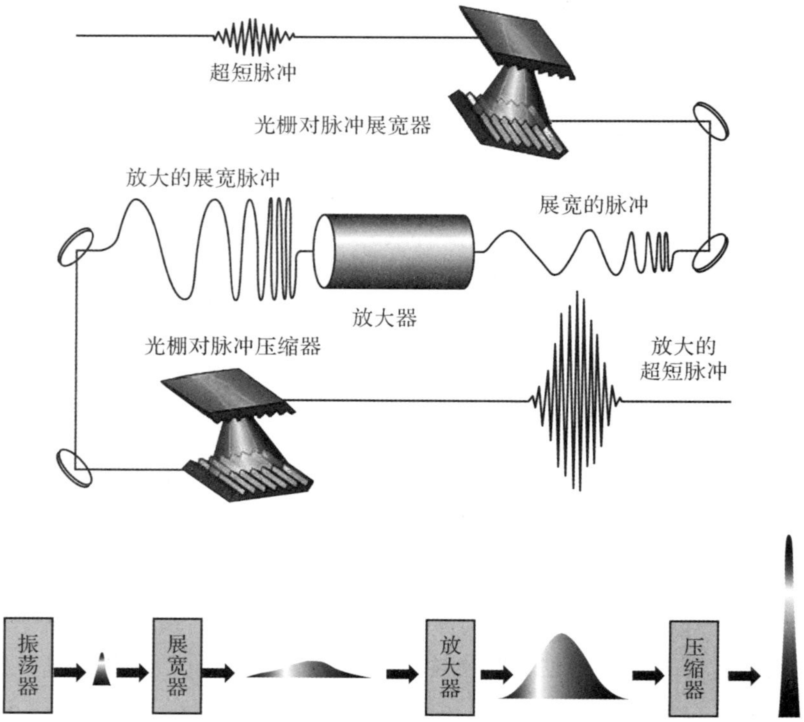

图 8－8　啁啾脉冲放大技术原理

8.3.2　展宽器和压缩器

如图 8－8 所示，啁啾脉冲放大技术原理结构由振荡器、展宽器、放大器和压缩器四部分组成。啁啾脉冲放大技术被提出后，展宽器和压缩器的设计层出不穷。开始展宽器使用的多为光纤，但是由于光纤的高阶色散和压缩器很难匹配，压缩后的脉冲质量降低。固态飞秒激光放大器中多采用光栅展宽器，极大地提高了脉冲的展宽比，而且色散可调。

飞秒脉冲展宽器原理如图 8－9 所示，从振荡器输出的弱的飞秒种子光是无啁啾的，不同的频率成分在时间上同步，经过光栅对后，引入正色散，其中波长较长的频率成分比波长较短的频率成分经过的路径短。因此，脉冲被展宽成波长较长的频率成分在前、波长较短的成分在后的正啁啾脉冲。脉冲被显著拉长，幅度变小。这种展宽后的脉冲可以被充分放大，避免了直接放大中峰值功率过高带来的诸多问题。

放大器也发展为两种主要形式：一种是多通放大，脉冲按照不同的几何光路多次通过增益介质，不断地抽取其中的能量；另一种是再生放大，从种

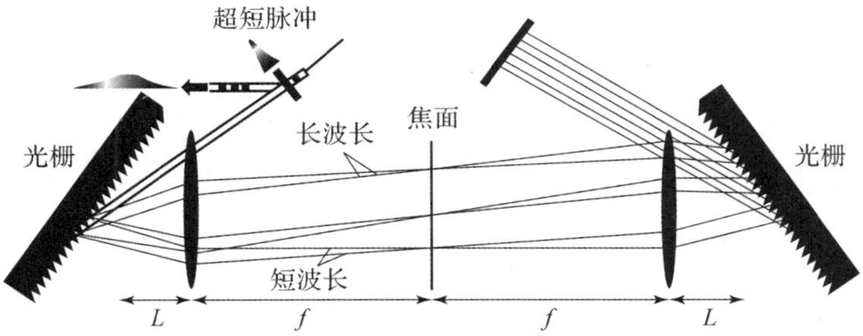

图 8－9　飞秒脉冲展宽器原理

子光脉冲序列中选出单脉冲，并在放大时形成谐振腔，使其多次往返通过增益介质，在获取足够的能量后从腔中倒出。

飞秒脉冲压缩器原理如图 8－10 所示，压缩器可采用光栅对/棱镜对完成脉冲的压缩，目前使用的多为光栅对提供负的啁啾。与展宽器中相对放置的光栅对不同，压缩器中的光栅对平行放置，它的作用正好与展宽器中的作用相反，提供负色散，波长较短的频率成分比波长较长的频率成分经过的路径短，在输出时正好追上波长较长的频率成分。这种峰值功率极高的超短脉冲是正好在激光器输出时形成的，不会损害激光器本身。

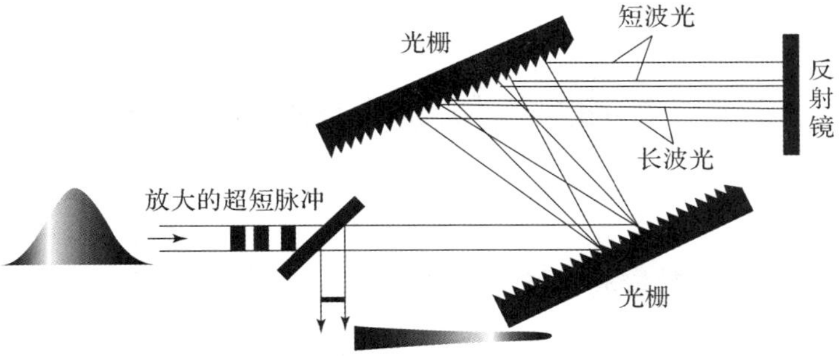

图 8－10　飞秒脉冲压缩器原理

8.3.3　桌面级啁啾脉冲放大器实例

下面以图 8－11 所示的 Solstice Ace 飞秒激光放大器为例介绍桌面级飞秒放大器系统。

图 8－11　Solstice Ace 飞秒激光放大器

通过使用 Spectra - Physics 的专利——Ace 再生放大器腔体，Solstice Ace 在重复频率 1kHz 下输出的平均功率大于 7W，在重复频率 5kHz 下输出的平均功率大于 8W，在重复频率 10kHz 下输出的平均功率大于 7W，脉宽配置范围为 35 ~ 120fs。35fs 激光器的调谐范围为 795 ~ 805nm。输出的激光脉冲呈水平线性偏振状态。Solstice Ace 的光束质量 $M^2 < 1.25$。超强超短激光（峰值功率大于 1TW，脉冲宽度约为 100fs）的出现与迅猛发展，为人类提供了前所未有的极端物理条件与全新的实验手段。应用领域包括二维红外光谱、超快泵浦探测光谱、非线性光学、四波混频光谱、多材质超快微加工等。

超快超强激光的发展不仅得益于 CPA 技术，而且与振荡器、展宽器、放大器、压缩器及材料器件的发展和突破密切相关。正是在与这些单元技术共同发展的基础上，CPA 激光的输出能量才从最初的 1mJ 提高到现在的大于 1kJ，峰值功率也才从刚开始不到 1GW 的水平发展到 1PW。目前，不仅每个国家级的激光实验室开展有基于 CPA 技术的飞秒超强激光研究，而且几乎所有的大学有用于开展应用研究的飞秒 CPA 激光装置。

8.4 拍瓦级峰值功率超短脉冲激光器

8.4.1 光学参量放大技术

尽管目前利用 CPA 技术已经能够获得峰值功率大于 1PW、聚焦强度大于 10^{21} W/cm^2 的激光脉冲，但传统的 CPA 技术存在着明显的缺点。首先是放大过程中的光谱窄化效应影响着再压缩后所能得到的最窄脉冲宽度，而且随着放大能量的提高，这种影响越来越严重，从而导致峰值功率增长缓慢，因此很难得到脉宽极短和能量极高的脉冲激光。其次是其放大过程中始终伴随着高的自发辐射放大，这种自发辐射放大会降低放大后脉冲的信噪比。最后是其放大过程中单通增益低，必须进行多级多通放大，导致实验结构复杂，系统成本很高。因此目前利用 CPA 技术产生超短超强激光已经达到其应用的极限。

最近，以光学参量放大（optical parametric amplification，OPA）为基础的光学参量啁啾脉冲放大技术（optical parametric chirped pulse amplification，

OPCPA）成为产生超强超短激光的最新技术。其实质就是通过一束高能量单色抽运光和一束低能量啁啾宽带种子光在一个非线性晶体中的参量耦合来获得高超宽带增益。利用此技术不仅可以实现高超宽带增益，而且可以大大降低激光脉冲的预脉冲，使放大后的脉冲具有高的信噪比，并且结果简单，易于实现。利用 OPCPA 技术完全可能产生峰值功率大于 10PW、聚焦强度大于 10^{23} W/cm^2 的激光脉冲。这么高的光强到底是什么概念呢？光强 10^{21} W/cm^2 约等于地球接收到的太阳总辐射聚焦到头发丝粗细的程度。自然界中已知的最高光强是达到 10^{20} W/cm^2 量级的宇宙伽马射线暴的强度，所以超强超短激光被认为是已知的最亮光源。

值得注意的是，利用超强超短激光驱动产生的极紫外乃至 X 射线波段相干辐射，其脉冲宽度已经进入阿秒（as，1as = 10^{-18}s）量级，未来可能进入仄秒（zs，1zs = 10^{-21}s）量级。极端超快时间尺度的强光场的产生，将开辟阿秒科学全新领域，超强超短激光的发展历程与新研究领域拓展如图 8 - 12 所示。

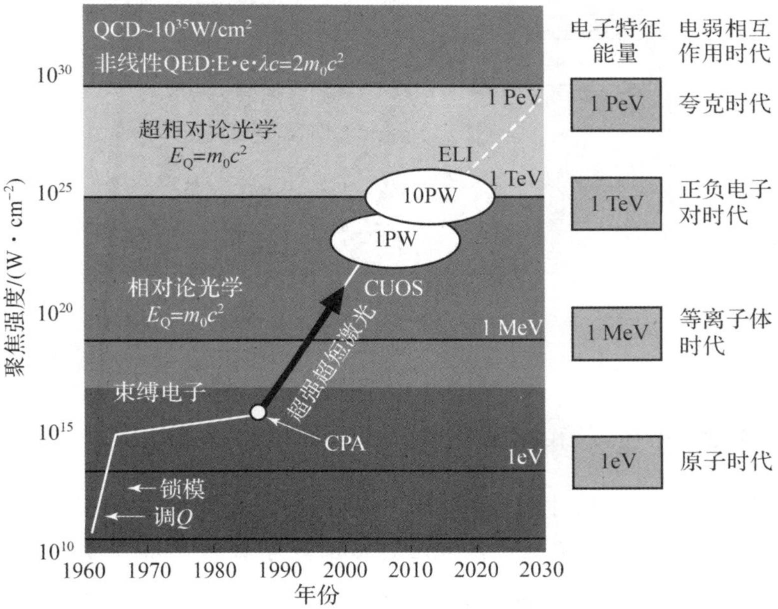

图 8 - 12　超强超短激光的发展历程与新研究领域拓展

8.4.2　晶体尺寸的突破

激光晶体可将外界提供的能量通过光学谐振腔转化为在空间和时间

上相干、具有高度平行性和单色性的激光，是晶体激光器的工作物质。钛宝石激光晶体是产生拍瓦级高功率脉冲激光的关键材料之一，它能将激光能量逐步放大。钛宝石晶体口径越大，吸收的能量越多，激光输出的功率也就越高。钛宝石与天然矿物宝石大有不同，它无法在自然界开采，只能在实验室中通过模拟天然宝石形成的环境进行人工制备，该过程称为晶体生长。钛宝石晶体尺寸每增加一点，晶体生长的难度就会增大许多，如何避免晶体毛坯开裂是大尺寸钛宝石晶体生长的关键技术难题之一。

钛宝石激光晶体元件如图 8－13 所示，中国科学院上海光学精密机械研究所自主研制了热交换法晶体生长设备，并利用该设备基于热交换法的原理进行大尺寸钛宝石晶体生长，成功制备出目前国际上最大的钛宝石激光晶体元件，直径为 235mm，高度为 72mm，并应用于上海超强超短激光实验装置，实现峰值功率达 10. 3PW 的激光放大输出。

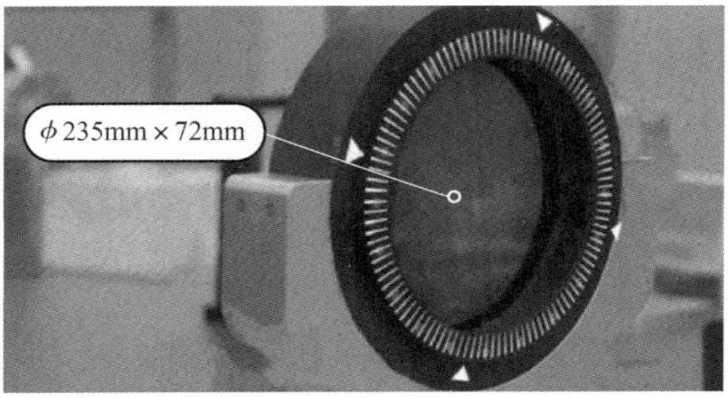

图 8－13　钛宝石激光晶体元件

8.4.3　寄生振荡的消除

随着钛宝石晶体尺寸的增加，晶体可输出的最大能量也随之增加。由于晶体横向尺寸的增大，晶体表面菲涅耳反射致使侧面之间的激光振荡（称为寄生振荡）随之加强，这将消耗掉晶体被抽运后上能级储存的大部分反转的布居数，从而大大降低信号光的放大效率及输出能量，影响整个系统的正常运行。晶体直径越大，寄生振荡就越强，信号光的放大效率就降低得越多，所以克服寄生振荡是提高信号光放大效率、实现高能量激光输出的关键。通常抑制或消除钛宝石晶体的寄生振荡的方法包括在晶体侧面涂黑或磨毛、镀减反膜、折射率匹配包边等。

8.4.4 国内外研究进展

目前，超强超短激光领域处于取得重大突破与开拓应用的关键阶段，国际上正在大力发展超强超短激光光源并依托其产生前沿科技创新平台。在G. Mourou 教授的倡议和推动下，2006 年欧盟十多个国家的近 40 家研究院所和科研机构联合提出的极端光设施（extreme light infrastructure，ELI）计划，拟发展峰值功率 200PW 级超强超短激光装置，开创激光与物质相互作用研究与应用的新时代。ELI 计划下设四大研究装置，分别为 ELI 束线装置、ELI 阿秒装置、ELI 核物理装置，以及 ELI 超强场装置。同时，英国和法国正紧锣密鼓地开展各自 10PW 级超强超短激光装置的研制工作。俄罗斯、美国、德国等国家也纷纷提出了各自的 10PW 级乃至 100PW 级超强超短激光装置研究计划，如美国 75PW 的光参量放大束线（optical parametric amplifier line，OPAL）计划、俄罗斯 180PW 的艾瓦中心极端光学研究（exawatt center for extreme light studies，XCELS）计划等。

我国开展拍瓦级超强超短激光及其应用研究的主要机构包括中国科学院上海光学精密机械研究所、中国工程物理研究院激光聚变中心和中国科学院物理研究所等。中国工程物理研究院激光聚变中心研制了 5PW 级超强超短激光装置，该装置的特色是基于全光学参量啁啾脉冲放大技术路线，并与现有强激光装置结合，可实现飞秒级超强超短激光与纳秒级、皮秒级高功率激光的多束同步输出。中国科学院物理研究所也成功研制了拍瓦级超强超短激光装置，并发展了超高信噪比激光脉冲的产生技术研究。此外，中国原子能科学研究院在基于准分子激光放大的短波长超强超短激光研究方面很有特色，也已建立了 10TW 量级超强超短激光和质子加速研究平台。2016 年，中国科学院上海光学精密机械研究所负责了上海超强超短激光实验装置（SULF）的建设。

SULF 装置及其 1PW、0.1Hz 激光系统的试运行如图 8－14 所示，该项目的目标是建成世界首套 10PW 超强超短激光系统。该激光系统选择高对比度多级啁啾脉冲放大器链和终端大口径啁啾脉冲放大器的技术方案，实现重复频率为 10PW，激光中心波长为 800nm，额定脉冲宽度为 30fs，最高激光聚焦强度超过 10^{22} W/cm^2，同时具备高重复频率 1PW、0.1Hz 激光脉冲输出。SULF 激光装置将为极端条件材料科学研究平台、超快亚原子物理研究平台和超快化学与大分子动力学研究平台三大实验平台提供驱动激光。中国科学院物理研究所也启动了包括超快装置的综合极端条件设施。未来，随着国内外这些装置的建设完成，科学家将有可能开展更为广泛的多行业应用研究及更为尖端的前沿科学研究。

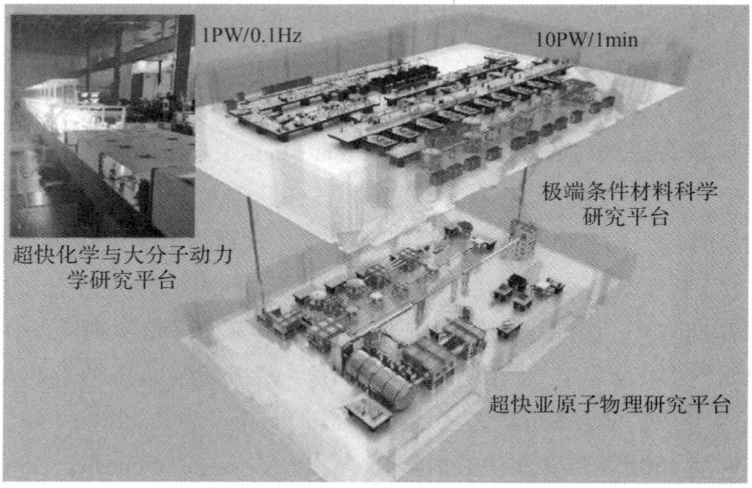

图 8-14　SULF 装置及其 1PW、0.1Hz 激光系统的试运行

8.5　超短超强激光器的典型应用

8.5.1　超强超短脉冲激光加工

激光加工经历了连续激光、纳秒脉冲激光和超短脉冲激光三个阶段，激光波长覆盖从紫外到中红外波段。其主要包括中红外波段的二氧化碳激光器、可见和红外波段的掺稀土的固体激光器、半导体激光器及紫外波段的准分子激光器，还涉及少量的一氧化碳激光器、自由电子激光器和同步辐射激光器等。其中，连续光激光器和长脉冲激光器主要依靠聚焦产生的高温来烧蚀材料，热扩散范围大，加工精度有限；虽然紫外准分子脉冲激光器能够实现精密加工，但是由于大部分材料对紫外不透明，准分子激光器只适用于表面加工领域。利用飞秒激光微加工技术有望克服上述传统激光加工技术所面临的困难，并直接在透明材料内部加工出真正的三维微纳结构。

飞秒激光微纳加工如图 8-15 所示，由于脉冲持续时间在飞秒量级，峰值功率密度高，激光加工过程中引入的热量小，飞秒激光加工能够使金属、透明介质等材料从固态直接转化到气态，没有中间的熔化过程。由于烧蚀只发生在激光能量密度高于烧蚀阈值的区域，飞秒激光的加工精度能够小于衍射极限，从而将激光加工的精度推至纳米量级。加工边缘锐度远小于纳秒脉冲激光器的加工锐度，边缘光滑，没有类似于火山口的堆积物，这些优点是其他激光器无法比拟的。激光加工的主要分类见表 8－1。

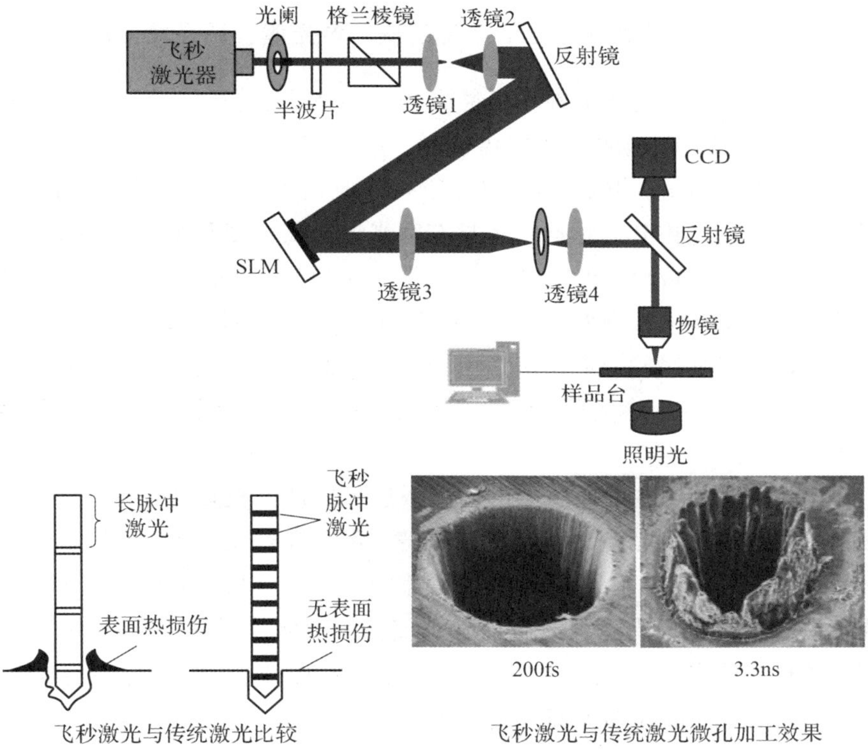

图 8－15　飞秒激光微纳加工示意

表 8－1　激光加工的主要分类

分类	连续波（CW）	准连续波（QCW）	短脉冲（Q－Switched）	超短脉冲（Mode－locked）
输出形式	连续输出	毫秒至微秒	纳秒	皮秒至飞秒
用途	激光焊接 激光切割 激光熔覆	激光钻孔 热处理	激光标刻 激光钻孔 激光医疗 激光快速成型	微纳加工 精细激光医疗 精密钻孔 精密切割

飞秒激光在微纳加工领域（包括钻孔、切割、烧蚀、雕刻成型等）取得了极大成功。除加工外，飞秒激光与物质相互作用引发物质超快相变或产生表面周期性微纳结构，可以大幅提高或改变材料性质，得到其他加工方式无法比拟的材料性能，在材料改性和功能材料方面的应用前景也极为广阔。

8.5.2 超强超短激光驱动产生超快、多光谱、高亮度光源

超短超强脉冲激光能够在较低能量密度的情况下仍然获得很高的峰值光强。超短脉冲激光在透明介质中传输时，产生克尔效应引起的自聚焦效应、强场电离引起的等离子体散焦效应和衍射效应达到动态平衡从而形成光丝。成丝过程可以使超快激光脉冲变为具有宽光谱、高强度及少数脉冲宽度周期的新光源。光丝形成后，激光的峰值光强会达到最大值，并在一段距离内保持稳定，而且即使继续增大入射激光的能量，这个峰值强度也不会发生变化，这种现象称为光强钳制效应。正是由于光强钳制效应，飞秒激光脉冲在介质中可以稳定传输，当飞秒激光与介质相互作用时，激光强度在较长的距离内保持不变。

同时，由光强钳制效应产生的高光强还可以产生较宽的辐射光谱，如超连续谱、太赫兹辐射光谱、高次谐波光谱、荧光辐射光谱等。飞秒激光与透明介质相互作用成丝产生的超连续谱覆盖的波段可以从紫外到中红外，并且超连续谱的产生具有普适性，在气体、液体、固体等透明介质中均有发现。透明固体材料结构紧凑，其与飞秒激光成丝产生的超连续谱具有转换效率高、易操控等特点，因此在多方面得到应用，比如时间分辨的宽带泵浦－探测技术、超短激光脉冲压缩技术、飞秒光参量放大技术和啁啾脉冲参量放大技术等。

8.5.3 超强激光孕育新兴交叉学科

超强超短激光是当前已知的最高光强光源，利用超强超短激光可在实验室中产生宇宙星体内部和原子核内部才有的极端物理条件。超强超短激光推动着激光科学、原子分子物理、等离子体物理、高能物理与核物理、凝聚态物理、天体物理、非线性科学、化学动力学、微结构材料科学、超快信息光子学、生物医学光子学等基础与前沿交叉学科的开拓和发展。

1. 基于飞秒激光的太赫兹时域光谱技术

在相当长一段时间内，太赫兹波科学技术被视为电磁波研究领域的“空

白”。直到 1981 年，飞秒激光的诞生催生了太赫兹波技术。基于飞秒激光技术的超快太赫兹波技术，是飞秒激光技术向毫米波、亚毫米波的延伸。超快太赫兹辐射脉冲产生技术的发展及随之产生的太赫兹时域频谱（THz－TDS）技术的广泛应用，促进了太赫兹波技术的发展。太赫兹波的频率处于生物大分子的振动和转动能级，所以太赫兹波透过物质后所得到的吸收谱能准确反映物质的分子结构，得到它的指纹谱。一些电介质、半导体材料、超导材料、薄膜材料等的声子振动能级也落在太赫兹波段范围，同样可以得到材料特有的光谱特性。

2. 基于飞秒激光的精密测距技术

长度是国际单位制下的七个基本物理量之一。长度的精密计量对于科学与工业领域具有至关重要的作用。精密工业制造、空间技术的日新月异的发展对绝对距离测量的精度与尺度都提出了苛刻的要求。许多大尺度精密测量任务，如大型工件内外径测量、大型通信天线定位，以及空间卫星编队等需要在几米至几千米测量范围内实现亚微米精度甚至纳米精度的绝对距离测量，这是传统的激光测量方法难以实现的。近年来，锁模飞秒激光器作为一种新型的宽带相干光源被引入距离测量领域中，它可以实现传统的激光光源不能实现的测量精度与尺度要求，有望带来距离测量领域的重大突破。

3. 基于飞秒激光的生物光子学

超短的飞秒脉冲使人类首次可以对生物样本实现在时间分辨率上达到飞秒量级的无创式精确操作。同时，飞秒脉冲内超高的峰值功率使光与物质的相互作用以非线性过程为主，这种相互作用的有效范围仅仅是非线性区域，使空间分辨率突破了衍射极限而达到了百纳米量级。从 20 世纪 90 年代开始，人们将飞秒激光的非线性过程用于细胞成像的荧光激发。近年来，利用飞秒激光对细胞的精确手术和离子调控也取得很多重大突破。飞秒激光技术打开了生物光子学研究的新局面，人们可以在细胞内的任意一个时空点进行精确的刺激，将复杂的细胞生命过程在空间和时间上清晰地解析出来，并且加以控制，对于基因、癌症及细胞生物学的研究来说，它是具有革命性的技术手段和研究工具。

4. 强场物理

超强超短激光脉冲的出现及其所带来的极端条件物理研究，逐渐形成了强场物理学。当激光强度为 10^{18} W/cm^2 时，电子在光场中的抖动能量接近于电子静止质量，电子在光场中的抖动速度可与光速相比，到达相对论区域，光与物质间的相对论性相互作用开始发生，相互作用的物理也已从经典的非线性光学走向新的相对论性光学，开始研究相对论自聚焦、激光尾场加速、非线性康普顿散射等现象。当激光强度超过施温格极限（4.6×10^{29} W/cm^2）时，还有可能观测到真空产生正负电子对的现象。

5. 激光核物理

当超短超强激光强度到达相对论性光学领域（激光强度大于10^{16} W/cm^2）时，激光脉冲与固体靶相互作用可诱发稠密等离子体，将会诱发核反应。当激光强度达到相对论极限时，电子离子的碰撞可增加原子核能级的宽度，从而加大原子核激发至亚稳态的概率。强激光的发展给激光核物理带来了新的机会。

6. 粒子加速

超短超强激光可以应用于粒子加速，主要有激光电子加速和离子加速。电子加速机制有很多种，比较成熟的是激光尾波场加速。其基本原理是一束强激光脉冲在稀薄等离子体中会产生有质动力，在激光穿过的瞬间，等离子体中的背景电子在有质动力的推动下会偏离原来的平衡位置，从而与偏离平衡位置的电子形成静电分离场。激光穿过该区域后激发电子的集体振荡，处在一个尾场周期且后半电场为负的部分的电子会被加速，最终在激光脉冲的尾部形成周期性振荡的等离子体密度波。强激光也能实现离子加速，由于离子比电子重很多，需要激光先推动电子，再用电子来拉动离子，最终实现离子加速。激光离子加速的机理包括靶后鞘层加速、光压加速和激波加速等。激光离子加速在物质探测、核物理、高能量密度物理等方面具有潜在的重要应用。

8.6 强激光与物质的相互作用

8.6.1 激光在物质中的传播

1. 激光在物质中的吸收

激光在物质中传播时，一部分能量被吸收，另一部分穿透物质，并对物质施加光压。描述这一现象的定律与普通光源类似，但由于激光具有极佳的单色性和相干性，因此能够表现出更为显著的干涉和衍射效应。

当入射强度为I_0的光照射到厚度为d的物体时，假设物质每单位长度的吸收系数为μ，透射光的强度为I，则该物质的透射率T为

$$T=\frac{I}{I_0}=e^{-\mu d} \tag{8-1}$$

该式称为朗伯－比尔（Lambert－Beer）定律，它适用于液体、气体的吸收。$-\lg T=A$，其中 A 为吸光度。

如果入射光强 I_0 增大到强激光的程度，透射强度 I 不再遵从式（8－1）与 I_0 成正比，而是出现吸收饱和。假设上述物质为固体，当入射光穿过厚度为 d 的物质并到达其背面时，部分光线会被反射回正面，并再次发生逆向反射。这一过程会导致反射光程多次重复。如果物质的正面与背面具有极高的平行性，则会引发干涉现象。因此，在测定物质的透射率 T 和反射率 R，或者在计算物质的吸收系数与折射率时，必须充分考虑多次反射及干涉效应的影响。

光的吸收通常源于构成物质的原子、分子、离子或电子之间量子化的固有能级跃迁。当系统发生从下能级到上能级的跃迁时，若下能级和上能级的能量分别为 E_1、E_2，光的频率为 ν，普朗克常量为 h，

$$h\nu=E_2-E_1 \tag{8-2}$$

由于光的吸收现象，在入射波的作用下，下能级与上能级的波动函数发生叠加，从而导致振动偶极矩的产生。此外，导体在受到光照射时，其表面的自由电子会在光波电场的作用下发生加速运动。这一过程会导致导体表面产生电流，并进一步引发焦耳热损耗。这种现象的本质是光吸收过程，即光能被转化为物质结构中原子、分子、离子或电子的振动、转动能量，或者直接转变为动能。

2. 激光的散射

光的散射现象是指当光波入射到散射介质时，由于散射体的存在，光波在某处诱导产生极化，并由此激发散射光。当散射光的波长与入射光波长相同时，这种现象称为弹性散射。若散射体的尺寸远小于光波长，则该散射过程被称为瑞利（Rayleigh）散射；当散射体的尺寸与光波长相当或接近时，则称为米氏（Mie）散射。若散射光的波长与入射光不同，则称为非弹性散射，如拉曼（Raman）散射和布里渊（Brillouin）散射。此外，光与自由电子之间的弹性散射称为汤姆孙（Thomson）散射，而非弹性散射称为康普顿（Compton）散射。

米氏散射和瑞利散射：球状粒子的散射光强分布如图8－16所示，在散射体粒子非常小的瑞利散射中，散射光的强度与入射光的4次方成反比，其强度分布前后对称。然而，在散射体粒子比较大的米氏散射中，前部的散射很强，与散射角有关的散射光强分布随粒子的形状及大小而变化。

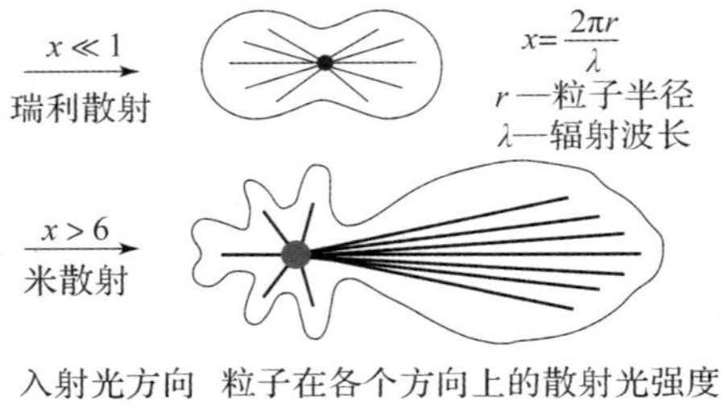

图 8 - 16　球状粒子的散射光强分布情况

微粒子在不规则分布的胶体溶液中产生的丁达尔（Tyndall）现象符合瑞利散射的特征，而大气中的烟雾散射属于米氏散射。

布里渊散射研究气体、液体和固体中的声学振动。布里渊散射属于拉曼效应，即光在介质中受到各种元激发的非弹性散射，其频率变化表征了元激发的能量。与拉曼散射不同的是，在布里渊散射中是研究能量较小的元激发，如声学声子和磁振子等。入射波受到声子的布拉格（Bragg）反射，声子在媒质中以速度 V_p 传播，从而产生多普勒（Doppler）偏移。如果入射波和散射波的角频率分别为 ω_0、ω_B，真空中的光速为 c，入射波与散射波行进方向的夹角为 θ，则有

$$\omega_B = \omega_0 \pm \frac{2nV_p}{c}\omega_0 \sin\frac{2}{\theta} \tag{8-3}$$

由于声子在各向异性物质中沿三个不同方向的传播速度存在差异，因此，在无频率变化的瑞利散射光两侧，出现布里渊散射谱线。其中，低频侧的散射光被称为斯托克斯（Stokes）光，而高频侧的散射光称为反斯托克斯（anti - Stokes）光，二者均相对于瑞利散射光而言。

拉曼散射是指一定频率的激光照射到样品表面时，物质中的分子与光子发生能量转移，振动态（如原子的摆动和扭动、化学键的摆动和振动）发生不同方式和程度的改变，然后散射出不同频率的光。频率的变化取决于散射物质的特性，不同种类的原子团振动的方式是唯一的，因此可以产生与入射光频率有特定差值的散射光，其光谱称为“指纹光谱”，可以照此原理鉴别出组成物质的分子的种类。以分子的同一电子状态的振动能级为例，如图 8 - 17 所示，分子在入射光的作用下被激励到虚线所示的假想能级，并发射出散射光。对于瑞利散射而言，几乎所有的分子返回至原来的能级。同时还可以观察到拉曼散射现象，即一部分分子由下能级激励到上能级，对应于斯托克斯光；或者由上能级辐射回到下能级，对应于反斯托克斯光。

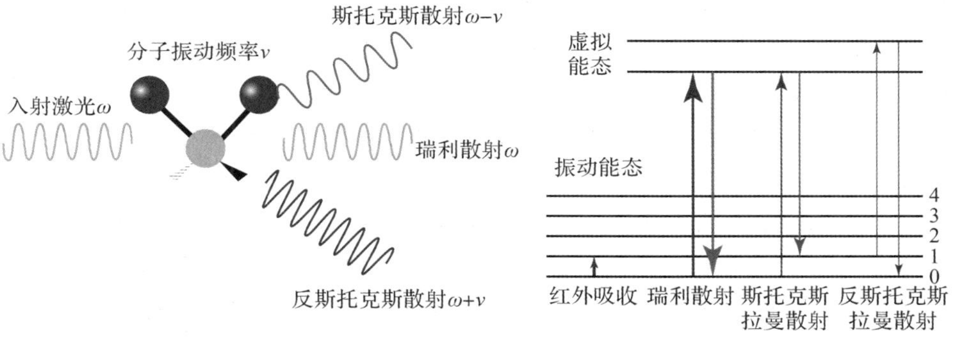

(a) 拉曼散射与瑞利散射　(b) 拉曼散射、瑞利散射与红外吸收的能级图

图 8-17　红外吸收、瑞利散射、斯托克斯拉曼散射与反斯托克斯拉曼散射示意图

8.6.2　激光在晶体中的非线性光学现象

当物质受到激光这种特殊光源的作用时，会表现出非线性光学现象。与普通光源相比，激光具有更高的相干性和强度。当这种高强度的光束入射到透明晶体材料中时，并不会像普通光那样简单地透射出去。由于激光的强度极高，光与晶体材料之间会发生强烈的相互作用，从而改变出射光的性质。例如，部分入射光的波长会被压缩至原来的一半后输出。这意味着，如果入射的是红色激光，那么其中一部分光将转变为蓝色输出。

1961 年，Franken 将高功率红宝石激光聚焦到石英晶体中，首次实验展示了倍频这一非线性光学过程，波长为 694.3nm 的激光转变成波长为 347.15nm 的倍频激光，该工作标志着非线性光学这门学科的诞生。非线性光学是研究光与物质相互作用时，物质的响应与光的强度成非线性关系的学科。非线性光学研究本质上是研究光与物质相互作用出现的光学效应。对光场的描述从麦克斯韦方程组出发，引入非线性极化强度，在慢变振幅近似下得出耦合波方程并进行求解。

非线性光学的发展大致经历了三个不同的时期。第一个时期是 1961—1965 年。这个时期的特点是新的非线性光学效应大量而迅速地出现，诸如光学谐波、光学和频与差频、光学参量放大与振荡、多光子吸收、光束自聚焦及受激光散射等。第二个时期是 1965—1969 年。这个时期一方面还在继续发现一些新的非线性光学效应，如非线性光谱方面的效应、各种瞬态相干效应、光致击穿等；另一方面主要致力于对已发现的效应进行更深入的了解，以及发展各种非线性光学器件。第三个时期是 20 世纪 70 年代至今。这个时期是非线性光学日趋成熟的时期。其特点包括：由以固体非线性效应为主的研究扩展到包括气体、原子蒸气、液体、固体，以至液晶的非线性效应的研究；由二阶非线性效应为主的研究发展到三阶、五阶，以至更高阶效应的研究；由一般非线性效应发展到共振非线性效应的研究；就时间范畴而言，由纳秒领域进入皮秒领域。这些特点都与激光调谐技术及超短脉冲激光技术的发展密切相关。

从微观角度来看，透明光学材料由原子和电子组成，电子与离子通过库伦力结合，处于类似弹性状态。光作为电磁波，如波长为 1μm 的近红外光，其电场以 3×10^{14} Hz 的频率快速变化。当这种动态电场进入光学材料时，由于原子质量较大而固定不动，电子较轻，会跟随光的电场产生周期性变化，以相同频率振动。电子振动会产生周期性电磁波，即吸收入射光后以同一频率重新辐射出去。因此，从外部来看，入射光似乎直接穿过材料。

当入射光强度较弱时，电子的运动可近似为线性运动。然而，当入射光强度增强至激光的高强状态时，由于光场电场强度显著增大，电子的振动将从单一振动转变为非线性振动。这种非线性振动会导致产生除入射光频率以外的其他振动分量，如倍频现象。以频率为 3×10^{14} Hz 的入射光为例，经过光学材料后，会生成频率为 6×10^{14} Hz、波长为 0.5μm 的光。在非线性光学中，将两倍频率的光称为“倍频光”，如图 8－18（a）所示。

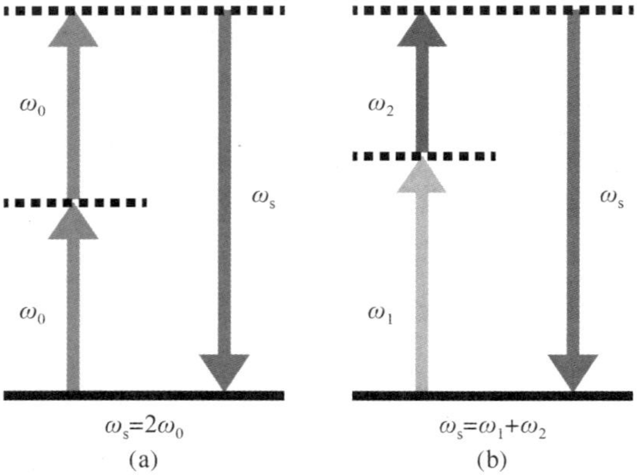

图 8－18　倍频与和频过程示意

随着激光强度增加，还会产生“三倍频光”和“四倍频光”等高频率光，但它们的转换效率较低。高强度激光的出现使双倍频、三倍频产生技术成为可能。同样，也可以生成这两种频率之和或差的和频光或差频光。当两束频率为 ω_1 和 ω_2（$\omega_1>\omega_2$）的激光同时射入介质时，如果只考虑极化强度 P 的二次项，将产生频率为（$\omega_1+\omega_2$）的和频项和频率为（$\omega_1-\omega_2$）的差频项。

利用光学混频效应可制作光学参量振荡器，这是一种可在很宽范围内调谐的类似激光器的光源，发射从红外到紫外的相干辐射。

受激拉曼散射。普通光源产生的拉曼散射是自发拉曼散射，散射光是不相干的。当入射光采用很强的激光时，受激光辐射与物质分子之间的强烈作用影响，散射过程具有受激辐射的性质，称受激拉曼散射。所产生的拉曼散射光具有很高的相干性，其强度也比自发拉曼散射光强得多。利用受激拉曼散射可获得多种新波长的相干辐射，并为深入研究强光与物质相互作用的规律提供方法。

自聚焦现象。介质在强光作用下折射率将随光强的增加而增大。激光束的强度具有高斯分布，光强在中轴处最大，并向外围递减，于是激光束的轴线附近有较大的折射率，像凸透镜一样，光束将向轴线自动会聚，直到光束达到一细丝极限，并可在这细丝范围内产生全反射，犹如光在光学纤维内传播一样。这个过程可以用 Kerr 效应来描述，其数学表达式为 $n = n_0 + n_2 I$，其中 n 为介质的折射率，n_0 为线性折射率，n_2 为非线性折射率，I 为光强。

光致透明现象。弱光下介质的吸收系数与光强无关，但对于很强的激光，介质的吸收系数与光强有依赖关系，某些本来不透明的介质在强光作用下吸收系数会变为 0。光致透明效应在开发光调制器、全光开关等光子学器件方面具有很大的应用潜力。

非线性光学的应用十分广泛，例如，利用各种非线性晶体做成电光开关和实现激光的调制。利用二次及三次谐波的产生、二阶及三阶光学和频与差频实现激光频率的转换，获得短至紫外、真空紫外，长至远红外的各种激光；同时，可通过实现红外频率的上转换来克服在红外接收方面的困难。利用光学参量振荡实现激光频率的调谐。与倍频、混频技术相结合可实现从中红外一直到真空紫外宽广范围内调谐。利用一些非线性光学效应中输出光束所具有的位相共轭特征，处理光学信息、改善成像质量和光束质量。利用折射率随光强变化的性质做成非线性标准具和各种双稳器件。利用各种非线性光学效应，特别是共振非线性光学效应及各种瞬态相干光学效应，研究物质的高激发态及高分辨率光谱、物质内部能量和激发的转移过程，以及其他弛豫过程等。

8.6.3 激光对物质的加工机制

在长脉冲激光与材料作用过程中，热动力学占据主导作用，其中热扩散对加工的影响较为显著。热扩散导致加工区域的激光能量不断向周围扩散，因此，加工区域的温度无法高于材料的熔点、沸点，导致材料只能以熔化或气化的方式去除。当熔融物落到加工区域周围时，就会在短时间内牢牢地附着在工件表面，且其冷却后的硬度要高于材料的硬度，去除较为困难，会对材料表面造成污染。飞秒激光以极高的峰值功率在极短的时间内可以将所有的激光能量注入极小的加工区域，实现对材料的非热熔性加工，进而有效地避免了重铸层、热影响区和熔渣对加工区域的不利影响。长脉冲激光加工和短脉冲激光加工的区别如图 8－19 所示。

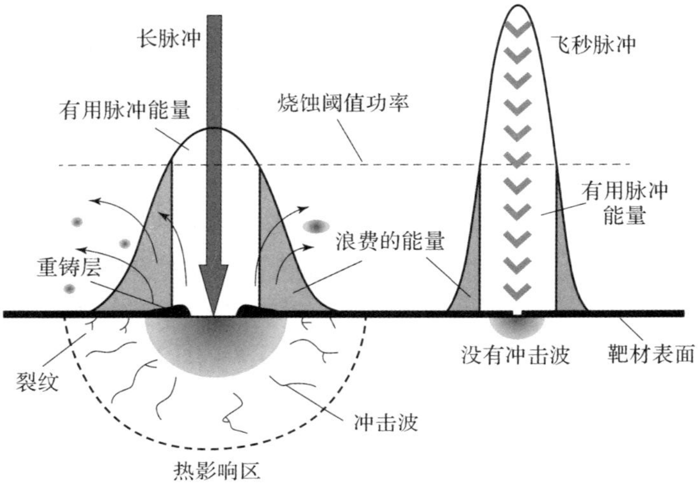

图 8－19　长脉冲激光加工和短脉冲激光加工的区别

飞秒激光具有很高的峰值功率和功率密度，与各种材料相互作用时往往会诱发多光子电离、自聚焦、雪崩电离等各种非线性现象。飞秒激光与各种材料的作用机制各不相同，且目前尚处于探索阶段，但根据现有的试验现象与结果，人们针对不同的材料提出了不同的解释模型。

（1）库仑爆炸模型。超短脉冲与介质作用时峰值功率极大，导致激光作用区表层电子逃逸，离子保持相对较低的温度，并产生极高的净电荷密度和静电场。如果材料的静电力大于晶格间作用力，化学键就会断裂，并造成晶格的破坏，这一作用机制称为库仑爆炸。

（2）微爆破模型。导带电子理论认为激光聚焦光斑中心内导带电子的数密度和平均动能极高，并会在瞬间向周围扩散。当激光脉冲作用停止后，净电荷密度增大，离子间巨大的排斥力将会导致微爆破。

（3）色心模型。该模型主要用于解释激光诱导光学玻璃折射率的改变。飞秒激光与材料相互作用过程中的非线性效应导致色心的形成，从而使加工区域发生光学着色。由于在色心形成过程中，飞秒激光的加工能量低于材料的烧蚀阈值，因此不会引起材料的永久性损伤。这种光学着色通常在热处理之后便可恢复原状。

（4）双光子电离模型。当光子密度较高时，在飞秒激光辐照下，基态电子可以同时吸收两个光子跃迁至激发态，然后以光子的形式释放能量弛豫到基态，这一过程称为双光子激发过程。在双光子电离过程中，材料吸收双光子的效率与激光强度的平方成正比，为非线性吸收。材料发生双光子激发过程的区域与激光能量密度有关，因此，可以通过控制激光强度的大小，使双光子聚合区域突破光学衍射极限的限制，实现飞秒激光在纳米尺度上的加工。基于双光子或多光子聚合原理，运用增材或减材的方式制备微纳结构是飞秒激光微纳加工针对光敏聚合物的一种先进的加工手段。

超短激光脉冲与物质相互作用时所发生的各种现象与材料的性质、激光脉冲宽度和强度等因素有着密切的关系。以上仅阐释了超短激光脉冲与物质相互作用时的光和热效应，在实际加工过程中还会伴随冲击波造成的力学应变作用。

本章重点总结与复习

（1）了解高功率连续激光器。

（2）阐述超短脉冲激光器与连续激光器的区别。

（3）了解兆瓦、太瓦、拍瓦级峰值功率超短激光脉冲的产生方式。

（4）阐述强激光器的典型应用。

习　题

1. 脉冲激光器的重复频率为 50MHz，脉冲宽度为 300fs，中心波长为 1560nm，脉冲串平均功率为 1mW，求该激光器的重复周期、光学载波周期、单脉冲能量和单脉冲峰值功率。

2. 通过演讲汇报形式介绍超短超强激光器的发展趋势和典型应用。

3. 通过综述论文形式介绍我国在超短超强激光器研究领域的研究进展。

参 考 文 献

[1] 沈柯．激光原理教程［M］．北京：北京工业学院出版社，1986.

[2] 周炳琨．激光原理［M］．6 版．北京：国防工业出版社，2009.

[3] 陈家璧，彭润玲．激光原理及应用［M］．2 版．北京：电子工业出版社，2008.

[4] 陈钰清，王静环．激光原理［M］．杭州：浙江大学出版社，1992.

[5] 蓝信钜．激光技术［M］．武汉：华中理工大学出版社，1995.

[6] BOM M，WOLF E. Principles of optics［M］. Oxford：Pergamon Press，1980.

[7] SIEGMAN A E. An introduction to lasers and masers［J］. An Introduction to Lasters and Masers. American Journal of Physics，1974，42（6）：521－523.

[8] SIEGMAN A E. Lasers［M］. University science books，1986.

[9] HECHT E. Optics［M］. 2nd. Boston：Addison Wesley，1987.

[10] YARIV A，YEH P. Optical waves in crystals［M］. Hoboken：Wiley，1984.

[11] KOECHNER W. Solid－state laser engineering［M］. New York：Springer Verlag，1976.

[12] AKHMANOV S A，VYSLOUKH V A，CHIRKIN A S，et al. Optics of femtosecond laser pulses［M］. New York：American Institute of Physics，1992.

[13] 韦丽娟．高功率连续激光器倍频技术的研究［D］．广州：广东工业大学，2021.

[14] 张雪霞．高功率连续光纤激光器关键技术与工程化研究［D］．北京：北京工业大学，2017.

[15] 朱心宇．高功率掺镱光纤激光器的研究与优化［D］．长春：长春理工大学，2016.

[16] CUNDIFF S T，YE J. Colloquium：femtosecond optical frequency combs［J］. Reviews of Modern Physics，2003，75（1）：325－342.

[17] RANKA J K，WINDELER R S，STENTZ A J. Visible continuum generation in air－silica microstructure optical fibers with anomalous dispersion at 800 nm［J］. Optics letters，2000，25（1）：25－27.

[18] DEL'HAYE P，SCHLIESSER A，ARCIZET O，et al. Optical frequency comb generation from a monolithic microresonator［J］. Nature，2007，450（7173）：1214－1217.

[19] BARTY C P J，GORDON C L，LEMOFF B E. Multiterawatt 30－fs Ti：sapphire laser system［J］. Optics Letters，1994，19（18）：1442－1444.

[20] BADZIAK J，WORYNA E，PARYS P，et al. Fast proton generation from ultrashort laser pulse interaction with double－layer foil targets［J］. Physical Review Letters，2001，87（21）：215001.

[21] ESIRKEPOV T，BORGHESI M，BULANOV S V，et al. Highly efficient relativistic－ion generation in the laser－piston regime［J］. Physical review letters，2004，92（17）：175003.

[22] MAINE P，MOUROU G. Amplification of 1 ns pulses in Nd：glass followed by compression to 1 psec［J］. Optics letters，1988，13（6）：467－469.

[23] STRICKLAND D，MOUROU G. Compression of amplified chirped optical pulses［J］. Optics communications，

1985，55（6）：447 -449.

[24] 张青，赵研英，魏志义. MW 级峰值功率掺钛蓝宝石激光振荡器［J］. 物理学报，2010（59）：3244 -3248.

[25] 刘雨晴，孙洪波. 非线性激光制造的进展与应用：特邀［J］. 红外与激光工程，2022（51）：188 -202.

[26] 李子熙，龚成，华林强，等. 强飞秒激光在氟化钙晶体中产生的超连续谱［J］. 中国激光，2019，46（5）：253 -258.

[27] 冷雨欣. 从啁啾脉冲放大到强场激光物理：2018 年诺贝尔物理学奖解读［J］. 自然杂志，2018，40（6）：400 -406.

[28] CHEN M，LIU F，LI B Y，et al. Development and prospect of laser plasma wakefield accelerator［J］. High Power Laser and Particle Beams，2020，32（9）：092001.

[29] 陈民，刘峰，李博原. 激光等离子体尾波加速器的发展和展望［J］. 强激光与粒子束，2020，32（9）：7 -17.

[30] 王天泽，雷弘毅，孙方正，等. 飞秒超强激光驱动太赫兹辐射特性的实验研究［J］. 物理学报，2021，70（8）：085205.

[31] 高斯，王子涵，滑建冠，等. 飞秒激光加工蓝宝石超衍射纳米结构［J］. 物理学报，2017，66（14）：147901.

[32] 刘红军，陈国夫，赵卫，等. 用光学参量啁啾脉冲放大技术产生 TW 级激光脉冲系统的最优化设计［J］. 物理学报，2001，50（9）：1717 -1722

[33] 田文龙，徐瑞，朱江峰，等. 高功率克尔透镜锁模掺镱全固态激光器研究进展：特邀［J］. 光子学报，2021，50（8）：105 -116.

[34] 郝婧婕，刘贺言，陈红山，等. 克尔透镜锁模碟片激光振荡器研究进展［J］. 中国激光，2022，49（12）：35 -45.

[35] 魏志义，王兆华，滕浩，等. 啁啾脉冲放大技术 - 从超快激光技术到超强物理世界［J］. 物理，2018，47（12）：763 -771.

[35] 朱鹏飞，钱列加，薛绍林，等. 基于“神光 - Ⅱ”装置的飞秒拍瓦级光学参量啁啾脉冲放大的特性分析与系统设计［J］. 物理学报，2003，52（3）：587 -594.

[37] 胡晨雯. 腔内二级级联泵浦和频蓝光激光器研究［D］. 长春：长春理工大学，2021.

[38] 严娜. 基于 PPLN 晶体的腔内倍频绿光脉冲激光器［D］. 南京：南京信息工程大学，2017.

[39] 徐斌，张腾，邹金海，等. 直接产生可见光的激光器研究进展［J］. 厦门大学学报（自然科学版），2021，60（3）：484 -496.

[40] 王炳儒，黄翔. 激光技术在医学中的应用［J］. 世界最新医学信息文摘，2019，18（76）：70，74.

[41] 江海河. 激光加工技术应用的发展及展望［J］. 光电子技术与信息，2001，14（4）：1 -12.

[42] 张科，李兰兰，王忠全，等. He - Ne 激光器的输出模式实验研究［J］. 电子科学技术，2017，4（3）：30 -32.

[43] COUAIRON A，MYSYROWICZ A. Femtosecond filamentation in transparent media［J］. Physics Reports，2007，441（2 -4）：47 -189.

[44] WANG J，WU Z，SU H，et al. 1.5 kW efficient CW Nd：YAG planar waveguide MOPA laser［J］.

Optics Letters, 2017, 42 (16): 3149 - 3152.

[45] 阮双琛, 侯静, 李剑峰, 等. "先进中红外激光技术及应用" 专题前言 [J]. 中国激光, 2022, 49 (1): 9 - 10, 2.

[46] DATA BRIDGE MARKET RESEARCH. 全球激光技术市场 - 行业趋势及 2028 年预测 [EB/OL]. https: //www. databridgemarketresearch. com/zh/reports/global - laser - technology - market.

[47] 张熙宁, 唐晓军, 陈国, 等. 中红外激光技术研究进展 [J]. 激光与红外, 2024. 54 (11): 1659 - 1666.

[48] TITTEL F K, D RICHTER, and A FRIED. Mid - infrared laser applications in spectroscopy, in Solid - State Mid - Infrared Laser Sources, 2003: 445 - 510.

[49] GANDRUD W B and R L ABRAMS. Reduction in SHG efficiency in tellurium by photo - induced carriers [C]. in 1970 International Electron Devices Meeting, 1970.

[50] AUYEUNG R C Y, D M ZIELKE, and B J FELDMAN. Multiple harmonic conversion of pulsed CO_2 laser radiation in Tl_3AsSe_3 [J]. Applied Physics B, 1989, 48 (4): 293 - 297.

[51] CHOU H P, R C SLATER, and Y WANG. High - energy, fourth - harmonic generation using CO_2 lasers [J]. Applied Physics B, 1998, 66 (5): 555 - 559.

[52] 崔宇龙, 周智越, 黄威, 等. 中红外光纤激光技术研究进展与展望 [J]. 光学学报, 2022, 42 (9): 9 - 38.

[53] 李剑峰, 雷浩, 王森宇, 等. 2 ~ 5μm 全固态中红外高功率光纤激光源研究进展 [J]. 中国激光: 1 - 45.

[54] NIE H, F WANG, J LIU, et al. Rare - earth ions - doped mid - infrared (2. 7 - 3μm) bulk lasers: a review [J]. Chinese Optics Letters, 2021, 19 (9): 091407.

[55] 瞿崇兵, 康民强, 向祥军, 等. 双波长泵浦 4. 3μm Dy: InF_3高能中红外光纤激光理论研究 [J]. 中国激光, 2020, 47 (8): 801003.

[56] 李维炜, 张小金, 王航, 等. 3μm 中红外稀土掺杂光纤激光器研究进展 [J]. 激光与光电子学进展, 2019, 56 (17): 170605.

[57] MIROV S, V FEDOROV, I MOSKALEV, et al. Progress in Cr^{2+} and Fe^{2+} doped mid - IR laser materials [J]. Laser & Photonics Reviews, 2010, 4 (1): 21 - 41.

[58] 张泽涵, 蒋涛, 湛治强, 等. 量子级联激光器的热管理研究进展 [J]. 太赫兹科学与电子信息学报, 2021, 19 (2): 193 - 200.

[59] 刘莹, 蒋涛, 杨奇, 等, 中红外可调谐量子级联激光器研究进展 [J]. 太赫兹科学与电子信息学报, 2024, 22 (01): 87 - 95.

[60] 朱纯凡, 王贤耿, 汪祥, 等. 中红外量子级联激光器的光子集成 (特邀) [J]. 红外与激光工程, 2022, 51 (3): 63 - 69.

[61] JACKSON S D and G ANZUETO - SÁNCHEZ. Chalcogenide glass Raman fiber laser [J]. Applied Physics Letters, 2006, 88 (22): 221106.

[62] STOLEN R H, IPPEN E P, TYNES A R. Raman oscillation in glass optical waveguide [J]. Applied Physics Letters, 1972, 20 (2): 62 - 64.

[63] FORTIN V, M BERNIER, D FAUCHER, et al. 3. 7 W Fluoride glass Raman fiber laser operating at 2231 nm [J]. Optics Express, 2012, 20 (17): 19412 - 19419.

[64] NI C, W GAO, X CHEN, et al. Theoretical investigation on mid – infrared cascaded Raman fiber laser based on tellurite fiber [J]. Applied Optics, 2017, 56 (33): 9171 – 9178.

[65] TANG Y, L G WRIGHT, K CHARAN, et al. Generation of intense 100fs solitons tunable from 2 to 4.3μm in fluoride fiber [J]. Optica, 2016, 3 (9): 948 – 951.

[66] DUVAL S, J – C GAUTHIER, L – R ROBICHAUD, et al. Watt – level fiber – based femtosecond laser source tunable from 2.8 to 3.6μm [J]. Optics Letters, 2016, 41 (22): 5294 – 5297.

[67] FARRIES M, J WARD S VALLE, et al., Mid infra – red hyper – spectral imaging with bright super continuum source and fast acousto – optic tuneable filter for cytological applications [J]. Journal of Physics: Conference Series, 2015, 619 (1): 012032.

[68] NARANJO V, PEÑARANDA F, ALCAÑIZ RAYA M, et al. MINERVA Project, MId – to NEaR infrared spectroscopy for improVed medical diagnostics [M]. PORTUGAL: European Project Space on Intelligent System, Pattern Recognition and Biomedical Systems Publisher, 2015.

[69] KOSTEREV A, G WYSOCKI, Y BAKHIRKIN, et al. Application of quantum cascade lasers to trace gas analysis [J]. Applied Physics B, 2008, 90 (2): 165 – 176.

[70] WYSOCKI G, R F CURL, F K TITTEL, et al. Widely tunable mode – hop free external cavity quantum cascade laser for high resolution spectroscopic applications [J]. Applied Physics B, 2005, 81 (6): 769 – 777.

[71] SUN L, ZHAO L, PENG, R Y. Research progress in the effects of terahertz waves on biomacromolecules [J]. Military Medical Research, 2021, 8 (1): 28

[72] DODEL G. On the history of far – infrared (FIR) gas lasers: thirty – five years of research and application [J]. Infrared Physics & Technology, 1999, 40 (3): 127 – 139.

[73] CHANG T Y, T J BRIDGES, E G BURKHARDT. CW submillimeter laser action in optically pumped methyl fluoride, methyl alcohol, and vinyl chloride gases [J]. Applied Physics Letters, 1970, 17 (6): 249 – 251.

[74] DANLY B G, S G EVANGELIDES, R J TEMKIN, et al. Frequency tuning and efficiency enhancement of high – power far – infrared lasers [C]. 1981 International Conference on Submillimeter Waves and Their Applications. FL, USA, 1981.

[75] 傅恩生，蔡惟泉，王忠志，等．光抽运甲基氟远红外激光器 [J]．中国激光，1979 (12): 12 – 15.

[76] 刘世明，周锦文，武亿文，等．光泵 CH_3F 和 D_2O 远红外脉冲激光器 [J]．电子学通讯，1981 (2): 128.

[77] 丘秉生，杨建勋，罗锡璋，等，脉冲光泵 NH_3 远红外激光的实验研究 [J]．中国激光，1987, 14 (6): 351 – 354.

[78] SCHATZ W. Generation of tunable far – infrared radiation by optical pumping molecular gas lasers [J]. Infrared Physics & Technology, 1995, 36 (1): 387 – 393.

[79] VASCONCELLOS E C C, M JACKSON, H HOCKEL, et al. Discovery and measurement of optically pumped far – infrared laser emissions in $^{13}CD_3OH$ [J]. Applied Physics B, 2003, 77 (6): 561 – 562.

[80] COSTA L F L, J C S MORAES, F C CRUZ, et al. Infrared and far – infrared spectroscopy of $^{13}CH_3OH$: TeraHertz laser lines and assignments [J]. Journal of Molecular Spectroscopy, 2007, 241 (2): 151 – 154.

[81] JACKSON M, A J NICHOLS, D R WOMACK, et al. First laser action observed from optically pumped $CH_3{}^{17}OH$ [J]. IEEE Journal of Quantum Electronics, 2012, 48 (3): 303 – 306.

[82] VISCOVINI R C, J C S MORAES, L F L COSTA, et al. DCOOD optically pumped by a $^{13}CO_2$ laser: new terahertz laser lines [J]. Applied Physics B, 2008, 91 (3): 517 – 520.

[83] JACKSON M, New Far – Infrared laser frequencies generated by CH_3CN, CD_3CN, $^{13}CH_3I$, CD_3I, $^{13}CD_3I$ [J]. Journal of Infrared, Millimeter, and Terahertz Waves, 2023, 44 (3): 313 – 319.

[84] JACKSON M, T PETERSEN, and L R ZINK. Frequencies and wavelengths from a new far – infrared lasing gas: $^{13}CHD_2OH$ [J]. IEEE Journal of Quantum Electronics, 2009, 45 (7): 830 – 832.

[85] JACKSON M, H ALVES, R HOLMAN, et al. New CW optically pumped far – infrared laser emissions generated with a transverse or "Zig – Zag" pumping geometry [J]. Journal of Infrared, Millimeter, and Terahertz Waves, 2014, 35 (3): 282 – 287.

[86] DENSING R, A ERSTLING, M Gogolewski, et al. Effective far infrared laser operation with mesh couplers [J]. Infrared Physics, 1992, 33 (3): 219 – 226.

[87] 严强, 孔维鹏, 王度, 等. 金属波导连续光泵气体太赫兹激光器 [J]. 红外与毫米波学报, 2017, 36 (1): 65.

[88] SHUAI S, G ZHANG, W SHI, et al. Optically pumped gas terahertz fiber laser based on gold – coated quartz hollow – core fiber [J]. Applied Optics, 2019, 58 (11): 2828 – 2831.

[89] LIU C, Y QU, W ZHAO, et al. Highly efficient oscillator for an optically pumped 192 – μm far – infrared laser [J]. Applied Physics B, 2016, 122 (2): 35.

[90] CHEVALIER P, A AMIRZHAN, F WANG, et al. Widely tunable compact terahertz gas lasers [J]. Science, 2019, 366 (6467): 856 – 860.

[91] FAIST J, F CAPASSO, D L Sivco, et al. Quantum Cascade Laser [J]. Science, 1994, 264 (5158): 553 – 556.

[92] KÖHLER R, A TREDICUCCI, F BELTRAM, et al. Terahertz semiconductor – heterostructure laser [J]. Nature, 2002, 417 (6885): 156 – 159.

[93] ROCHAT M, L AJILI, H WILLENBERG, et al. Low – threshold terahertz quantum – cascade lasers [J]. Applied Physics Letters, 2002, 81 (8): 1381 – 1383.

[94] SCALARI G, L AJILI, J FAIST, et al. Far – infrared ($\lambda \simeq 87\mu m$) bound – to – continuum quantum – cascade lasers operating up to 90K [J]. Applied Physics Letters, 2003, 82 (19): 3165 – 3167.

[95] WILLIAMS B S, S KUMAR, H CALLEBAUT, et al., Terahertz quantum – cascade laser at $\lambda \approx 100\mu m$ using metal waveguide for mode confinement [J]. Applied Physics Letters, 2003, 83 (11): 2124 – 2126.

[96] WILLIAMS, B S, S KUMAR, H CALLEBAUT, et al. Terahertz quantum – cascade laser operating up to 137K [J]. Applied Physics Letters, 2003, 83 (25): 5142 – 5144.

[97] 高少文. 太赫兹量子级联激光器电子动力学研究 [D]. 上海: 中国科学院研究生院 (上海微系统与信息技术研究所), 2004.

[98] DANG H B, A C MALOOF, M V ROMALIS. Ultrahigh sensitivity magnetic field and magnetization measurements with an atomic magnetometer [J]. Applied Physics Letters, 2010, 97 (15): 151110.

[99] 曹俊诚, 韩英军. 太赫兹量子级联激光器与量子阱探测器研究进展 (特邀) [J]. 中国激光,

2024, 51 (1): 0114001.

[100] CURWEN C A, J L RENO, and B S WILLIAMS. Broadband continuous single – mode tuning of a short – cavity quantum – cascade VECSEL [J]. Nature Photonics, 2019, 13 (12): 855 – 859.

[101] TURČINKOVÁ D, G SCALARI, F CASTELLANO, et al. Ultra – broadband heterogeneous quantum cascade laser emitting from 2. 2 to 3. 2THz [J]. Applied Physics Letters, 2011, 99 (19): 191104.

[102] RÖSCH M, G SCALARI, M BECK, et al. Octave – spanning semiconductor laser [J]. Nature Photonics, 2015. 9 (1): 42 – 47.

[103] BRANDSTETTER M, C DEUTSCH, M KRALL, et al. High power terahertz quantum cascade lasers with symmetric wafer bonded active regions [J]. Applied Physics Letters, 2013, 103 (17): 171113.

[104] LI L H, L CHEN, J R FREEMAN, et al. Multi – Watt high – power THz frequency quantum cascade lasers [J]. 2017, 53 (12): 799 – 800.

[105] CURWEN C A, J L RENO, and B S WILLIAMS. Terahertz quantum cascade VECSEL with watt – level output power [J]. Applied Physics Letters, 2018, 113 (1): 011104.

[106] JIN Y, J L RENO, and S KUMAR. Phase – locked terahertz plasmonic laser array with 2W output power in a single spectral mode [J]. Optica, 2020, 7 (6): 708 – 715.

[107] BOSCO L, M FRANCKIÉ, G SCALARI, et al. Thermoelectrically cooled THz quantum cascade laser operating up to 210K [J]. Applied Physics Letters, 2019, 115 (1): 010601.

[108] KHALATPOUR A, A K PAULSEN, C DEIMERT, et al. High – power portable terahertz laser systems [J]. Nature Photonics, 2021, 15 (1): 16 – 20.

[109] KHALATPOUR A, M C TAM, S J ADDAMANE, et al. Enhanced operating temperature in terahertz quantum cascade lasers based on direct phonon depopulation [J]. Applied Physics Letters, 2023, 122 (16): 161101.

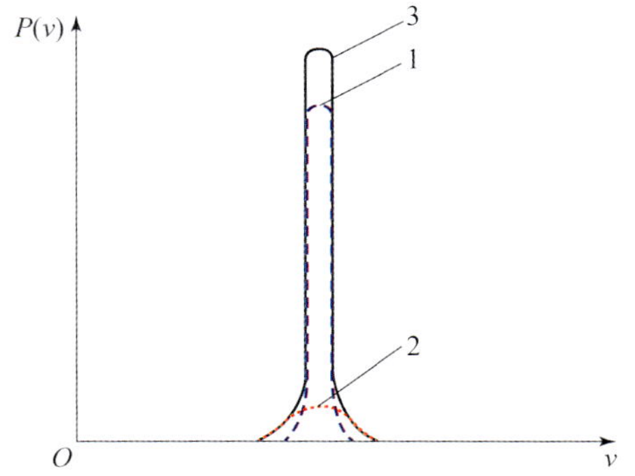

图 4－26　激光的极限线宽

(a) 典型的中红外光纤激光器

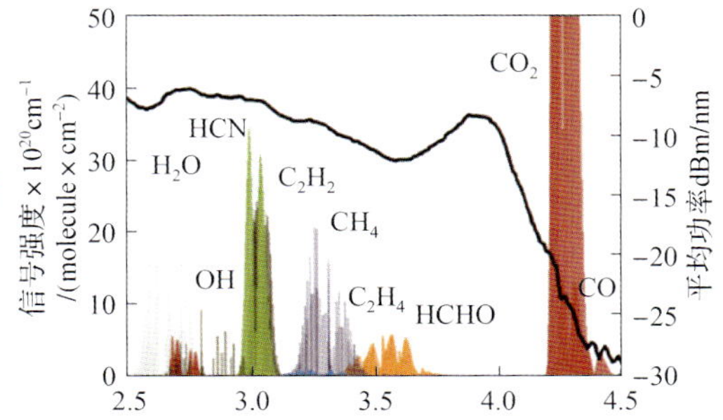

(b) 部分关键生物分子在中红外低频区域的吸收光谱图

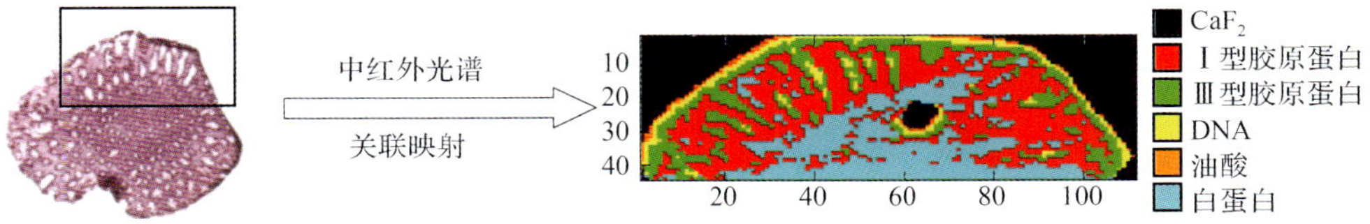

(c) 基于中红外光谱信息可视化解析细胞病变区域的映射图

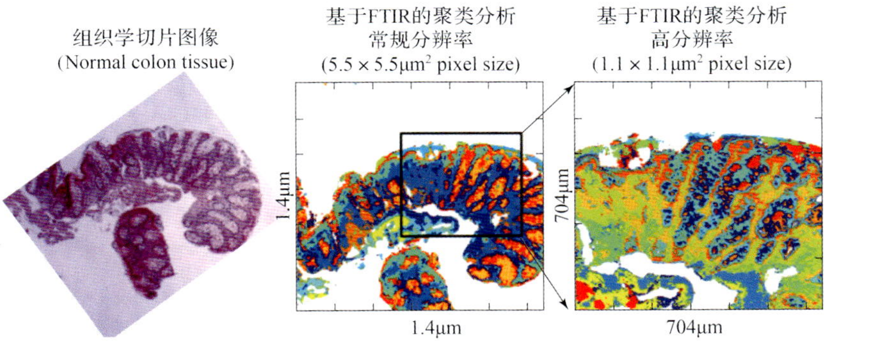

(d) 结合中红外光谱信息与K均值聚类方法获得的高分辨成像与常规组织切片成像的对比

图 6－23　中红外激光器在生物医学领域的典型应用

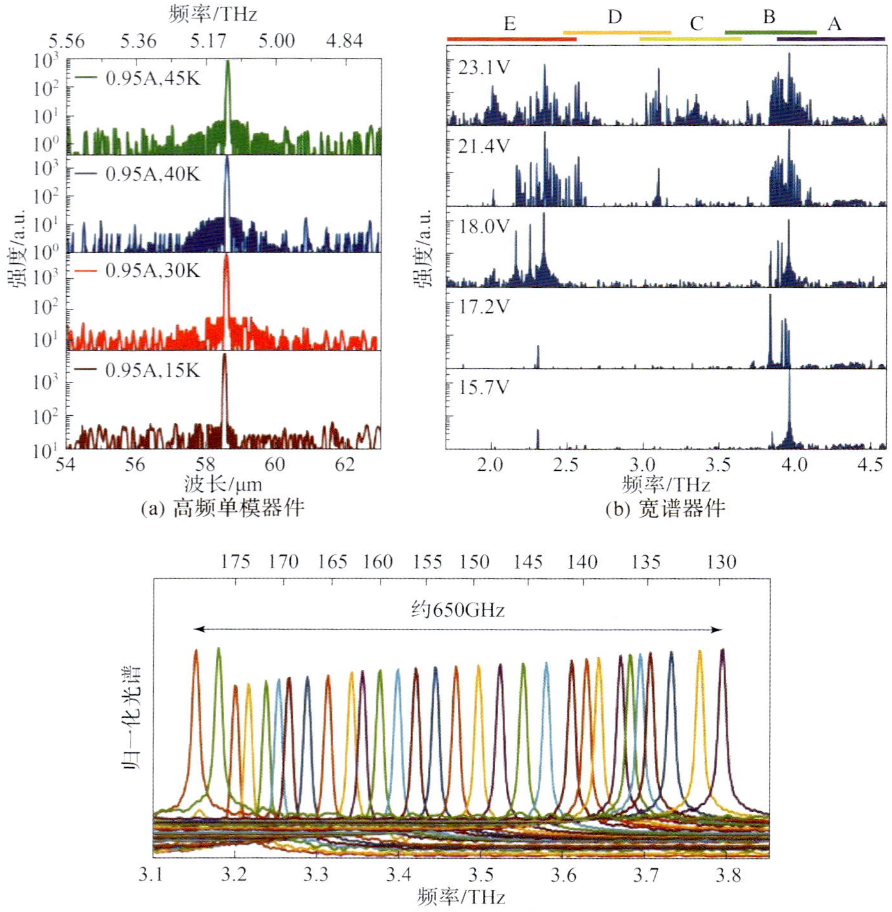

(a) 高频单模器件

(b) 宽谱器件

(c) 单模可调器件

图 6－28　激光光谱图

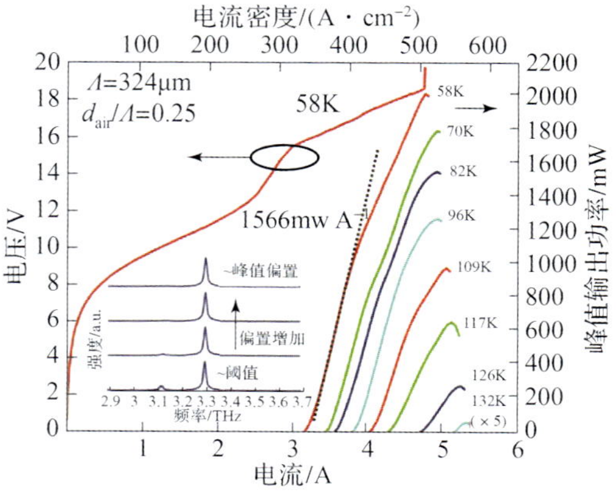

图 6－29　不同温度条件下的强度－电流－电压关系